广视角 · 全方位 · 多品种

权威 · 前沿 · 原创

皮书系列为
“十二五”国家重点图书出版规划项目

总　编／王　战　潘世伟

上海资源环境发展报告（2014）

ANNUAL REPORT ON RESOURCES AND ENVIRONMENT OF SHANGHAI (2014)

环境保护的公众参与及创新

名誉主编／张仲礼
主　　编／周冯琦　汤庆合　任文伟

社会科学文献出版社
SOCIAL SCIENCES ACADEMIC PRESS (CHINA)

图书在版编目（CIP）数据

上海资源环境发展报告. 2014：环境保护的公众参与及创新/周冯琦，汤庆合，任文伟主编. —北京：社会科学文献出版社，2014.1
（上海蓝皮书）
ISBN 978-7-5097-5477-1

Ⅰ.①上… Ⅱ.①周… ②汤… ③任… Ⅲ.①环境保护-研究报告-上海市-2014 ②自然资源-研究报告-上海市-2014 Ⅳ.①X372.51

中国版本图书馆CIP数据核字（2013）第311361号

上海蓝皮书
上海资源环境发展报告（2014）
——环境保护的公众参与及创新

名誉主编／张仲礼
主　　编／周冯琦　汤庆合　任文伟

出 版 人／谢寿光
出 版 者／社会科学文献出版社
地　　址／北京市西城区北三环中路甲29号院3号楼华龙大厦
邮政编码／100029

责任部门／皮书出版中心（010）59367127
电子信箱／pishubu@ ssap. cn
项目统筹／姚冬梅
经　　销／社会科学文献出版社市场营销中心（010）59367081　59367089
读者服务／读者服务中心（010）59367028
责任编辑／吴　丹
责任校对／李　燕
责任印制／岳　阳

印　　装／北京季蜂印刷有限公司
开　　本／787mm×1092mm　1/16
印　　张／22.25
版　　次／2014年1月第1版
字　　数／360千字
印　　次／2014年1月第1次印刷
书　　号／ISBN 978-7-5097-5477-1
定　　价／69.00元

本项目研究得到世界自然基金会支持

上海蓝皮书编委会

《上海资源环境发展报告（2014）》
编　委　会

主要编撰者简介

张仲礼　上海市生态经济学会名誉会长。曾任上海社会科学院院长、上海社会科学联合会副主席、中国国际交流协会上海分会副会长、上海市生态经济学会会长等职。第六至第九届全国人民代表大会代表。1952 年获美国社会科学研究理事会奖金。1982 年获美国卢斯基金会中国学者奖。2008 年获“亚洲研究杰出贡献奖”。2009 年荣获首届上海市学术贡献奖。

周冯琦　上海社会科学院生态经济与可持续发展研究中心主任、博士生导师、部门经济研究所研究员、上海市生态经济学会副会长兼秘书长。主持国家社科基金重大项目“我国环境绩效管理体系”研究、重点项目“主要国家新能源战略及我国新能源产业发展制度研究”。

汤庆合　上海市环境科学研究院低碳经济研究中心主任，高级工程师。主要从事低碳经济与环境政策等研究，先后主持科技部、环保部、上海市科委、上海市环保局等相关课题和国际合作项目 40 余项，公开发表各类论文 30 余篇。

任文伟　世界自然基金会（WWF）上海保护项目主任。目前领导 WWF 上海项目办实施上海及长江河口地区的生态保护项目，包括水源地保护、世界河口伙伴、低碳城市、长江湿地保护网络以及企业水管理先锋等项目。

摘　要

环境保护是全社会的责任，无论是个人还是组织都有环境保护的责任和义务。社会公众对环境保护的参与不应只是抱怨和对抗的“邻避运动”，需要各种不同意见表达的渠道和方式，同时更需要以“自为”的方式加入到环保行列中来。不同的社会责任主体，其环保责任、义务实现的方式、途径、发挥的作用各不相同。环境保护中的公众参与能弥补市场和政府调节的缺陷，在许多方面发挥不可替代的作用。公众参与环境保护，可分为制度内和制度外两种方式。制度外的参与主要是环境抗议活动，制度内的参与就是人们日常所言的公众参与制度。其中，制度内公众参与是主流。如何引导公众参与制度内环境保护？这一问题值得深入研究。

尽管国外环境保护公众参与已有长足发展，但目前也尚未形成统一的评价方法来评价个体参与程序和参与途径的好坏。其中一个很重要的原因就是：对于什么样的公众参与算是完整的、有效的，仍没有达成共识。鼓励公众参与某一环境项目，究竟是为了保障公众的权益还是为了政府更容易来实施这一项目？公众参与成功与否，是取决于参与公众的数量还是取决于因公众参与而形成了更好的决策呢？公众参与的概念较为复杂、价值负载，没有广泛统一的标准用于评价成功与失败，学术界没有达成一致的评价方法，也少有可靠的度量工具。

公众参与环境保护绩效究竟该如何衡量，首先要从公众参与环境保护的目标来加以剖析。公众参与环境保护要解决的问题究竟是什么？公众参与环境保护有一个假定前提，那就是目前的环境监管制度存在很多不完善之处，而公众参与至少可以在局部地区解决这些不足。如大家比较有共识的，目前的环境监管制度存在着以下问题：公众仍缺乏渠道获得关于环境问题的基本知识、决策者往往不能充分考虑公众的利益和选择偏好、没有纠错或者发现创新性解决方案的机制、公众对政府致力于保护健康和环境的决心缺少信任、与政府对抗和冲突的文化盛行。因此，公众参与环境保护的目标至少表现在：通过公众环境教育普及环境科学知识，将公众的选择意愿纳入决策，改善决策的质量，增加政府与公众的互信，减少环境问题引发的矛盾和冲突。

环境保护公众参与机制涉及多领域多方面的内容，既要求政府出台相关的发展规划和法律法规给予保障，也需要加强宣传教育、信息公开等相应的促进措施，同时还要拓展公众参与的内容和渠道，通过增加政府与公众的互信，扩大公众参与的范围和提高公众参与的程度。而现有的对公众参与结果进行评价的方法和内容虽然对定量反映公众参与的效果有一定作用，但对于引导和加强环境公众参与工作意义不大。我国环境保护公众参与目前尚处于起步阶段，上海虽走在全国的前列，但也仍处于起步探索阶段。因此环境保护公众参与绩效评价体系，应针对当前环境保护公众参与开展过程中在制度保障、促进措施、参与内容、实践影响等方面存在的问题加以评价，这比仅仅评价公众参与效果更有意义。

本报告建立了包括公众参与保障体系、公众参与促进措施、政府与公众的互信、公众参与内容、公众参与效果 5 个主题、12 个要素、24 个指标的环境保护公众参与绩效评价体系，并据此对上海环保公众参与绩效进行了评价。评价结果表明，上海环境保护公众参与绩效指数为 60，处于一般偏好水平，上海环境保护公众参与机制在政府信息公开、公众参与促进措施两方面做得比较好，而在公众参与的规划法律保障、政府与公众之间的互信、公众参与的能力建设、公众参与的内容和渠道等方面还存在不足。

在当前生态文明建设的大视角下，进一步推动上海市环境保护公众参与的深入开展，除了继续加强环境宣传教育，提高公众环保意识之外，更重要的是转变环境管理理念，从法律程序保障视角审视公众的参与行为，确保公众在制度框架下依法参与。同时也需要从公众与政府良性互动的视角提高双方互信，进而促进政府与公众共同参与环境保护。

目前上海市环境保护相关法律规定以及实践表明，公众参与环境保护主要偏重于事后参与。事后监督固然重要，但鉴于环境危害后果的严重性以及恢复工作难度大，公众参与环保决策及事前预防更为重要。

序　言

2013年12月初，根据中央气象台的统计，我国有25个省份深陷雾霾天气的袭扰，环境保护再一次成为社会各界最为关注的话题，也迫使我们重新深入思考环境保护最初的动力和有效模式。

从世界范围来看，环境保护的最初驱动力来自公众。世界公众参与环境保护的热潮可以追溯至20世纪60年代，尤其是1972年《人类环境宣言》首次确认了公众的环境权。此后，公众参与环境保护的地位和作用开始不断显现，公众参与的途径和方式也开始步入正轨。发达国家广泛的公众参与也形成了一种“自下而上”的环境保护模式，推动了环境保护工作的长足发展。

首先，社会公众环境意识的不断觉醒，能够在全社会形成一种对良好环境的基本需求和价值理念。环境保护的社会需求一旦形成，能够对环境行政主管部门和污染企业提出环境保护的社会氛围和舆论声势，迫使政府和企业都认识到自身保护环境的义务，倒逼企业加强对污染防治的研究和解决。

环境保护涉及多方利益，需要统筹考虑多方面因素，单方决策容易出现决策失误，甚至产生较大的社会成本。在环境决策的形成和实施过程中需要听取公众的意见和建议，使环境决策部门能够比较全面地了解不同利益群体的意见，做到科学决策、民主决策。诚然，部分公众的意见可能失之偏颇，但相对于单方面决策或单个利益群体而言，公众意见还是具有代表性。而且，公众参与的范围越广泛，公众意见的科学性和合理性就越高。

当前我国环境污染的形势非常复杂，既有来自污染企业的成规模的污染物排放，又有来自居民日常生活的污染物排放。需要指出的是，企业的排污行为易于发现和控制，但来自生活源的直接和间接排放较难判断和纠正。社会公众的集体环境不友好行为会为环境带来重大负面影响，反之，如果社会公众不断优化自己的生活和消费方式，在全社会形成一种资源节约、环境友好的社会风气，则能够有效地促进环境的改善。

我国正处在进一步深化改革的历史阶段，又处于社会矛盾凸显期，各种诱发社会矛盾的潜在因素广泛存在。从近年来的情况看，环境问题成为社会矛盾频发的重要诱因。尤其是在当前公众环境意识日益觉醒的前提下，公众若不能在制度内充分表达自身的环境诉求，往往会采取过激的行动。在这种情况下，通过合理、高效的制度设计，并从法律上给予确定，引导公众通过理性的方式表达环境诉求，参与环境行动，保障环境权益就显得尤为重要和迫切。

人类的生存和发展，须臾也离不开环境。环境保护是全社会的事业和责任，更是关乎公众切身利益的事业，需要社会公众广泛的参与。只有充分激发社会公众参与环境保护的主动性、创造性，我国的环境保护事业才能真正步入可持续发展的道路。

张仲礼

原上海社会科学院院长

上海市生态经济学会名誉会长

上海资源环境蓝皮书名誉主编

2013 年岁末于上海

目录

𝔹Ⅰ 总报告

𝔹Ⅱ 综合篇

𝔹Ⅲ 专题篇

B Ⅳ 管理篇

B Ⅴ 案例篇

皮书数据库阅读使用指南

总　报　告

General Report

B.1 环境保护的公众参与及创新

周冯琦　程 进　袁瑞娟*

摘　要：

上海通过加强环境基础管理领域的制度能力建设，进一步完善了环境治理体系，生态环境安全水平较上年有所提升。但不可忽视的是污染排放压力依然，环境质量进一步提升面临政府主导的环境管理模式等瓶颈约束。如何引导公众参与制度内环境保护，向多元环境治理转型值得深入研究。本报告建立了环境保护公众参与绩效评价体系，评价结果表明：上海环境保护公众参与绩效指数为60，处于一般偏好水平，上海环境保护公众参与机制在公众参与的规划法律保障、政府与公众之间的互信、公众的参与能力建设、公众参与的内容和渠道等方面还存在不足。进一步推动上海市环境保护公众参与的深入开展，除了继续加强环境宣传教育，提高公众环保意识之外，更重要的是转

* 周冯琦，研究员；程进，博士；袁瑞娟，副教授。

变环境管理理念，从法律程序保障视角审视公众的参与行为，确保公众在制度框架下依法参与。同时，也需要从公众与政府良性互动的视角提高双方互信，进而促进政府与公众共同参与环境保护。

关键词：

生态环境安全　环境保护公众参与绩效评价　多元环境治理创新

环境保护是全社会的责任，无论是个人还是组织都肩负环境保护的责任和义务。社会公众对环境保护的参与不应只是抱怨和对抗的“邻避运动”，需要各种不同意见表达的渠道和方式，同时更需要以“自为”的方式加入到环保行列中来。不同的社会责任主体，其环保责任、义务实现的方式、途径，发挥的作用各不相同。环境保护中的公众参与能弥补市场和政府调节的缺陷，在许多方面发挥不可替代的作用。公众参与环境保护，分制度内和制度外两种方式。制度内的参与就是人们日常所言的公众参与制度，制度外的参与主要是环境抗议活动。其中，制度内公众参与为主流。如何引导公众参与制度内环境保护，值得深入研究。环境信息公开、环境影响评价等制度安排是各种社会责任主体参与环保的制度保障。本报告建立了环境保护公众参与绩效评价体系，对上海环保公众参与绩效进行评价，进而提出创新环保公众参与的路径与制度建议。

一　资源环境发展基本状况及挑战

2012 年是上海第五轮环保三年行动计划的起始年。第五轮环保三年行动计划围绕“创新驱动、转型发展”的主线，通过加强环境监测预警能力、推进标准的制定和修改、加强环境基础统计工作、推进重点污染源排污许可证管理、政府环境信息公开等环境基础管理领域的制度能力建设，进一步完善了上海环境治理体系，上海生态环境质量总体有所改善，生态环境安全水平较上年有所提升，提前完成了“十二五”规划前三年的预期目标。

（一）生态环境安全状况较上年有所改善

根据《上海资源环境发展报告》建立的生态环境安全评价指标体系①对上海生态环境安全指数进行重新评价，结果表明：上海生态环境安全指数较上年有所提高，生态环境安全状况比上年好转②。城市生态安全评价指数提高，主要归因于系统状态、系统压力和系统响应指数都比上年有所提高，尤其是系统响应指数，达到了世博会召开前2009年的水平，表明上海生态环境系统的响应能力明显提升，系统压力有所改善。

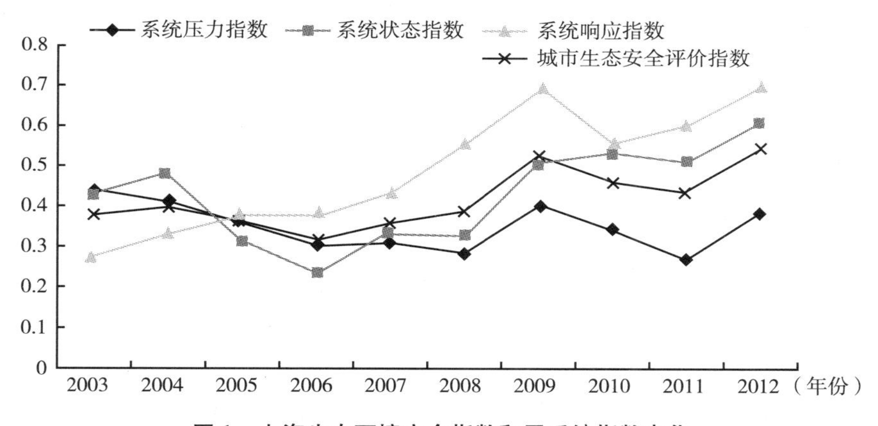

图1　上海生态环境安全指数和子系统指数变化

在系统的响应能力中，环境响应能力和人文响应能力有很大提升。在表征环境响应能力的指标中，工业废弃物综合利用率、工业二氧化硫去除率都有了一定程度的提高；在表征人文响应能力的指标中，科技经费支出占财政支出的比重、教育支出占财政支出的比重等都有了一定程度的提高。

而在系统压力指数中，环境压力仍是影响权重最大的，但环境压力表现较上年有所改善。在表征环境压力的指标中，长江携带入海污染物量、陆源入海超标排污口比重、二氧化硫年日均值、二氧化氮年日均值、工业废气排放总量、单位面积农药量、单位面积化肥量都有所改善。

① 周冯琦主编《上海资源环境发展报告2012》，社会科学文献出版社，2012。

② 评价指标原始数据来自于各年《上海统计年鉴》《上海环境质量报告书》。

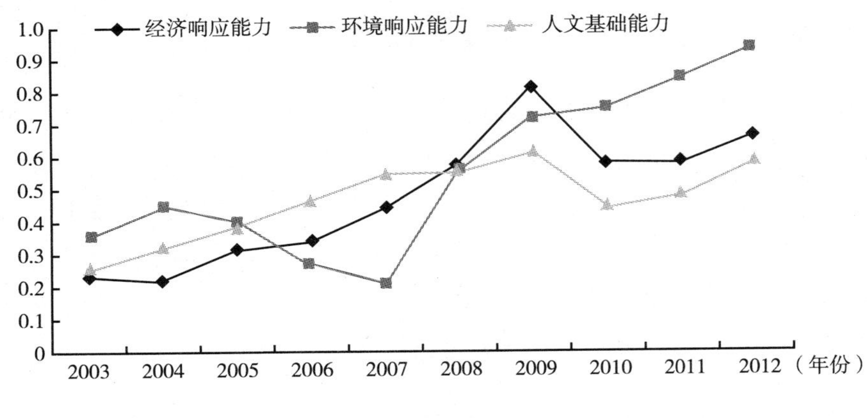

图2　系统响应要素层指数变化

（二）污染物排放得到一定控制，但排放压力依然较大

虽然从生态环境安全指数的评价来看，上海生态环境安全指数有所上升，环境响应能力有所提升，污染物排放总量和排放强度得到一定控制，但是从上海污染物排放总量以及污染物排放的行业和区域集中度来看，行业和区域污染排放压力依然较大。

1. 主要污染物排放总量趋减

在污染物排放总量方面，2012 年上海市工业固体废弃物产生量连续两年下降，比 2011 年减少了 9.9%，综合利用率为 97.34%。工业废气排放总量为 13361 亿标立方米，比 2011 年减少 2.4%。废水排放总量为 22 万吨，比 2011 年增长 11%。[①] 由于经济社会发展带来的环境负荷较大，加上近 10 年内上海市污染物排放总量总体上处于增加状态，虽然 2012 年工业废弃物、工业废气排放量有所降低，但仍维持在较高水平。

在主要污染物排放方面，二氧化硫、COD、氨氮和氮氧化物已被纳入“十二五”污染物减排的约束性指标。近年来，上海市四项主要污染物排放总量虽然中间有所波动，但总体上处于下降态势。其中，2010 ~ 2012 年上海市氨氮排放量由 5.21 万吨下降到 4.74 万吨，年均降低 4.8%。氮氧化物排放量由

① 根据上海市环境保护局《上海环境质量状况公报 2012》数据计算整理。

44.3万吨下降到40.16万吨，年均降低4.7%。①

2000年以来，上海市二氧化硫排放量呈现先增加后降低的趋势，其中2005年达到峰值，排放量为51.28万吨。近年来，随着脱硫工程项目的实施，二氧化硫排放量不断下降，2011年比2010年大幅下降了32.9%，到2012年二氧化硫排放量降低到22.82万吨，不过下降速度减缓，仅比2011年降低了4.9%。

COD的排放量总体上呈波动下降趋势，2005～2010年，COD排放量由30.44万吨下降到21.98万吨，年下降率为5.6%。不过2011年后COD排放量又有所上升，2012年排放量相对于2011年仅下降了2.6%，保持着2009年的水平。②

2. 污染物排放强度不断下降

近年来，上海市主要污染物排放强度不断下降，反映了上海市经济增长逐渐摆脱高污染物排放的状况。近10年来，上海市二氧化硫排放强度由2003年的65吨/亿元GDP下降至2012年的11吨/亿元GDP，降低幅度明显，不过2011年以来下降趋缓。COD排放强度下降趋缓的趋势更加明显，2010～2012年COD年均排放强度都维持在12吨/亿元GDP，变化幅度不大。③

2012年上海市氨氮和氮氧化物排放强度也均处于下降趋势，其中氨氮排放强度由2010年的3.0吨/亿元GDP下降至2012年的2.4吨/亿元GDP，年均下降11.1%。氮氧化物排放强度由2010年的25.8吨/亿元GDP下降至2012年的20.0吨/亿元GDP，年均下降11.3%。④

3. 污染物排放行业分布集中

在工业废气排放行业分布方面，上海市工业废气排放量居前三的行业依次为黑色金属冶炼及压延加工业，电力、热力的生产和供应业，化学原料和化学制品制造业，分别占到上海市废气排放量的44.9%、24.7%和6.7%。在废气

① 根据上海市环境保护局《上海环境质量状况公报2012》数据计算整理。

② 上海市统计局：《上海统计年鉴（2012）》，中国统计出版社，2012；上海市环境保护局：《2012上海环境状况公报》。

③ 上海市统计局：《上海统计年鉴（2012）》，中国统计出版社，2012；上海市环境保护局：《2012上海环境状况公报》。

④ 根据上海市环境保护局《上海环境质量状况公报2012》数据计算整理。

污染物排放行业分布方面，电力行业排放是上海市大气污染物的重点排放源之一，电力、热力的生产和供应业二氧化硫排放量占上海市总量的59.6%，氮氧化物排放量占上海市总量的67.6%。黑色金属冶炼及压延加工业、非金属制品业与石油加工和炼焦行业等行业二氧化硫排放量占上海市总量的26.1%，氮氧化物排放量占上海市总量的29.2%。[①]

在工业废水排放行业分布方面，石油加工、炼焦和核燃料加工业，化学原料和化学制品制造业，黑色金属冶炼及压延加工业的废水排放量分别占上海市总量的28.6%、11.1%和10%。在废水污染物排放行业分布方面，石油加工、炼焦和核燃料加工业，铁路船舶、航空航天和其他运输设备制造业，化学原料和化学制品制造业三大行业COD排放量最大，分别占全部工业COD排放量的37.6%、14.7%和9.2%。计算机、通信和其他电子设备制造业，化学原料和化学制品制造业，石油加工、炼焦和核燃料加工业三大行业氨氮排放量最大，分别占全部排放量的16.2%、14.1%和12.9%。[②]

4. 污染物排放区域分布集中

从工业废气排放的区域分布来看，宝山工业废气排放绝对量高于其他区县，在占上海市4%的土地面积上排放的废气量占全市总排放量的54.8%（见图3），主要是因为宝山区钢铁行业集中以及吴淞工业区的传统排放企业集中。浦东新区、金山区和闵行区的废气排放量也较高，主要是当地的大型火电厂和工业区重化工污染企业较多所致。

上海市工业区分布相对集中，特别是钢铁、化工、发电、供热等重点工业行业的集聚分布，使得工业废气污染物因子排放的空间分布较为集中，其中闵行、宝山、浦东和金山四区二氧化硫、氮氧化物的排放量分别占上海市工业源总排放量的88%和96%。

从工业废水排放的区域分布来看，上海市工业废水排放主要集中在郊区，约占全市的95.8%，其中金山区的工业废水排放量在全市居于第一位，年排放废水量占上海市总排放量的31.5%，其次是浦东新区、宝山区和闵行区，

---

① 根据上海市环境保护局《上海市环境质量报告书2012》数据计算整理。

② 根据上海市环境保护局《上海市环境质量报告书2012》数据计算。

图 3　上海市工业废气排放量的区域分布

四个区的废水排放量合计达到上海市总排放量的 70.8%（见图 4）。

工业废水主要污染物因子的排放区域分布情况各有不同，总体上中心城区排放量较低，工业发达的郊区排放量较高。其中工业 COD 的排放主要集中在工业发达的郊区，金山区工业 COD 排放量占到上海市的 39.3%，其次是崇明县、浦东新区、宝山区、闵行区，五个区县的排放量占全市总量的 82.7%。浦东新区氨氮排放量占到上海市的 26.9%，其次是闵行区、金山区，这三个区的工业氨氮排放量占到全市总量的 65.5%。

图 4　上海市工业废水排放量的区域分布

（三）加强环境科学治理能力建设

2013 年是“十二五”规划实施的第三年，上海市环境保护基础管理工作在以下几个方面有了进一步提升。

1. 环境监测预警能力建设

2011 年，上海市颁布了《上海市环境监测“十二五”规划》，提出了建设上海市环境质量监测网络以及提升监测能力的规划目标。近年来先后

启动了饮用水源地水质监测站建设、重点工业园区尤其是石化与化工集中区环境自动监测网络等检测体系建设、崇明岛生态环境质量监测预警体系建设等项目，监测内容涵盖了地表水、环境空气、噪声、生态、土壤、地下水、辐射等环境要素。在上海市环境监测体系建设过程中，尤其关注特征因子监测能力的配备以及无组织排放的监测能力提升，加强了监测技术规范以及自动监控系统管理制度的制定和发布，上海市行政区范围内各区县以及重点工业园区监测预警能力有了明显提升，为科学治理环境问题奠定了良好的基础。

2. 环境标准的制定和修改工作

十八届三中全会提出，进一步加强政府职能转变、进一步压缩行政审批事项，环境保护工作要从环境管理向环境治理转型，环保部门要越来越多的依靠标准等技术性法规开展污染防治工作，环保标准在今后环保工作中的作用会越来越重要。2013 年，上海市环保局先后起草了多项地方环保标准并公开征求意见，包括《上海市生活垃圾焚烧大气污染物排放标准》《上海市危险废物焚烧大气污染物排放标准》《锅炉大气污染物排放标准》《工业炉窑大气污染物排放标准》等，发布了《上海市社会生活噪声污染防治办法》。上海在环境标准执行方面的做法也得到了国家环保部的肯定。以上海市制药行业为例，环保部在上海调研时表示，上海制药行业废水排放标准的执行经验将用于全国制药行业废水排放标准及其相关管理措施的制定和完善。

3. 重点污染源排污许可证管理制度

为了加强对重点污染源的监督管理，规范排污行为，2012 年，上海市出台了《上海市主要污染物排放许可证管理办法》。企业需要持有环保部门核发的包括排污企业信息、主要污染物排放总量、排污口和排放浓度等信息的排污许可证方可排放污染物，未按规定申领并获得排污许可证的重点排污单位不得排放主要污染物。此举意在建立以排污许可证为基础的污染源监管体系。2012 年，上海市核发了 12 家减排重点单位的排污许可证；至 2013 年 10 月底，新核发了 65 家企业主要污染物排放许可证。[1] 通过分期分批核发重点排污监管

① 根据上海环境网站（http：//www. sepb. gov. cn）的信息整理。

单位的排污许可证，进一步加强了污染源信息公开，有利于公众参与对企业污染排放的监督，有利于环境监察、监测、监管的协同，推进上海环境保护诚信体系建设。

4. 土壤污染排摸工作

2013 年，国家相继出台了关于土壤有机碳、土壤沉积物、二噁英类、土壤可交换酸度、土壤挥发性有机物的测定规范和标准。2013 年 4 月，上海市环境科学研究院城市土壤污染控制与修复工程技术中心开始组建，开展上海市土壤污染情况排摸工作。土壤污染不仅影响到城市的生态环境安全，更对城市的农产品安全、居民的健康安全带来隐患。2013 年，广东“镉超标”大米事件引起了全国对土壤污染问题的关注。尤其是对上海这样的特大型城市来说，在发展转型的历史时期，随着城市产业结构和空间布局的调整，被污染土壤的再开发利用面临严峻的土壤环境污染制约。因此，适时开展土壤污染排摸工作对上海环境科学治理有很重要的意义。

5. 加大环境监察执法信息公开力度

2013 年，上海市环保局在加大环境监察执法力度的基础上，进一步加大了环境监察执法信息公开的力度。根据上海环境网站公开的信息来看，2013 年公示了本年度 1 ~6 月上海环保违法企业名单，共有 570 家企业；公示了上海市按月度排污费征收公告、国控重点企业排污费征收公告。环境监察执法信息公开力度的进一步加大，有助于公众参与环境监督。

（四）资源环境发展面临的挑战

虽然上海的环境保护工作走在全国的前列，在城市人口和经济规模不断扩张的背景下，环境质量仍连续多年保持稳定，但上海未来资源环境发展仍面临诸多挑战。

1. 污染物排放基数大，减排难度高

改革开放以来，上海市经济的高速发展不可避免地伴随着环境污染物的大量排放，虽然近年来上海市主要污染物减排取得了很大的成就，但由于污染物排放基数大，增加了进一步减排的难度。“十一五”期间，上海市工业废气排放总量增加了 37.6%，废水排放总量增加了 11%。虽然 2012 年上海市上述污

染物排放量有所下降，但相对于长期增长所形成的高排放量，下降幅度有限，污染物排放总体上仍在高位运行。

因此，虽然上海市近年来二氧化硫、COD、氨氮和氮氧化物等污染物减排约束性指标总体上处于下降态势，但未来进一步加强污染减排的任务更重，压力更大。一方面，减排指标增加、减排要求提高、污染物排放绝对量仍在高位运行，增加了进一步减排的压力；另一方面，工程减排空间有限、管理减排影响因素多、结构减排难度高，导致减排的潜力比较有限。

2. 环境质量进一步提升面临瓶颈

经过四轮环保三年行动计划，上海市环境质量得到了很大改善，到2012年，环境空气质量API优良率已经连续四年超过90%，达到93.7%；水环境质量和生态环境质量总体保持稳定；声环境质量和辐射环境质量总体情况良好。不过需要注意的是，2010年以来，上海市环境质量总体保持稳定，环境质量基本与上一年持平，也说明环境质量进一步改善的动力和空间有限，需要采取新的治理措施、途径和模式。

目前，上海市环境质量改善的成果还比较脆弱。虽然二氧化硫、COD等常规环境质量指标整体趋好，但水体富营养化和大气中$PM_{2.5}$、酸雨、臭氧等城市复合型污染问题逐步凸显，环境保护新老问题交织，环境形势依然严峻。如何承接新的环保形势带来的挑战，破解制约环境治理提升的瓶颈，成为上海环境保护工作必须正确面对和及时解决的首要问题。

3. 传统环境治理模式不能完全适应环保新形势

当前，上海市环境治理主要是政府主导的单一治理模式。政府相关管理部门承担了环境保护的主要工作，在产业结构调整、区域转型、工程项目建设等方面采取了一系列措施。如在发展转型方面，推动宝山区南大地区综合整治开发、桃浦工业区产业结构和产品结构调整、吴泾化工区的转型升级等；在环境管理方面，启动了五轮环保三年行动计划、实施“沪五”汽油标准、实现燃煤电厂100%安装脱硫设施、出台了脱硝电价、跨区处置生活垃圾环境补偿办法、电厂脱硝工程建设补贴、超量减排奖励等政策；在基础设施建设方面，建成白龙港污水处理厂扩建二期、白龙港污泥预处理应急工程、竹园污泥处理、老港再生能源利用中心、金山永久生活垃圾综合处理厂、外环生态专项工程等重点项目。

可以看出，当前上海市环境保护工作以政府主导为主，政府承担了几乎全部的环境治理责任，这与特定发展阶段社会环保意识不强和环保力量不足有很大关系，需要政府发挥环保主导作用。随着经济社会的发展，一方面，公众对环境质量的诉求不断提升，自身环保意识也在不断提高，参与环境保护的意愿强烈；另一方面，企业等社会主体逐渐发育，应增加在环境保护中的作为。再加上日益复杂的复合型环境问题，都要求形成多元参与的环境治理体系。在新的环境保护形势下，传统的政府主导的单一治理模式不能赋予公众环境利益诉求的充分表达机会，反而产生了一些环境矛盾，造成了负面的社会影响。因此，需要建立起"政府主导＋多元参与"的环境治理体系，建立相应的保障机制，发挥企业、公众在环境保护中的作用，实现更广泛的公众参与。

二　环境保护公众参与绩效总体评价

在环境问题所带来的矛盾日益突出、需要以综合手段全面推动环境治理的历史发展阶段，环境公众参与将是助力解决环境问题的重要途径之一。[①] 随着城市经济社会的快速发展，上海市生态环境压力有增无减，公众的环保意识及对环境质量的诉求不断提升，城市环境问题日益复杂，环境问题极易演变为社会矛盾和冲突。传统的工程治理、结构调整、环境基础管理等政府主导的环境治理，对上海的环境质量改善发挥了重要的作用，但进一步提升的空间有限。上海环境质量的进一步改善以及重要环境问题的解决，需要创新治理模式，破解环境保护的瓶颈问题。从国内外环境保护的发展经验来看，环境保护公众参与对化解环境相关社会矛盾、提升环境质量具有重要的意义。上海近年来在环境保护公众参与方面作了积极的探索和尝试，也取得了一定的成效，但环境保护公众的制度外参与仍时有发生。与此同时，制度内的参与效果也缺少客观的评判。因此，为了进一步发挥上海环境保护公众参与的作用，研究探索上海环境保护公众参与及环境治理创新就显得尤其必要和迫切。本报告在对上海环境

① 常杪、杨亮、李冬溦：《环境公众参与发展体系研究》，《环境保护》2011 年第 Z1 期。

保护公众参与状况作出评价的基础上，探索如何进行制度创新以引导公众从制度外、非理性参与向依法、依规、制度内理性参与转变，促进环境保护公众参与作用的有效发挥。

（一）环境保护公众参与的内涵

在新媒体快速发展，信息传递速度越来越迅捷、传递范围越来越广阔的现实背景下，决策者不断面临着做出高质量决策的挑战，同时还要对受到这些决策影响的民众的反应作出快速回应。环境公共政策领域的决策更难，因为环境问题往往技术复杂，且负载价值，而且经常面临多重利益冲突又缺乏相互信任。国内外公众参与环境保护的经验表明，公众参与不是件坏事，而且更多情况下取得了好的结果。各级政府也在不断地寻求更好的管理方式方法，公众参与环境决策是一种建设性管理途径。

公众参与环境保护的思想形成于 20 世纪六十年代末，1969 年，美国在《国家环境政策法》中最早将公众参与引入到环境管理领域，随后环境公众参与制度为许多国家所认可和采用。

从发达国家的发展历程和环境政策演变的趋势来看，提高公众参与环境决策是至关重要的。公众参与丰富了信息的内容，各利益相关方关心的问题可以得到反映，为问题的解决提供了综合性的解决方案。但环境法律中惯用的参与方法如正式评论、公众听证会和公民诉讼等方式不足以有效地应对公众参与带来的挑战。美国各级政府致力于超越公众参与的公式化方法。美国环保署、能源部和国防部在全美污染地发起 200 个公民咨询小组（FFER，1996），许多州政府已经将公众参与纳入风险评价的工作之中，公众咨询小组已经成为参与美国环境司法活动、地方环境决策以及重要改造项目决策的重要组成部分。

公众参与是具有共同利益和兴趣的社会群体对公共利益事务决策的介入，或者提出意见和建议的活动。公众参与有三个要素：参与主体、参与对象和参与方式[①]。环境保护是公共事务的重要组成部分。周鹏等认为，环境保护公众

---

① 刘红梅、王克强、郑策：《公众参与环境保护研究综述》，《甘肃社会科学》2006 年第 4 期。

参与是与政府环境管理相对的，是在法律限度范围内，全体公民依照法定程序，以个人或社会组织体的形式，参与环境保护立法和决策，监督政府及企业的环境行为并采取措施积极治理和保护环境的过程。[①] 程子君等认为，环境保护公众参与特指公众对环境保护的认知、维护和参与程度。其内涵是指在环保活动中，公众有权通过一定的程序或途径参与一切与环境利益相关的活动。[②] 卓光俊等研究认为，环境保护公众参与是指公众根据国家制定的相关环境法律法规赋予的权利和义务参与各项保护环境活动，对各级政府及有关部门的环境决策行为、经济环境行为以及环境管理部门进行监督的一种行为[③]。由于环境保护公众参与内涵的丰富性，再加上我国有关环境保护公众参与的研究尚处于起步阶段，对环境保护公众参与的认识还处于不断完善的过程。

比较分析当前对环境保护公众参与内涵的研究，可以总结出环境保护公众参与主要包括三方面内容：一是参与环境保护的主体，包括以个体为单位的公众个人参与和由部分公众结成的社会团体参与；二是参与环境保护的领域，包括参与环境决策、环境监督和自身积极的环保行为；三是参与环境保护的形式，包括直接参与和间接参与。环境保护公众参与的前提是依据相关环境法律法规赋予的权利和义务依法理性参与环保活动，重点是通过建立公众与政府的互信，促进政府与公众“合作参与”环境保护。

（二）环境保护公众参与绩效评价指标体系总体框架

尽管国外环境保护公众参与得到长足发展，但目前也未形成统一的评价方法来评价个别参与程序和参与途径的好坏。其中一个很重要的原因就是对于什么样的公众参与算是完整的、有效的，仍没有达成共识。公众参与某一

① 程子君、李志强：《中国公众参与环境保护的不足及其原因探析》，《环境科学与管理》2009年第9期。

② 程子君、李志强：《中国公众参与环境保护的不足及其原因探析》，《环境科学与管理》2009年第9期。

③ 卓光俊等：《环境公众参与制度的正当性及制度价值分析》，《吉林大学社会科学学报》2011年第4期。

环境项目究竟是为了保障公众的权益，还是为了政府更容易来实施这一项目？公众参与成功与否是取决于参与公众的数量，还是取决于由于公众参与而形成了更好的决策？另外，虽然发达国家在公众有权参与影响他们利益的决策方面，没有更多异议，但对公众究竟应该以什么样的形式参与，尚有很多争议。从管理者的角度看，选举代表以及由代表指定的行政管理者参与可以追求公共利益，虽然公众的选择倾向对环境管理来说非常重要，但是人的自利倾向可能导致公众直接参与决策威胁公共利益。从多元治理的角度来看，政府不应当是公共管理者的角色，而应当是各种有组织利益集团的仲裁。从公众的角度来看，强调公众直接参与的重要性要求公众直接参与政策制定，而不是通过代表参与。站在不同的角度分别支持不同的参与形式，管理者倾向于调查的形式，多元治理角度支持利益相关者调节仲裁，公众则认为公众咨询小组更有效。由此可以看出，公众参与的概念较为复杂、价值负载，没有广泛统一的标准用于评价公众参与的成功与失败，学术界没有达成一致的评价方法，也少有可靠的度量工具。

衡量公众参与环境保护绩效，首先要从公众参与环境保护的目标来加以剖析。公众参与环境保护要解决的问题究竟是什么？公众参与环境保护有一个假定前提，那就是目前的环境监管制度存在很多不完善之处，而公众参与至少可以在局部地区弥补这些不足。如大家已形成共识的，目前的环境监管制度存在着以下问题：公众缺乏关于环境问题的基本知识、决策者往往不能充分考虑公众的利益和选择偏好、没有纠错或者发现创新性解决方案的机制、公众对政府致力于保护健康和环境的决心缺少信任、与政府对抗和冲突的文化盛行。因此，公众参与环境保护的目标至少应表现在：通过公众环境教育普及环境科学知识、将公众的选择意愿纳入决策、改善决策的质量、增加政府与公众的互信、减少环境问题引发的矛盾和冲突。

世界范围内自开展环境保护公众参与以来，就有不少学者从不同角度对环境保护公众参与进行评价，构建基于不同评级目标的指标体系成为评价公众参与的主要方法。对公众参与的评估方法主要有三类：基于用户的评估方法、基于理论模型的评估方法、基于目标游离的评估方法。目前大多数的评估方法属于基于用户的评估方法，而且公众参与评估强调过程或者结果评估。[①] Rowe 认为，公众参与质量的好坏关键要看受到相关政策影响的群体的意见能否客观、公正、有效地被“输入”到政策制定过程并切实影响决策结果。[②] 因此，将公众参与评估指标分为接受度标准和过程标准两类，其中接受度标准反映公众对参与程序能否接受，过程标准反映参与程序的构建与实施是否有效。Ran 在构建环境影响评价有效性分析框架中指出，影响环评有效性的因素包括所涉及的公众的性质特征、公众在环评或决策过程中体现出的权力、公众参与的时机、管理冲突的能力。当前国内公众参与环境保护的主要方式为参与环境影响评价，因此众多研究更多的是对环境影响评价公众参与进行评估，通过构建指标体系，对公众参与的有效性、公众参与结果的表达进行定量评价。[③]

通过对比国内外环境公众参与评价研究可以看出，目前还主要侧重于对公众参与的结果进行评价，以衡量公众参与环境保护是否发挥了相应的作用。实际上，环境保护公众参与涉及多领域多方面的内容，既要求政府出台相关的发展规划和法律法规给予保障，也需要加强宣传教育、信息公开等相应的促进措施，同时还要拓展公众参与的内容和渠道，通过增加政府与公众的互信，提高公众参与的范围和程度。而现有的对公众参与结果进行评价的方法和内容虽然对定量反映公众参与的效果有一定作用，但对于引导和加强环境公众参与工作意义不大。我国环境保护公众参与目前尚处于起步阶段，环境保护公众参与绩效评价体系，应针对当前环境保护公众参与开展过程中，在制度保障、促进措施、参与内容、实践影响等方面存在的问题加以评价，这比仅仅评价公众参与效果更有意义。

1. 指标体系构建原则

环境保护公众参与绩效评价需要一套科学指标体系作为指导，公众参与绩

---

① Petts J., Leach B. *Evaluating Methods for Public Participation: Literature Review*. Environment Agency. 2000.

② Rowe G., Frewer L. J. “Public Participation Methods: A Framework for Evaluation”. *Science, Technology, & Human Values*. 2000. VOL. 25 (1).

③ 张萍、邵丹、孙青、黄众思：《环境影响评价中公众参与有效性的研究》，《环境科学与管理》2011 年第 9 期。

效评价指标体系的构建和指标选取，应遵从科学性、整体性、操作性、独立性和指导性原则。

（1）科学性原则，即评价指标体系必须符合科学、合理、可操作的要求，确立的指标必须是能够通过观察、评议等方式得出明确结论的定性或定量指标，评价的实施过程和方法的选择都要符合实际，能客观真实的反映环境保护公众参与的状况。

（2）整体性原则，即评价指标体系的设计数量必须全面充足，必须能够反映公众参与的保障、促进、实施和效果等领域的基本情况，以保证指标体系设计的可靠性。

（3）操作性原则，即评价指标体系的设计必须与实际相结合，指标选取意义明确，容易理解和操作，可以充分体现公众参与评价的可行性和价值性。

（4）独立性原则，即公众参与评价的各项评价指标设计要遵循相互独立、避免重复的原则，指标体系的各个层级之间也相对独立，从不同的角度对环境保护公众参与进行综合评价。

（5）指导性原则，即设立指标体系的目的不只是单纯的客观评价环境保护公众参与的现状，更重要的是引导环保公众参与向正确的方向和目标发展，为科学决策的制定和实施提供依据。

2. 指标体系的框架

本报告从环境保护公众参与的内涵出发，按照科学性、整体性、操作性、独立性和指导性原则，通过对国内外环境领域公众参与评价体系的梳理与分析，结合上海市公众参与工作实际，采用分层结构，构建了四个层次的环境保护公众参与绩效评价指标体系。

第一层次为目标层，即环境保护公众参与综合绩效指数，综合度量上海市环境保护公众参与的总体水平。

第二层次为主题层，将指标体系分为公众参与保障体系、公众参与促进措施、政府与公众的互信、公众参与内容、公众参与效果五个方面，以专项指数的形式体现，反映上海市环境保护公众参与在不同领域的发展水平及因果关系，满足科学决策的需求。

第三层次为要素层，即各主题层包含的主要要素。公众参与保障体系是指政府通过制定环境保护公众参与体系规划，完善相关法律条款，出台相应的实施细则等，为公众参与环境保护提供必要的指引和依据。具体包括规划保障和法规保障。公众参与促进措施是指为推动公众参与环境保护顺利开展所采取的相关措施，包括环境宣传教育、民间环保组织发展、政府环境信息公开。政府与公众的互信是指环境保护公众参与过程中政府管理部门与公众的相互理解和信任，是影响环保公众参与有效开展的重要因素，包括政府环保公信力、公众参与环保的规范性。公众参与内容是指公众参与环境保护的主要内容、渠道与方式，包括参与环境监督、参与环境决策、自发性环保行动。公众参与效果是指公众参与行为对环境保护产生的积极影响，包括公众参与的反馈、公众意见的受理。

第四层次为指标层，即筛选反映评价要素核心内容的若干具体指标，是评价指标体系的最基本层面。该层依据环境保护公众参与的内涵，参照现有国内外相关研究，选取了由 24 个指标组成的指标集。由于指标集中既有定量指标，也有定性指标，给指标体系的定量化计算带来很大难度。为了统一评价尺度，对各个指标设定分级评价机制，对每一个指标均设定 3 个不同的数值区域，根据指标运行的结果，由低到高分别赋予 1、2、3 分，得分越高代表该指标运行效果越好。最终，具体指标以数值的形式体现，满足环境保护公众参与绩效评价量化的需要。具体指标体系见表 1。

3. 指标体系计算方法

（1）指标权重的确定。在建立评价指标体系的基础上，权重的确定是公众参与绩效评价的重要因素之一，评价指标权重的分配直接影响到综合评价结果。考虑到指标框架中每一层选择的指标都是经过反复筛选得到，各分层指数在整个指标体系中的重要程度相当，因此，本项研究主要采用平均赋权法确定各级指标的权重，将第一级指标目标层的权重确定为 1，5 项主题层指标是对目标层指标权重的均分，以此类推，低级指标权重是对上一级对应指标权重的均分，所得到的指标体系权重构成如表 2 所示。

表 1　环境保护公众参与评价指标体系

目标层	主题层	要素层	指标层	指标层分值		
				1	2	3
环境保护公众参与综合绩效指数	公众参与保障体系	规划保障	环保规划中涉及公众参与的条款数	1 条	2 条	3 条及以上
			规划的可操作性	规划内容为原则性条款	对公众参与的形式和内容有较详细的规划	对促进公众参与具有明确的发展目标和实施方案
		地方性法规保障	法规体系的完整性	环保条例涉及公众参与条款	环保条例和部分单行法规涉及公众参与条款	环保条例和全部单行法规涉及公众参与条款
			法规的可操作性	法规条款为原则性内容	50% 以上法规细化公众参与程序	80% 以上法规细化公众参与程序
	公众参与促进措施	环境宣传教育	环境宣传教育日常活动开展	以重大节日为主题的集中宣传	逐步实现日常宣传和主题活动相结合	环境宣传教育活动常态化开展
			环境宣传教育内容	宣传环保法规、环保规划等	普及环保知识、环境标准等	环境业务培训、倡导公众参与环境保护的力度等
		民间环保组织发展	每百万人口民间环保组织数量	1～10 个	11～20 个	21 个以上
			民间环保组织开展活动情况	环境宣传教育，生物多样性保护等	组织公众参与环境决策	开展社会监督、维护公众环境权益
		政府环境信息公开	信息公开方式	3 种	4 种	5 种及以上
			信息公开范围	《环境信息公开办法》规定公开范围的 60%	《环境信息公开办法》规定公开范围的 80%	《环境信息公开办法》规定公开范围的 100%
	政府与公众的互信	政府环保公信力	信息公开内容的可读性	不够全面，技术性强，晦涩难懂	较全面、技术性较强、较通俗	全面详实、信息内容通俗易懂
			环境监测承担主体	完全由环保部门监测	适当放开第三方监测	以第三方监测机构为主
		公众参与环保的规范性	公众参与程序的合法性	违反法律规定的非法参与行为	部分依法定程序的参与行为	完全按照法定程序依法参与环境保护
			公众参与的组织化	以个体参与环保为主	个体参与和组织参与并存	以组织化参与环保为主

续表

目标层	主题层	要素层	指标层	指标层分值		
				1	2	3
环境保护公众参与综合绩效指数	公众参与内容	参与环境监督	环境公益诉讼开展情况	检察机关开展环境民事督促起诉	环保组织开展环境民事公益起诉	环保组织开展环境民事公益起诉和环境行政公益诉讼
			环境保护投诉范围	环境污染、生态破坏等行为	环境污染、环境监测、项目建设等	环境污染、环境监测、项目建设、政府管理行为等
			环境保护投诉方式	2 种	3 种	4 种及以上
		参与环境决策	参与环境决策的范围	参与具体环境活动决策	参与环境相关的规划和政策决策	参与环境行政法规决策
			环境影响评价公众参与方式	发放问卷、网上调查	信函、传真、电子邮件反馈意见	座谈会、听证会、论证会
		自发性环保行动	义务植树尽责率*	70% 以下	71% ~80%	81% 以上
			中心城区公交出行比例	40% ~50%	51% ~60%	61% 以上
	公众参与效果	公众参与的反馈	环境投诉案件办结率	80%	90%	100%
			环评中公众参与结果的反馈	反馈给公众	反馈给公众并接受咨询	与公众协同规划
		公众意见的受理	环评中公众意见的处理情况	是否采纳无说明	是否采纳有简单说明	是否采纳有详细说明

* 上海市认可的义务植树尽责形式包括直接植树、认建认养绿地树木、参加有组织的育苗和管护等绿化劳动、成为绿化志愿者宣传绿化，以及“以资代劳”缴纳绿化费等 7 种。

表 2　环境保护公众参与评价指标体系权重

目标层	主题层	要素层	指标层
环境保护公众参与绩效	公众参与保障体系 1/5	规划保障 1/10	环保规划中公众参与条款数 1/20
			规划的可操作性 1/20
		地方性法规保障 1/10	法规体系的完整性 1/20
			法规的可操作性 1/20
	公众参与促进措施 1/5	环境宣传教育 1/15	环境宣传教育日常活动开展 1/30
			环境宣传教育内容 1/30
		民间环保组织发展 1/15	每百万人口民间环保组织数量 1/30
			民间环保组织开展活动情况 1/30
		政府环境信息公开 1/15	信息公开方式 1/30
			信息公开范围 1/30
	政府与公众的互信 1/5	政府环保公信力 1/10	信息公开内容的可读性 1/20
			环境监测承担主体 1/20
		公众参与环保的能力 1/10	公众参与程序的合法性 1/20
			公众参与的组织化 1/20
	公众参与内容 1/5	参与环境监督 1/15	环境公益诉讼开展情况 1/45
			环境保护投诉范围 1/45
			环境保护投诉方式 1/45
		参与环境决策 1/15	参与环境决策的范围 1/30
			环境影响评价公众参与方式 1/30
		自发性环保行动 1/15	义务植树尽责率 1/30
			中心城区公交出行比例 1/30
	公众参与效果 1/5	公众参与的反馈 1/10	环境投诉案件办结率 1/20
			环评中公众参与结果的反馈 1/20
		公众意见的受理 1/10	环评中公众意见的处理情况 1/10

（2）评价标准的确定。针对上述 24 项具体指标，采用数据归一化处理和加权方式，以百分制综合指数形式表征，分别得到 5 个主题 12 项评价要素和 24 个具体指标的得分指数。某一级指数得分越高代表与该指标相关的特征发展情况越好，整体得分越高则表明公众参与绩效水平越高，指数达到 100 即达到理想状态。

从理论上来说，环境保护公众参与综合绩效指数应有一定的阈值，以此来判断公众参与的发展水平。但由于目前相关研究还处于起步阶段，还没有形成公认的环境公众参与绩效评价体系，缺少具有可参考价值的指标阈值，使得确定环境公众参与评价标准极其困难。本报告采取将评价结果分为很差（0～20）、较差（21～40）、一般（41～60）、较好（61～80）、很好（81～100）五个等级，以此评判上海市环境保护公众参与绩效的整体发展水平，并根据各主题层指数的分值大小，分析上海市环境保护公众参与不同领域发展情况，找出存在的主要问题和解决方向。综合绩效指数划分如表3所示。

表3　综合绩效指数划分

绩效等级	很差	较差	一般	较好	很好
综合绩效指数	0～20	21～40	41～60	61～80	81～100

（三）环境保护公众参与绩效评价

1. 综合绩效指数评价

根据表1构建的评价指标体系，对上海市环境保护公众参与现状进行梳理分析，得到各指标具体得分如表4所示。根据指标体系计算步骤，结合数据可得性，报告对2012年上海市环境公众参与综合绩效指数进行了测算。目前上海市环境公众参与综合绩效指数为60，说明上海市环境保护公众参与目前处于一般偏好水平，虽然公众参与已取得一定进展，但离环境保护公众参与的高水平发展目标尚有一段距离。

2. 主题层指数评价结果

从主题层评价指数来看，五个主题指数得分有所不同，发展水平具有一定的差别（见图5）。其中公众参与促进措施、公众参与内容两项指数均为67，得分高于上海市环境公众参与综合绩效指数，说明上海市环境公众参与近年来在宣传教育、信息公开等促进措施方面取得了一定的成绩；在公众参与环境监督、环境决策和环保公益活动等内容和渠道方面也在不断发展。

而公众参与效果指数和政府与公众的互信两项指数均为58，说明当前的公众参与还没有对环境决策产生积极影响。虽然公众能以多种形式参与环境监督以及环境决策等，但由于缺少有力的制度保障，使得环境保护公众参与的效果大打折扣。政府与公众的环境互信还需要进一步加强，特别是提高政府与公

表 4 上海市环境保护公众参与绩效评价指标现状及得分

主题层	要素层	指标	上海市现状	指标得分
公众参与保障体系 1/5	规划保障 1/10	环保规划中公众参与条款数	《上海市环境保护和生态建设“十二五”规划》和《上海市 2012 年 ~2014 年环境保护和建设三年行动计划》仅在保障措施的第七条涉及公众参与	1
		规划的可操作性	环保规划中涉及公众参与的条款为原则性内容，对公众参与的形式、内容、发展目标和实施方案等缺乏详细规划	1
	地方性法规保障 1/10	法规体系的完整性	《上海市环境保护条例》《上海市实施〈中华人民共和国环境影响评价法〉办法》《上海市河道管理条例》《上海市实施〈中华人民共和国大气污染防治法〉办法》《上海市社会生活噪声污染防治办法》《上海市固定源噪声污染控制管理办法》《上海市绿化条例》等法规中都含有公众参与相关条款，法规体系初步具备完整性	3
		法规的可操作性	法规中相关条款多表述为“对于环境违法行为，任何单位和个人均有权向环境保护部门检举和控告”，没有对公众参与程序进行细化。	1
公众参与促进措施 1/5	环境宣传教育 1/15	环境宣传教育日常活动开展	以“六五”世界环境日等主题活动宣传为主、与绿色创建等环境教育品牌活动日常宣传相结合进行社会公众环境保护宣传	2
		环境宣传教育内容	宣传环保知识、倡导市民绿色生活、发布环境质量报告、宣传绿色创建、环保业务培训等内容	3
	民间环保组织发展 1/15	每百万人口民间环保组织数量	根据中华环保联合会网站信息，上海市共有各类民间环保组织 113 个，每百万人口民间环保组织数为 5 个	1
		民间环保组织开展活动情况	主要从事水环境保护宣传教育，野生动植物及其栖息地保护等环境领域的保护宣传、实践、调查研究以及咨询和交流等工作	1
	政府环境信息公开 1/15	信息公开方式	“上海环境”官方网站、政府公报、报刊、电视、广播、新闻发布会等方式	3
		信息公开的内容和范围	包括政策法规、综合规划、专业规划、环境状况公报、财政公开、监察执法、环评报告、环评审批、核和辐射安全、化学品污染防治、行政许可、机关职能、公共服务类等，通过网站、报纸向全社会公开	2

续表

主题层	要素层	指标	上海市现状	指标得分
政府与公众的互信 1/5	政府环保公信力 1/10	信息公开内容的可读性	已公开的环境信息范围较广，但信息量不够、可读性不强，数据背后的含义不够明确，技术性较强，不便于公众理解	2
		环境监测承担主体	以政府监测为主，同时发展有上海环境检测网、上海市环境检测中心站、上海安永环境检测技术有限公司等第三方监测机构	2
	公众参与环保的能力 1/10	公众参与程序的合法性	由于公众参与环保的法律意识不足，存在部分未依据法定程序的参与行为	2
		公众参与的组织化	民间环保组织发育不足，环境公众参与以个体参与为主	1
公众参与内容 1/5	参与环境监督 1/15	环境公益诉讼开展情况	2012 年上海市产生首例环境民事督促起诉，环境公益诉讼缺乏	1
		环境保护投诉范围	2012 年上海市环境污染投诉占 99.1%，项目建设投诉占 0.8%，政风行风投诉 0.1%	3
		环境保护投诉方式	2012 年上海市公众环保投诉方式主要为来信（6.7%）、来访（2.5%）、来电（78%）、电子邮件（12.8%）	3
	参与环境决策 1/15	参与环境决策的范围	参加环境影响评价等具体环境活动决策，尚未参与到环境规划、法规制度决策	1
		环境影响评价公众参与方式	根据上海环境热线网站公示的环评报告书，公众参与环评方式主要为发放问卷、网上调查，通过信函、电话、电子邮件反馈意见	2
	自发性环保行动 1/15	义务植树尽责率	上海每年有超过 500 万的市民参与各类义务植树尽责活动，义务植树尽责率达到 85%	3
		中心城区公交出行比例	根据《上海市人民政府关于贯彻〈国务院关于城市优先发展公共交通的指导意见〉的意见》，到 2015 年上海市中心城区公交出行比重达 50%	1
公众参与效果 1/5	公众参与的反馈 1/10	环境投诉案件办结率	2012 年上海市环境公报显示环境投诉案件办结率为 97%	2
		环评中公众参与结果的反馈	公示的环评信息中，主要对公众的意见进行调查，相关结果反馈给公众的样本较少	1
	公众意见的受理 1/10	环评中公众意见的处理情况	根据上海环境热线网站公示的环评报告书内容，报告书中对是否采纳公众意见只进行了简单的说明	2

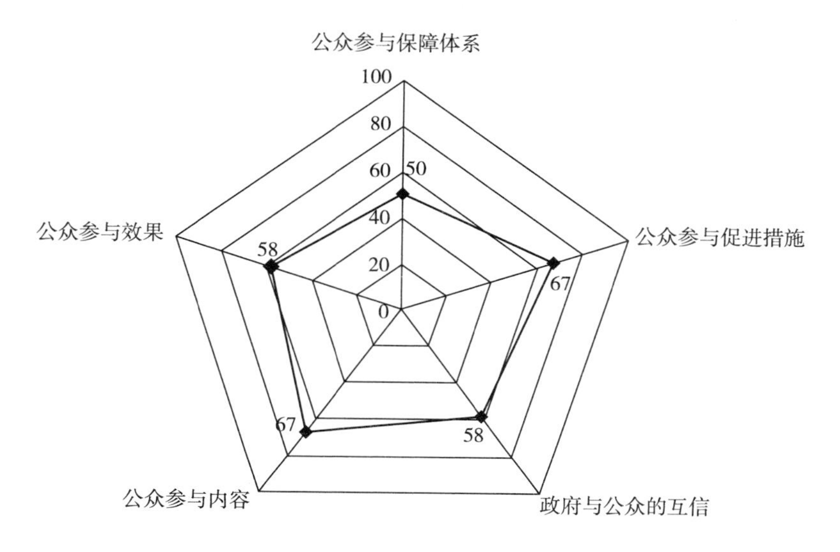

图 5　上海环境公众参与领域指数雷达图

众的环境意识和法制意识。公众参与保障体系指数均为 50，低于上海市环境公众参与综合绩效指数，说明上海市环境保护公众参与的规划保障和法律保障还不健全，环保规划和地方法规有关公众参与的条款不够详细，缺乏实施细则，制约了环境公众参与的发展。

3. 要素层指数评价结果

分析要素层评价指数的特征，可以进一步说明上海市环境公众参与中存在的主要问题和未来改进方向。从图 6 中可以看出，上海市环境公众参与各要素层指标发展参差不齐，其中政府环境信息公开和环境宣传教育指数得分远远超过其他指数，体现了政府管理部门在环境保护宣传教育以及保护公众参与的促进措施方面所做的努力。地方性法规保障、参与环境监督、自发性环保行动、政府环保公信力、公众意见的受理指数为 67，高于上海市环境公众参与综合绩效指数，说明与这些指标相关的特征发展情况相对较好。

而公众参与环保的能力、参与环境决策、公众参与的反馈等指数为 50，低于上海市环境公众参与综合绩效指数，反映了与这些指标相关的特征发展不足，制约了公众参与整体水平的提高。规划保障、民间环保组织发展指数仅为 33，远远低于其他指数，反映出与指标相关的特征发展情况较为落后，开展环

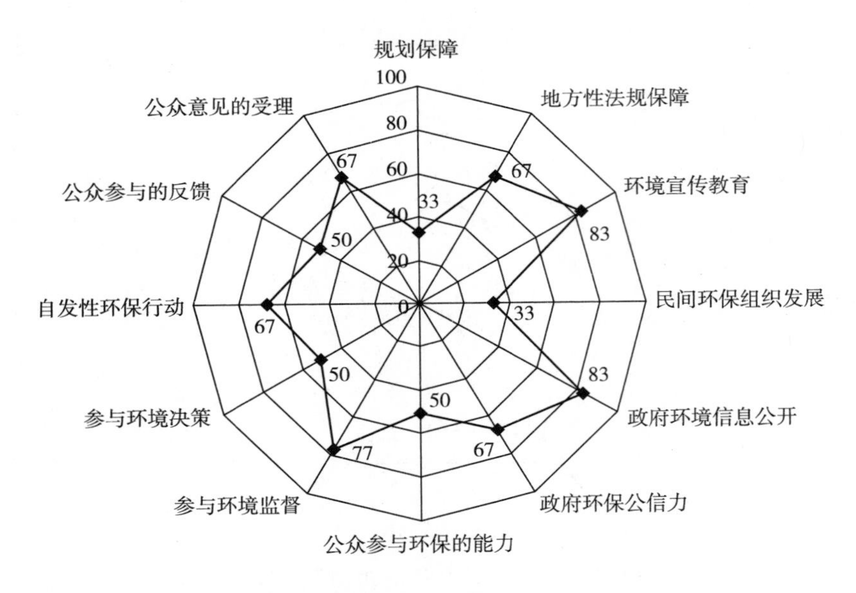

图6　上海环境公众参与要素指数雷达图

境公众参与活动亟须加强相关领域的引导工作。

可以将指标反映的对环境保护公众参与产生制约的因素归结为以下三个方面。

一是公众参与环境保护缺少相应的法律程序保障。目前上海市环境保护公众参与的保障体系不够健全，环保规划和地方法规中相关条款过于原则和抽象，可操作性不强。《上海市环境保护和生态建设“十二五”规划》以及《上海市2012年~2014年环境保护和建设三年行动计划》中仅在个别原则性条款中涉及公众参与内容，缺乏明确的发展目标和实施方案。虽然《上海市环境保护条例》和其他专项环境法规中都含有公众“有权对污染、破坏环境的行为进行检举和控告”及类似条款，但没有细化相应的公众参与程序，公众参与的范围不清晰、途径不明确、程序不具体、方式不确定，总体上不具有可操作性，使得公众难以依法参与环保。

二是政府与公众的互信水平有待进一步提高。环境保护公众参与的推动在于政府和公众环境意识的觉醒和提高，增加互信。当前环保管理部门在环境监测、信息透明度、信息公开内容的可读性等方面做了大量工作，有利于提高政

府的环境公信力。不过公众参与环保活动还存在个体无序参与以及“有法不依、执法不严、违法不究”的现象，公众的理性参与、依法参与不足，公众参与环保的规范性还有待提高。

三是环境保护公众参与的内容和渠道过窄。在参与环境监督方面，主要是对侵害环境权益的行为进行检举和投诉，检举和投诉的范围集中在环境污染和生态破坏、项目建设、政府管理行为等方面，环境公益诉讼等监督行为尚未有效开展。在参与环境决策方面，主要是参与建设项目的环境影响评价，没有引导公众合理参与环境规划和地方环境法规的制定。而且公众参与环境影响评价方式也集中在发放问卷和网上调查等方式，座谈会、听证会、论证会等参与方式开展不足。公众自身环境公益活动以政府组织的环保活动为主，利用各种节日开展宣传教育活动，集中在生物多样性保护、节能、绿化等领域，民间团体组织及公众个人自发实施的环保行为尚有待加强。

三　创新环境治理，鼓励公众参与

虽然上海环境保护的公众参与以及环境治理方面走在全国前列，但在公众依法依规参与方面，仍存在局限因素。主要瓶颈在于缺乏相应的法律程序保障、公众参与的内容和渠道过窄以及政府与公众互信程度不高等。在当前生态文明建设的大视角下，进一步推动上海市环境保护公众参与的深入开展，除了继续加强环境宣传教育，提高公众环保意识之外，更重要的是转变环境管理理念，从法律程序保障视角审视公众的参与行为，确保公众在制度框架下依法参与。同时也需要从公众与政府良性互动的视角提高双方互信，进而促进政府与公众共同参与环境保护。

（一）转变环境管理理念，向多元参与式环境治理转型

城市的环境治理是人类实现可持续发展的关键，牵动着多方利益相关者。可持续和高效的城市环境治理需要政府、市场、社会团体根据一定规则分工合作，共同应对挑战，进行多元治理。世界众多城市政府把多元治理理念引入城市环境治理的决策和实施过程。政府在充分听取市场和社会意见的基础上制定

可持续发展政策。市场和社会力量，既享有参与政策制定的权利，也负有协助政府执行政策的义务，填补环保政策的盲点所在。随着经济体制市场化转型和全球化的不断深入，上海面临着改变传统的环境管理模式，调动多元利益主体共同参与环境治理的挑战。而公众参与不足是制约上海向环境多元治理转型的重要因素之一。传统的环境管理模式中，政府是唯一的环境管理责任主体，采用的是控制—命令型管理模式，不能有效地调动各种社会力量共同治理环境。环境参与式治理可以吸纳政府、政府间组织、私人部门、科学界和非政府组织的各种意见和利益关切，环境政策制定中的利益冲突通过辩论、协商和协调的方式得到解决，有助于舒缓由于环境问题引发的社会矛盾和冲突。为此，政府部门要转变环境管理理念，积极向多元环境治理转型，培育环境非政府组织，发挥其在创造环境保护交流与合作平台、提供专业技术支持等环境治理中的作用。

（二）完善环境保护公众参与的相关法规，提高法规的可操作性

在环境保护中推动公众参与的深入开展，必须建立和完善环境保护中有关公众参与的法规和制度，明确监督主体，进行严格执法。当前，上海市有关环境保护公众参与的法律制度建设还不是很完善，仅在 2013 年出台的《关于开展环境影响评价公众参与活动的指导意见》中对环境影响评价中信息公开、公众参与实施主体、公众参与对象、公众参与的主要方式、公众参与调查意见分析及答复等做出了详细规定，其他有关环保地方法规仅仅是重复国家环保法律的相关条款，过于原则和抽象，公众参与环境保护在具体方式、程序上还缺少明确细致的法律规定。

国外公众参与环境保护起步较早，一些国家的环保法规经过多次不同程度和方式的修订，设定了专门章节详尽规定公众参与的具体实施，并通过法律条文或判例法确立程序性规范。如加拿大 1999 年《环境保护法》设立了第二章“公众参与”，规定十分详尽，包括公众的环境登记权、自愿报告权、环境保护诉讼和防止或赔偿损失诉讼等，具体到私人可以起诉的情形、诉讼时效、不可以对救济行为提起诉讼、举证责任、事业单位支付赔偿金、救济、磋商救济令、和解或中断、费用等内容。法国 1998 年《环境法典》专设第二编“信息

与民众参与”，详细规定了公众参与环境保护的目的、范围、途径、权利和程序等。[①] 通过详尽规定公众参与的法律程序，使公众参与在环保实践中拥有法理依据。

与国外一些国家和城市环境保护公众参与法律保障相比，上海市公众参与环境保护地方法规中相关条款还有待进一步细化和完善。上海市应细化有关公众参与环境保护法律法规的操作规程，重点要对公众的知情权和诉讼权加以保障，提高法律的可操作性。一是应借鉴其他省市的经验教训，出台《上海市公众参与环境保护办法》，明确规定公众参与环境保护的范围、方式、实施主体、责任与义务等，对上海市环境保护公众参与加以扶持和引导。二是在出台《关于开展环境影响评价公众参与活动的指导意见》的基础上，制定上海市开展公众参与环保规划编制、相关法规政策制定、环境污染治理、环境监督等领域的指导意见，对公众参与环境保护的主体、范围、途径、基本原则、责任与义务、具体实施程序等进行详细规定。三是进一步量化环境保护公众参与开展水平的评价指标，完善环境保护公众参与评价制度，加强责任落实，并对其进行严格的监督管理。

（三）规范环境保护公众参与行为，推动公众依法参与

从广义上看，公众参与环境保护包括依法有序参与和自发无序参与两种类型。如果法制渠道不畅通，公众很容易采取法律制度以外的途径和方式进行自发无序的参与，这种自发性参与会造成环境矛盾加剧、参与成本过高等问题，不能真正有效的实现环境保护目的。在建设法治社会的今天，只有通过完善相关法律制度和途径，实现环境保护公众参与的法制化和制度化，规范公众依法有序参与环境保护的行为，才能够保障公众参与的秩序、高效，维护社会和谐稳定，这是推进环境保护公众参与广泛开展必须采取的首要策略。

规范环境保护公众参与行为，关键在于公众参与有法可依。虽然当前我国公众参与环境保护相关法律法规缺乏实施细则，但总体上已经建立起相对较为

---

① 姚婷：《浅论我国环境保护基本法中公众参与原则的完善——以国外环境保护基本法为借鉴》，2007 年全国环境资源法学研讨会论文集。

完善的法律制度，公众参与环境保护在现行法律法规中基本能找到相关依据。目前，公众参与环境保护规范性存在的问题并不是缺少法律依据，而主要是有法不依、有法难依。最主要的原因是法律法规可操作性不强、公众环保法律意识淡薄，不了解或不善于运用法律手段来维护自己的合法环境权益，参与环境保护过程中缺少法制意识，只关注自身的环境权益，没有承担自身相应的责任与义务。

上海市提高环境保护公众参与的规范性需要从推动公众依法参与、政府依法保障公众的环保参与权两个方面展开。一方面，公众的法律意识是环境保护相关法律法规得到有效实施的重要条件，提高公众环保法律意识是推动公众依法参与环境保护的基本前提。上海市应在环境宣传教育中通过多种渠道对公众进行环保法律宣传，特别是在一些环境问题易发高发地区，开展环境普法行动，提高公众的环境意识和法律意识。通过环境普法使公众了解自身在环境保护中应承担的责任与义务，促进公众依法、理性、有序、有效参与环境保护。另一方面，政府管理部门应不断建立和完善相关制度，拓宽公众环境权益表达的渠道，落实公众对环境保护的知情权、参与权和监督权，为合法的环境保护公众参与活动创造条件，以此扶持、引导合法、规范的环境保护公众参与活动。同时，对一些不符合环保法律法规要求甚至是非法的环境保护公众参与行为，要做到违法必究，让有关公众参与行为回到合法、规范、有序、理性的轨道上来。

（四）增进政府与公众的互信，提高环境保护公众参与效率

政府与公众间的互信是开展环境保护公众参与的前提和基础，要求政府和公众在环境保护中具有较高的环境意识、法制意识和公益意识。面对公众参与，政府有关管理部门需要更新环境治理观念，愿意为公众参与环境决策和环境监督创造条件和保障，公众也需要规范自身参与行为，实现参与环境事务的行为合法化、有序化、专业化及组织化，取得政府部门的信任和支持，如此才能实现公众与有关部门的相互信任，并从互信走向共同治理，体现公众参与的价值。

知情是公众参与的前提，信息公开是政府与公众互信的基础。政府公信力的提高与政府环境管理过程的公正性、透明性和政府信息的公开性高度相关。

因此，上海市环保公信力建设的主要内容包括坚持政府管理行为的公开性和公正性。首先，要不断推进政府环境信息公开，提高政府的公信力和透明度。政府环境信息公开要把握好信息公开的真实性、准确性、完整性、及时性、可读性，进一步扩大信息公开的范围，明确和完善政府信息公开的方式和程序。其次，环境信息公开的主体不仅包括政府管理部门，也包括各类拥有相关环境信息的企业，政府应按照法律规定加强对履行强制环境信息披露义务的企业进行督察，可采用一些激励性措施鼓励企业主动公开环境信息，提高公众对企业的信任度。再次，在国家关于环境信息公开的法律法规允许的范围内，有选择性的将部分环境监测委托给第三方监测机构进行监测，如环境质量监测、环境监测专用设备适用性检测、建设项目竣工验收等环境监测，提高环境监测信息的公正性。

公众参与环境保护的规范性是促进政府与公众互信的重要条件。当前公众一些无序甚至违法参与行为会破坏公众与政府的基本信任，不仅不能有效解决环境问题，还会加剧环境矛盾。上海市未来提高公众参与环境保护的规范性，重点在于提高环境公众参与的组织化和专业化。这就需要政府鼓励和引导公众按照一定的规则结成一些非政治性的社会组织和团体，以多元的团体形式参与环境保护。环境公众参与的组织化可以提升公众意见表达的理性程度和参与行为选择的合法意识。同时，由于环境保护涉及复杂的专业知识与风险管理，可以通过对环境公益组织的专业化培训，促进公众参与环境保护的专业化程度不断提升，分工更加细致，不断提升环境保护效率，进而获得政府部门的大力支持，形成环境治理中公众与政府的良性互动。

（五）丰富环境保护公众参与内容，合理定位公众角色

一般来说，从参与过程的角度，公众参与环境保护的内容主要包括两个部分，即事前的决策参与和事后的监督参与。事前的决策参与是指公众参与到环境政策、法律法规、规划以及建设项目的决策过程，这是一种预防性参与。公众在决策参与中拥有否决权，是公众参与环境保护的前提。事后的监督参与又包括过程监督参与和救济参与，是指公众在环境法律、政策、规划以及建设项目的实施过程中参与对各种违法行为的监督，并对产生的环境侵害进行控告或

诉讼。总的看来，公众参与在环境保护中起到决策者、倡导者、监督者以及环境权的救济者的作用。

当前上海市环境保护相关法律规定以及实践表明，公众参与环境保护主要偏重于事后参与。如《上海市环境保护条例》第八条规定：“一切单位和个人都……有权对污染、破坏环境的行为进行检举和控告，在直接受到环境污染危害时有权要求排除危害和赔偿损失”。在其他环境保护专项法规中，也规定了任何单位和个人均有权就环境污染行为向环境保护部门检举和控告。从相关法律规定中可以看出，上海市从立法上将公众参与环境保护的重点集中在对环境违法行为的事后监督，缺乏对环境保护事前参与的重视，虽然出台的《关于开展环境影响评价公众参与活动的指导意见》对公众参与环评进行了详细规定，但在公众参与环境立法、规划、政策制定等方面还有所欠缺。事后监督固然重要，但鉴于环境危害后果的严重性以及恢复工作难度大，公众参与环保决策及事前预防更为重要。

上海市未来拓宽环境保护公众参与的范围和内容，应包括以下两个方面。第一，加大对公众参与环境决策的支持力度。除了继续完善公众参与建设项目环境影响评价机制外，还须建立机制保障公众参与有关影响环境质量和环境权益的环境立法、环保政策制定、环保规划编制，从源头上对可能存在的环境问题予以预防和阻止，发挥公众参与在环境保护中的决策和预防作用，降低环境治理成本。第二，完善公众的事后监督参与。除了对环境违法行为进行监督、检举和控告，还须通过制度建设保障公众参加有关环境保护及环境执法检查，对环境保护管理部门滥用职权、环保不作为等行为进行检举和控告。同时应引导公众树立环境保护公益意识，不仅要对危害自身环境私益的违法行为进行监督，还应对侵害环境公益的违法行为启动环境公益诉讼，发挥公众在环境保护末端参与的监督和救济作用。

综 合 篇

Comprehensive Reports

B.2 环境影响评价的公众参与

汤庆合　李立峰*

摘　要：

公众对环境影响评价（常简称“环评”）报告及相关决策的信心至关重要，而没有充分的参与就没有充分的信心。因此，本文对上海环评公众参与的现状及对策进行了探讨。上海环境影响评价除进行信息公示外，还通过问卷调查、座谈会、论证会、听证会等方式开展公众参与，其中问卷调查是最主要方式。每年通过问卷调查参与环评的公众约 5 万 ~10 万人次。经多年发展，上海的环评公众参与日益规范化，越来越体现开放与公正，政府角色也在发生积极正面的转变。但同时仍存在一些全国共性的问题，如制度内参与的不健全易导致制度外参与的失控、公众仍以被动参与为主、缺乏专业人士或组织的帮助、公众意见采纳度尚无充分保障等，这些问题反映出环评公众参与易受到制度缺

* 汤庆合，高级工程师；李立峰，工程师。

位、行政干预、经济利益等因素影响。在借鉴国内外经验的基础上，本文提出若干对策建议，包括：延长信息公示和公众参与时间；对特定项目强制要求拓展公示方式和扩大公众参与范围；提升公众调查相关规定的科学性；加强环评公众参与理念和知识的宣传；为环保组织或专家协助公众参与提供制度保障；强化公众参与的司法保障；探索环境影响后评价制度及其公众参与可行性。

关键词：

上海　环境影响评价　公众参与

建设项目或规划的环境影响评价，是利益相关者参与决策的一种重要制度，在全球广泛采用。我国环境影响评价的公众参与制度已实施多年，以上海为例，公众参与度比过去更加充分，形式主义问题有所改善，政府角色也在发生积极正面的转变。然而，仍有一些方面不甚理想，如公众对参与方式、参与程度、公示知晓度、报告可信度等仍有微词，有时甚至发生群体性事件，另外公众意见在环评报告及决策中的采纳度尚无充分保障。为此，如何进一步完善上海乃至全国的环评公众参与制度值得深入探讨。

一　环境影响评价公众参与的内涵

开展环境影响评价是为了分析一个项目建成后或规划实施后可能对环境产生的影响，从而提出污染防治对策和措施。环境影响评价的公众参与，是在建设项目、区域开发、专项规划等的环境影响评价过程中，向公众公示相关信息并征求公众意见的做法。从全球来看，环评公众参与一般由政府环保等部门指导监督，由项目建设、规划单位或环评单位组织发起，由可能受影响的公众甚至不受影响的公众及其委托的相关专家或组织进行参与，发生利益冲突时还可能需要司法等部门介入仲裁。

环境影响评价的公众参与能实现多赢的效果：第一，政府经济和环保等相关部门决策更加周到合理；第二，项目建设者或规划制定者的原有方案得到反

馈和完善，经充分公众参与后的新方案，其合理性和执行顺畅度大大提高；第三，公众与相关环保组织对项目的了解程度、信任度以及自身的参与感、责任感、环保意识均得到提升。可见，公众参与能克服市场和政府调节的缺陷，发挥不可替代的作用。

二　上海环境影响评价公众参与现状

与国内许多省市一样，上海经历了环评公众参与的起步期，但距完全达到上述多赢的状态还有不少路要走。

（一）国家及上海相关法规政策的发展

上海的环境影响评价公众参与制度主要是基于国家法律法规，因此有必要先对国家要求进行说明。

1. 国家法律法规

我国作为最早实施建设项目环境影响评价制度的发展中国家之一，吸收借鉴了西方国家（美国、加拿大等）的制度经验，但相对于这些国家来说，我国在公众参与方面的制度保障和具体实践仍较薄弱。

1979 年通过的《环境保护法（试行）》确立了环境影响评价制度，此后，一系列法规政策的颁布实施使环评制度不断完善，也逐渐强调了公众参与。如 1993 年发布的《关于加强国际金融组织贷款建设项目环境影响评价管理工作的通知》、1998 年发布的《建设项目环境保护管理条例》等，但相关规定过于原则性，对公众参与的方式、阶段、范围、参与者、参与效果等都没有做出明确规定①。2003 年正式实施的《环境影响评价法》首次通过立法的形式确定了公众在参与环评方面的权益，该法第 11 条和第 21 条分别对专项规划和建设项目环评的公众参与做出了规定，要求除国家规定需要保密的情形外，十类专

① 李玉文、孙洪刚：《我国环境影响评价公众参与的现状和对策》，《环境科学动态》2004 年第 1 期。

项规划[①]的编制机关或应编制环境影响报告的建设单位，在环境影响报告报送审批前应当“举行论证会、听证会，或者采取其他形式，征求有关单位、专家和公众对环境影响报告书草案的意见”，并“在报送审查的环境影响报告书中附具对意见采纳或者不采纳的说明”。规划编制单位、建设单位或环评机构必须保证向公众公示的信息真实，如有弄虚作假等行为，可以适用该法第四章规定的法律责任，面临行政处分、罚款、吊销资质等惩罚。但该法在有关公众参与环境影响评价的程序、救济措施等方面仍处于空白。2004 年由环保总局发布实施的《环境保护行政许可听证暂行办法》规定，对于一些可能造成不良环境影响的建设项目和专项规划，环境保护行政主管部门“可以”举行听证会，征求有关单位、专家和公众的意见，但不是“必须”举行。对于公众提出的听证申请，环保部门决定不举行的，需要说明理由。

2006 年国家环保总局发布的《环境影响评价公众参与暂行办法》首次明确规定了公众参与环评的具体范围、程序、方式、期限以及公众环境知情权和参与权的保障措施，在诸多方面有重大突破。例如，该办法提出了“公开、平等、广泛、便利”四项原则；要求建设单位在选择征求意见的对象时，应当综合考虑地域、职业、专业知识背景等因素，合理选择相关个人和组织；针对环评报告书过于专业等情况，要求建设单位或其委托的环评机构应公开环评报告书简本；要求环评文件报送审查之前征求公众意见的期限不能少于 10 日。该办法还特别明确了三个阶段都必须进行信息公示：在环评开始阶段，建设单位应当公告项目名称及概要等信息；在环评进行阶段，建设单位应当公告可能造成环境影响的范围、程度以及主要预防措施等内容；在环评审批阶段，环保部门应当公告已受理的环评文件简要信息与审批结果。2012 年 9 月起，环保部要求建设单位需在提交环评报告书的同时，提交报告书简本，并要求地方环保部门在网上公示该简本。[②]

虽然该办法有上述突破，但仍处于逐步探索期，存在有待完善的方面。如

① 十类专项规划指“可能造成不良环境影响并直接涉及公众环境权益的工业、农业、畜牧业、林业、能源、水利、交通、城市建设、旅游、自然资源开发的有关专项规划”。

② 国家环保部，关于发布《建设项目环境影响报告书简本编制要求》的公告，2012 年 8 月，http：//www.zhb.gov.cn/gkml/hbb/bgg/201208/t20120823_235124.htm。

公示期限过短，不利于公众充分考虑和反馈，相比之下，美国公示时间长达45～90天；关于公众调查范围和对象选择的规定不够科学、细致，人为操作余地较大；办法规定信息公告和环评报告简本可以在当地公共媒体或公共网站发布，为相关单位故意在非醒目板块发布留有余地；关于公众意见调查方式的规定较灵活，导致大部分项目采用问卷调查的方式，人为操作余地较大，座谈、论证、听证等形式采用较少；公众意见的采纳与否、采纳程度只予以说明即可，没有充分保障；公众参与权利未得到保障时的救济措施不明确；发生争议时，协调、诉讼等方式没有明确规定等。

2. 上海法规政策

2004年5月，上海市政府发布《上海市实施〈中华人民共和国环境影响评价法〉办法》，要求“市环保局和区、县环境保护行政主管部门以及有关管理部门应当保障公众的环境信息知情权，采取措施方便有关单位、专家和公众参与环境影响评价”，并对规划和建设项目环评的公众参与做了相应要求，基本与国家规定一脉相承。2010年，上海市环境保护局发布《关于进一步完善环评公众参与中信息发布工作的通知（沪环保评〔2010〕38号）》，对信息公示的方式、内容等进行了规定。

2013年5月，上海市环境保护局发布《关于开展环境影响评价公众参与活动的指导意见（2013年版）》。在信息公示方面，要求环评机构在上海环境热线（www.envir.gov.cn）网站统一发布相关信息：确定承担编制任务后7日内进行第一次信息发布，发布期限不少于10日；报告书编制完成后进行第二次信息发布，其中包含报告书简本的发布，发布期限不少于10日。图1为上海环境热线网站环评信息发布页面。除在上海环境热线网站发布外，环评机构也可以在本市主流媒体如《文汇报》、《解放日报》、《新民晚报》的主要页面发布相关信息，必要时可在拟建项目周围居民点、学校、医院等处张贴布告，报告书简本也可放置在拟建项目所在地的街道（镇）政府、居委会等处供公众查阅。此外，上海市环保局网站（www.sepb.gov.cn）专设了“环评审批”专栏，发布内容包括建设项目环境影响评价文件公示、建设项目环境影响评价文件受理信息及审批结果、环评管理动态、环评相关管理文件等，供公众阅览。

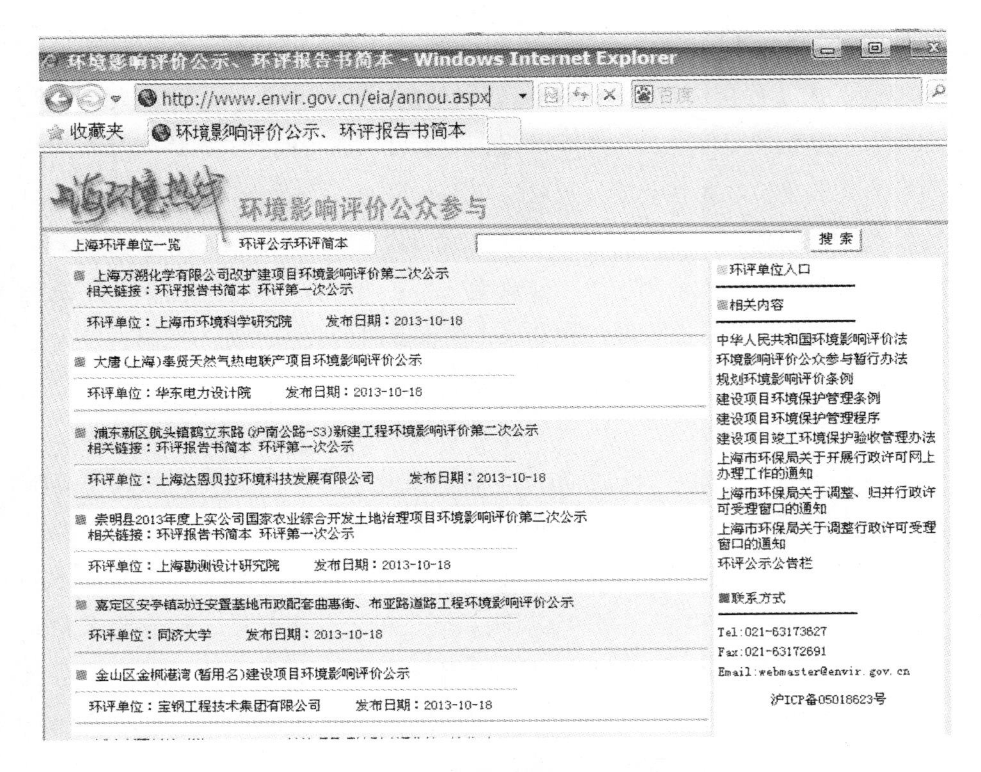

图1　上海环境热线网站环境影响评价信息发布页面

在征询公众意见方面，《指导意见》要求“评价机构可根据拟建项目环境影响的程度和范围，采用问卷调查、座谈会、论证会、听证会等方式”，对不同环境风险或影响的项目规定了不同的问卷发放要求，对座谈、论证、听证的人数和公众组成等进行了硬性规定。关于公众调查方式的选择，据我们对部分环评工作者的调研，实际操作中需考虑项目类型、周边环境等因素，如项目属于垃圾填埋、焚烧等敏感项目，或位于人口密集的敏感区域，或各方存在重大分歧，一般采用座谈、论证、听证等方式，其他多数情况则多采用书面问卷形式。

在环评报告的内容方面，《指导意见》要求，报告书中需编制专门的公众参与篇章，说明公众参与的过程和结果等。对反对意见较为集中的项目，应分析公众反对的主要原因，并对是否属于本项目环境问题，公众意见是否采纳，环境问题是否已经得到解决，是否需要补充开展公众意见调查等情况予以说明。

（二）实施情况评价

2012 年，上海市区两级环保部门共审批环评文件 12830 件，其中仅环评报告书（534 件）需开展信息公示和公众意见调查。由于书面问卷调查是常用形式，上海环评项目按环境影响不同，需发放问卷 100～200 份，[1] 因此每年通过问卷调查参与环评的公众约 5 万～10 万人次。

表 1　2012 年上海审批环境影响评价文件情况

环境影响评价文件种类	数量	是否需要信息公示和公众意见调查
环境影响评价报告书	534	需要
环境影响评价报告表	6117	不需要
环境影响登记表	6179	不需要
合　计	12830	

资料来源：上海市环境保护局，《2012 年上海市环境状况公报》，http://www.sepb.gov.cn/fa/cms/shhj/shhj2072/index.shtml。

总体来看，经多年发展，上海环境影响评价的公众参与日益规范化，要求越来越高。公众参与度日益充分，形式主义问题在不断改善。政府角色也在发生积极正面的转变，环评相关决策越来越体现民主与科学，在公众参与方面也越来越体现开放与公正。环境影响评价的公众参与，成为环保领域乃至各类决策相关领域中为数不多的公众参与有效渠道之一。环评公众参与开始逐步实现其应有的正面功能，推动了各类规划与建设项目决策的完善，以及公众环境意识和环保参与度的提升。

（三）案例剖析

上海环境影响评价公众参与的发展历程，有经验也有教训。上海近年来的部分教训说明，制度内参与的不健全极易导致制度外参与的失控。以下简单回顾两个社会关注度较高的案例中暴露出的环评公众参与制度不健全的问题。

---

① 上海市环境保护局：《关于开展环境影响评价公众参与活动的指导意见（暂行）》，2013 年 5 月。

1. 沪杭磁悬浮案例

2007 年，拟建的沪杭磁悬浮工程沿线部分居民到人民广场等地聚集，以“散步”的形式表达抗议，引起社会和媒体广泛关注。先不论工程对沿线居民的噪声和辐射影响，该案例中的环评公众参与程度同样受到了质疑。有居民表示，该工程的环评报告仅在上海环境热线网站公示 10 日的做法，让很多人没有注意到或来不及反应，同时，他们抱怨没有得到参与问卷调查或听证的机会。该案例至少暴露出当时公众对环评报告的不信任和对环评公示方式的不满意[①]。该工程后来搁置虽可能是基于技术、经济等方面重新论证的需要，但与群体性事件引发社会广泛关注也不无关系。

2. 虹杨变电站案例

上海 500kV 虹杨输变电工程作为必需的市政设施，从 1997 年开始规划，2000 年列入《上海市城市总体规划（1999～2020）》，但上海电力公司并未将原规划的 5.5 万平方米土地买下来，而杨浦区又将部分土地批给房地产开发商，成为居住区正文花园二期的一部分。2003 年小区竣工后居民开始入住，到 2005 年变电站准备建设时只有 1.5 万平方米可用地。[②] 变电站紧邻小区，无任何隔离带，因此，居民多次到各有关单位进行信访或抗议，导致工程由地上设计改为全地下设计且工期不断推迟。该案例中，除规划冲突问题外，环评公众参与的不健全也成为公众不满的原因和媒体关注的焦点。媒体报道称，该工程环境信息公告仅于 2007 年 6 月 12 日在上海《文汇报》第 9 版的文化新闻栏目右下角发布，但直至征询意见截止日期，受该工程影响最大的正文花园二期居民无人看到该则公告。在征询意见尚未截止的 6 月 18 日，环评机构在杨浦区五角场街道主持下召开了环境影响公众参与评价会议，共有 5 个居委会约 40 人参加。会前，街道党工委副书记要求居委会书记做好与会干部的工作，在意见栏上填写基本同意。会上，除 6 名居住在正文花园二期的居委会干部当

---

① 杨海鹏：《上海磁悬浮：60 亿赌注与环评不透明》，《财经》2007 年 6 月 29 日，http://news.163.com/07/0629/10/3I58UL9900011SM9_2.html；郑卫：《邻避设施规划之困境——上海磁悬浮事件的个案分析》，《城市规划》2011 年第 2 期。

② 蒋卓颖：《17 年未开建的变电站》，2012 年 5 月 8 日《21 世纪经济报道》，http://www.21cbh.com/HTML/2012-5-8/wNNDEzXzQyOTEwNw.html。

场提出质疑并投反对票外，其他参会者都投了同意票。会议还向参与公众评价的居委会干部每人发放了200元的红包，并要求“今天的会议要保密”①。该事件也加剧了居民的不信任和不满情绪。

以上两起案例均为典型的“邻避”案例。“邻避”（NIMBY，Not In My Back Yard），是一种社会心理，即居民认为某些设施可以建或者需要建，但“不要在我家后院”，争议严重时可能引发群体性事件。“邻避”现象有时可能被质疑为居民的“自私”心理、希望停建或寻求补偿等，但环评等工具确实需要发挥应有的作用，对项目进行科学评估、依法充分开展公众参与，并在此基础上协调和维护好各方的正当权益。在一些案例中环评成了公众不满的导火线，但其本质上可能是其他方面的问题。当然，环评该把的关也必须要把好，不应受行政意志或经济因素的左右。

（四）存在问题

上海环评公众参与方面存在的问题，在很大程度上也折射出一些全国性的问题，受到制度缺位、行政干预、经济利益等因素影响。问题主要体现在以下方面。

第一，制度内参与的不健全极易导致制度外参与的失控。由于综合因素造成的公众对政府决策部门、项目建设单位、环评单位信任度不足，成为许多制度外公众参与失控的首要原因。此外，利益冲突、沟通不畅等也是重要的影响因素。

第二，公众主动参与缺乏制度保障，仍以被动参与为主，易落入形式化。

第三，国家规定的环评信息公示时间较短（一般为10日），实际操作中项目建设单位、地方政府等为了工期原因也容易将环评的整体时间压缩，均不利于公众的有效参与。

第四，环评信息在“上海环境热线”网站的公示知晓度不高，缺乏其他形式的主动宣传。据我们对环评机构的调研，一般项目在公示之后基本没有任何公众反馈意见。

第五，公示信息的可靠性和完整性缺乏第三方监督。完整性不只包括形式

① 郑卫：《变电站辐射冲突质疑规划科学性——上海500kV虹杨变电站规划冲突事件分析》，《凤凰城市》2012年3月7日，http://www.ifengcity.net/shownews.asp?id=1183。

的完整性，还包括核心内容的完整性，如是否指明关键环境风险。

第六，部分问卷设计不完善，对环境保护措施的有效性解释不足，或未清楚指明，甚至有意弱化关键环境风险。有时被调查对象在未弄清缘由和仅获得有限信息的情况下被迫做出回答，有时针对同一调查对象多次调查（同一地区环评多个项目规定必须调查的敏感目标），导致被问疲劳，均可能导致公众无法给出有效意见或盲目反对。

第七，公众的环境知识及建设项目相关专业知识有限，缺乏专业人士或组织的帮助，因此常常“反对不到点子上”，这也成为公众意见有时得不到很好重视的原因之一。

第八，公众意见在环评报告及决策中的采纳度尚无充分保障，公众意见往往是因为社会及媒体的关注才能起到制约作用，公众意见的采纳及回应并未进入制度化轨道。

第九，很多项目在环评阶段没有问题，但在后续企业运行过程中有环境违规行为，这就需要公众通过监督举报等形式持续参与。

三　国内外经验借鉴

针对上海和国内其他省市在环评公众参与方面面临的一些问题，我们选取了国外部分发达国家以及我国台湾地区的一些先进做法，以供参考。

（一）美国经验

美国是全球环境影响评价制度以及环评公众参与制度的主要奠基者。在1962年《寂静的春天》掀起环保热潮之后，美国于1969年制定并于1970年实施了《国家环境政策法》（NEPA），首次规定了“环境影响评价制度”，该制度成为日后全球普遍采用的重要制度。该法在与公众的沟通方面要求通过多种方式了解公众意愿，预测环境问题，寻找多种解决方案；环境影响评价的文稿要交公众审阅和讨论，各联邦机构要充分听取公众意见并作出答复。伴随美国环保署（EPA）的成立和各种环境法律的颁布，国会要求涉及NEPA的所有环评报告都要向公众公布，同时，授权EPA审查所有这些环评报告，并提出修改意见。

1. 政府决策可能造成环境影响时先广征民意

美国的环境影响评价不只针对企业建设项目和政府规划，更重要的是针对政府各部门任何可能造成环境影响的决策。《国家环境政策法》明确规定，联邦政府所有的立法建议和重大行动建议，在决策之前不仅要进行环境影响评价，而且在编制环评报告书时要将“征求公众意见、进行公众评议”作为必经程序①。一方面，被邀请表达意见的公众会更有参与感，对政府的信任度提升，对决策结果的接受度也提高；另一方面，政府在公共意见的反馈和监督下容易做出更周密合理的决策，也更容易说服法院、议会等相关机构，因为最终方案是公平协商的结果。②

2. 环评信息的充分公示

《国家环境政策法实施条例》强调环境影响评价要在第一时间进行信息公示，如某个联邦机构一旦决定要开展环评，就应立即刊登公告、征询社会意见，并主动邀请可能受影响的地方政府、部落、利害相关人员、特别是方案反对者，共同发表意见。及早的信息公示和公众参与不仅可以给各方人士较充足的准备时间，也可以提升公众参与的积极作用——因为公众参与介入越晚，项目涉及的部门、专业知识等就越复杂，普通公众就越难以做出准确评价。而且，一些工程如果已经展开甚至获批再进行调整，就会面临高昂成本。

除环评报告编制前与编制过程中的信息公示外，美国环保署对环评报告的审查结果也需要公开。美国1970年颁布的《清洁空气法》第309条授权美国环保署按一定程序审查环境影响报告，并将审查意见公开；此外，环保署还可审查其他联邦部门提议的立法、行动或规章，从保护公众健康和环境质量的角度提出审查意见，并将审查意见公开。③

3. 对公众参与环评给予充分保障

基于对公众参与重要意义的认可，美国对各种性质环境影响评价中的公众

---

① 周莹：《中外环境影响评价法律制度比较研究》，中国地质大学硕士学位论文，2008。

② Frank P. Grad. Treatise on Environmental Law. New York: Mathew Bender and Company, lnc, 1980. 9. 153 - 154, 456.

③ 王曦：《论美国〈国家环境政策法〉对完善我国环境法制的启示》，《现代法学》2009年第4期；赵绘宇、姜琴琴：《美国环境影响评价制度40年纵览及评介》，《当代法学》2010年第1期。

参与都给予了法律上的充分保障。环境质量委员会在《国家环境政策法》的基础上，于1978年发布了《国家环境政策法实施条例》，详细规定了环评公众参与的程序，如：建设项目审查后应公开通告，公开时间一般长达45～90天，规划项目则全过程向公众公开；公众可得到环评报告、提交书面评论，有较大争议或公众对听证感兴趣时可要求听证；当局或建议者必须对公众意见做出反应，公众可在参与环评后30天内收到有关信息；公众有权了解最终决策的理由和质问环评的充分性；等等。[①]

4. 对环保组织参与环评给予明确支持

当一项环境影响评价从表面上满足要求但有较深层或需详细定量分析的问题时，普通公众很难作出准确判断，这时更具专业性的环保组织就不可或缺了。《国家环境政策法实施条例》要求联邦机构作为环评组织单位时，要“集中收集、合并、吸收其他机构团体和公众的意见和建议，为决策提供全面、客观的科学依据”[②]。这就保证了环保组织可作为第三方专业机构介入环评，不仅可直接作为环境评价单位，也可作为公众的代理者提出意见建议。《国家环境政策法》“使环保主义者在法院的帮助下拥有了能与工业界和政府抗衡的力量。”[③]

5. 对环保组织提起环评相关诉讼给予法律保障

当某项目的环评可能不符合法律要求时，环保组织再次肩负起环境诉讼的责任。实践中由于种种原因，环保组织虽有胜有负，但其诉讼资格及诉讼全过程都得到法律的保障。历史上著名的案例很多，如1971年环保组织卡尔弗特·克里夫协调委员会诉美国原子能委员会案、1976年环保组织塞拉俱乐部诉内政部长案、1983年塞拉俱乐部诉陆军工程兵部案、1989年自然资源委员会诉陆军工程兵部案等，均体现出美国一些著名环保组织高度的责任感、独立性和专业性。虽然环保组织承受了一些来自政府强势部门和大企业的压力，以

---

① 李淑娟、牛晓君：《中美环境影响评价制度中公众参与的比较研究》，《环境科学与管理》2007年第12期。

② 赵绘宇、姜琴琴：《美国环境影响评价制度40年纵览及评介》，《当代法学》2010年第1期。

③ Frank P. Grad. Treatise on Environmental Law. New York：Mathew Bender and Company，lnc，1980. 9. 153－154，456.

及来自社会的争议（比如被称阻碍或拖延了一些政府重大工程项目的实施），但总体上环境诉讼机制得到了保护和完善。正是大量的诉讼案推动了《国家环境政策法》许多内容的逐步明晰，也推动了环评制度的逐步发展和完善（详见本书“国外公众参与环保案例”部分）。

（二）德国经验

德国《环境影响评价法》规定，主管机关必须邀请其他有关机关、专家及第三人参与讨论。此处的“第三人”不限于受开发活动所影响的人，更广泛地包含环保团体、利益团体及任何能对评估范畴提供具体意见的人。

德国《联邦行政程序法》第七十三条规定，受计划影响的人及单位可参与意见发表和讨论。该法强调在决定开发或建设前进行意见交流，在利益冲突与意见协调的过程中实现环保要求。在德国环境影响评价制度中，首先是界定评估范围——由开发主体进行环境事实的调查与描述、主管机关负责协助其确定调查的范围，公众在此的参与角色为“信息提供者”，虽然参与人的范围没有设限，包括环保组织等无利害关系的人的参与，但却仅能被动地应主管机关邀请才能参与，如欲主动参与程序则须经主管机关同意。环保组织在收到参与邀请时必须行使参与权，才能在随后需要起诉时行使起诉权。其次是听证——协调异议人与开发主体的利益冲突，并由当事人间接或直接的讨论、交流，取得对开发活动的共识，但参与讨论的人的范围仅限于利害关系人。①

（三）法国经验

法国主要通过告知、咨询、商讨、辩论、共同决策等形式，落实环评的公众参与。法国的环境影响评价工作程序并不复杂。首先是项目建设单位确定是否需要进行环境影响评价，如果需要则可以自行开展或委托其他单位开展。环境影响报告书需交项目所在省的主管部门审查，另外还需交调查委员会组织公众调查。省长根据审查和公众调查的结果，再组织其他部门主任综合会审，最后

① 张式军：《德国环保 NGO 通过环境诉讼参与环境保护的法律制度介评——以环境公益诉讼中的“原告资格”为中心》，《黑龙江省政法管理干部学院学报》2007 年第 4 期（总第 61 期）。

做出决定。如果政府、公众、项目建设单位之间存在无法协调的分歧，可诉诸行政法庭裁决。如果公众调查的结论不赞同项目建设，则项目需交由国民议会审批决定。可见报告书的公众调查能发挥重要作用，利于公众利益与环境保护。

法国于1978年正式实施环境影响评价制度，为了使普通公众对环评报告内容有较好的了解，要求每一份报告书都另编一份非技术性的报告书简本。法国公众参与环评的实施程序主要包括三个环节：①公众调查程序。由独立的调查特派员告知公众并收集他们的喜好、建议以及反对意见，将调查报告作为环评的重要依据、对决策产生重要影响。②公众辩论程序。法国1959年就成立了全国公众辩论与听证委员会，其1/3成员来自各类社会团体和非政府组织，1995年又设立了公众辩论国家委员会，上述委员会均为独立组织，不受政府或国会影响。公众辩论程序介入环评制度能使不同利益集团之间有效沟通，减少了因环保问题引发的阻挠施工、示威游行、暴力抗争等现象。③地方公民投票。1/5的注册选民代表就能够对市政委员会相关决策进行投票，投票结果直接影响决策。①

（四）日本经验

日本从20世纪六、七十年代在《公害对策法》、《自然环境保全法》等法律中对环境影响评价制度做了初步规定，经过一些中间报告与试行方案，最终于1997年发布实施了《环境影响评价法》。该法规定，项目建设者制作的准备书、评价书均应在公布之日起1个月以内供公众阅览，公众可以对准备书提出意见，但对评价书只能阅览。这是因为日本《环境影响评价法》仅将公众参与定位于“收集环境影响的相关信息”。

不过，日本把单位、专家以及居民都划入公众范围，并且没有地域限定——不仅是当地居民，只要受其不良影响（不管是直接还是间接的）的居民都可以参与。对于环评机构和专家的选任也不是由环境保护行政主管部门指定，而是由中立机构或者公共团体予以选任，以保证其独立性、公正性和公信力。②

---

① 吴仁海：《中法环境影响评价制度比较》，《环境与开发》1998年第1期。

② 《日本环境影响评价10年特集》，《环境情报科学》2008年第6期。

（五）韩国经验

韩国环评制度于1982年正式实施，到目前为止，该制度在扩大环评对象、纳入公众意见程序等方面仍在不断改进。1993年，韩国《环境影响评价法》作为一项独立的法律制定并实施，其中对环评公众参与的要求也进行了规定。

韩国的环境影响评价程序包括环境影响评价书草案的编制及征求居民意见、环境影响评价书的编制、环境影响评价书的提出及审查、环境影响评价书的检讨及审查内容的通报和反映与否的确认、评价书的再审查等5个阶段。在公众参与方面，韩国规定主管行政机关收到评价书草案之日起10内予以公告，公告期限30日，公告内容包括说明会和听证会如何举行、居民提出意见的方式与期限等。建设单位必须举行说明会向公众介绍环评书草案，举行公开听证会，认真听取项目实施地区内居民的并将其反映在最终评价书中。对生态保全价值大的区域内的建设项目，除附近居民外，还应征询其他人员的意见。总体来说，韩国《环境影响评价法》对公众参与进行了详细的要求和规定，具有高度可操作性。①

（六）中国台湾经验

中国台湾地区从1979年开始试点推行建设项目环评，最终于1994年公布实施《环境影响评估法》，也有公众参与相关规定。特别值得一提的是，2009年起台湾实行“公众参与、专家代理”的机制——即由利害关系人、环保组织和当地民众参与推荐的专家来担任公众的代理角色，与政府或建设项目单位及其委托的环评机构开展对话。在这样的专业对话（也叫专家会议）中，双方“进行客观的查核与讨论，厘清争议的环保事实和开发行为影响”。此机制不仅可帮助公众更清楚了解项目信息和风险来源，还可形成反映民意且科学客观的处理建议供政府或建设项目单位考虑，从而尽量避免“理盲”或“滥情”的决策后果。台湾强调在环评过程中将“事实发现”（是不是）与“价值取

① 姜岩：《中韩环境影响评价对比研究》，《环境评价》2009年第3期；林宗浩：《韩国的环境影响评价制度》，《河北法学》2009年第9期。

舍”（要不要）两个阶段分割开，专家会议机制主要是针对“事实发现”的阶段。在“事实发现”基本达成共识的基础上，各方的“价值取舍”仍常常出现争议，对于这种情况，有时可以用科学的统计方法来综合评估，但很多时候需要合理的机制来进行决策。①

四　改进与创新建议

不论对上海或是国内其他地区，环境影响评价领域有效的公众参与，关键在于各有关单位与个人的责任感、专业人士或组织对公众的协助、公众及其代表对项目环境影响的充分了解等，这既需要更完善的程序机制，也需要更深层的制度保障。以下就从这两方面提出若干建议供参考。

（一）完善环境影响评价公众参与机制

1. 延长信息公示和公众参与时间

建议国家或上海完善相关法规，将信息公示时间由10日延长至一个月或更长（国外一般为45～90天），并合理延长公众调查的时间，当然这也需要合理延长整个环评程序周期，甚至建设项目规划期及政府决策准备期等。关于环评程序的时间要求，台湾首任环保署长简又新曾说：“时间太短，数据资料收集不易完整，可能会提高社会成本与风险。时间太长，又担心影响发展时机，丧失国家竞争力”②。尽管有这样的权衡考虑，但相比国外，我国环评时间还是过短（国内往往只有三个月，而国外多为一年至数年不等），非常不利于公众参与和决策完善。

2. 对特定项目强制要求拓展公示方式，扩大公众参与范围

建议完善相关规定，对于垃圾焚烧、化工、重大市政建设等特定项目以及周边人口密集项目等，应强制要求建设或规划单位增加投入，主动加强宣传，在公众最方便获得信息的媒介如小区公告栏、居民活动中心、电视、网络、手

① 台湾环境保护署：《让专业为公众对话——公众参与专家代理的专家会议》，2013年4月。
② 台湾环境保护署：《让专业为公众对话——公众参与专家代理的专家会议》，2013年4月。

机新媒体等进行信息发布和意见调查，并强制要求在问卷调查之外必须举行听证会。应扩大公众参与范围，不仅包括周边受直接影响的居民，还可包括未受直接影响但表示关注的公众或组织等。

3. 提升公众调查相关规定的科学性

目前，国内公众调查相关规定的科学性有待提升。例如，关于书面问卷调查表发放对象的分布，上海《关于开展环境影响评价公众参与活动的指导意见（2013年版）》要求，“应根据各敏感目标中单位和居民的分布情况，按照统计原理要求，合理确定各敏感目标内调查对象的书面问卷调查表发放数量”，但我们调研中有环评工作者表示，该规定较笼统，有时在实际工作中易引起公众的质疑（比如有的居民认为其小区得到的问卷份数太少），因此亟待基于统计学原理给出更细化的规定。

4. 加强环评公众参与理念和知识的宣传

建议加强环评公众参与相关的宣传，让全社会对这一制度的内容、方式、意义有更清晰的认识，使公众和环保领域人士的参与意识与责任感更加提升。有上海的环评工作者表示，电视、网络等各种渠道的宣传将有助于让公众更了解环评公众参与，至少不再发生部分公众面对意见调查时摸不着头脑、甚至产生恐惧怀疑等现象。

（二）深层次制度保障

1. 为环保组织或专家协助公众参与提供制度保障

可借鉴美国、中国台湾等地经验，鼓励环保等领域专家协助或代理公众，与环评机构、建设单位及政府部门进行对话，参与问卷调查、座谈、论证、听证、诉讼等过程，并提供制度保障。2005年发布的《国务院关于落实科学发展观加强环境保护的决定》在发挥社会团体的作用、推动环境公益诉讼、公开环境信息和强化社会监督等方面都有所规定，但在制度化和实践方面至今仍进展不大。

2. 提升法治水平，强化公众参与的司法保障

我国《环境影响评价法》和《环境影响评价公众参与暂行办法》对公众参与环境影响评价过程中的公众参与受到侵害如何救济、规划部门或建设单位不考虑公众意见应当承担何种法律责任、规划或建设单位不组织公众参与环境影响评价的法律后果以及其他妨碍公众参与环境影响评价的制裁措施都没有涉及或非常模糊，这不利于公众积极参与环评。因此，需加强法律法规的完善与司法部门的介入，并充分结合环境公益诉讼制度的建立健全，保障公众参与环评程序的合法权益。如前所述，美国环评制度和实践的不断完善，正是得益于大量环保组织提起环境公益诉讼的案例。

3. 探索环境影响后评价制度及其公众参与可行性

环境影响后评价对于提高环境影响评价的有效性，提高项目决策和环境管理水平都具有非常重要的作用，值得决策者认真研究。同时，环境影响后评价也可以给公众和环保组织更充分的时间、资源进行参与，提出更有价值的意见，推动实现各方共赢。

在当今信息化时代，只有充分公示、主动沟通、广纳良言，才能充分建立互信，推动环境影响评价的公众参与不断完善。上海理应在这一领域继续迈出坚定正确的步伐。

（复旦大学曹璐对本文亦有贡献）

B.3

环境信息公开与环保公众参与

李立峰　胡冬雯　汤庆合*

摘　要：

政府和企业环境信息公开是环保公众参与的重要前提。近年来上海的环境信息公开工作走在全国前列，如全国首批$PM_{2.5}$浓度实时发布与每日预报、企业排污情况与违法记录等环境信息的公开、“上海环境”与“上海环境热线”两大权威网站的完善、“上海环境”微博的上线，以及“上海空气质量”手机应用程序的发布等。但同时也存在一些问题，如信息整合度不高、公众仍以被动接受信息为主、信息公开规范性缺乏监督、与环保公众参与衔接不紧密等。在分析上海现状和借鉴国际经验的基础上，提出若干改进与创新建议，包括：进一步完善“上海环境”网站信息公开；加大环境信息公开宣传力度；充分发挥新媒体优势；加强企业环境信息多渠道公开；扩展政府环境信息公开主体；加强政府环境信息公开的民主协商和规范执行；通过激励和约束并举机制推动企业环境信息公开。

关键词：

上海　环境信息公开　公众参与

环境信息公开的理论基础是公众的环境知情权与决策参与权。信息公开可以促进公众参与，公众参与则可以促进决策合理性的提升。2008 年《政府信息公开条例》发布以来，环境领域的政府和企业信息公开也都进入快车道；同时互联网、智能手机等技术的迅速发展也为环境信息公开、环境质量发布等提供了极大便利。近年来上海的环境信息公开工作走在全国前列，取得了显著

---

* 李立峰，工程师；胡冬雯，工程师；汤庆合，高级工程师。

成绩，但仍有一些方面值得改进。本篇借鉴国际经验，提出若干改进与创新建议。环境影响评价公示制度也属于环境信息公开的一种，但已在本书“环境影响评价的公众参与”部分有详细介绍，本篇只稍作提及。

一　上海环境信息公开现状

政府和企业环境信息公开是环保公众参与的重要前提。法律法规是环境信息公开的制度保障。

（一）法律法规

环境信息公开制度在我国首先体现在《环境保护法》的原则性规定中，同时又具体体现在专门的国家《环境信息公开办法》以及相关地方性规章中。

1. 国家法律法规

1989 年颁布的《环境保护法》建立了国务院和地方环保部门定期发布环境状况公报的制度，以及排污企业申报登记制度。

2003 年，环保总局发布《关于企业环境信息公开的公告》，这是我国第一次对企业环境信息公开的内容、方式等作出规定。《公告》规定，各省、自治区、直辖市环保部门应在当地主要媒体上公开污染排放“双超”（超浓度标准或总量限额）的企业名单；列入名单的企业，需在每年 3 月 31 日前公布上一年的环境信息，其中必须公开的信息包括企业环境保护方针、污染物排放总量、企业环境污染治理情况、环保守法记录、环境管理情况五类，自愿公开的信息包括企业资源消耗指标、污染物排放强度指标、环境关注度等八类。对于企业出现环境监测连续两次超标、重大污染事故及集体性环境信访案件等五种情况则需随时公布有关信息。对不公布或未按规定公布环境信息的，应由县级以上环保部门公布，可并处相应罚款。

2007 年，随着国务院首次发布《政府信息公开条例》，环保部也相应发布了《环境信息公开办法（试行）》，对政府和企业的环境信息公开都做出了规定，于 2008 年 5 月 1 日正式实施。该《办法》首次明确了公众享有环境知情权，明确规定公民、法人和其他组织可以向环保部门申请获取政府环境信息；同时明确了环境信息的基本内容，阐述了政府环境信息和企业环境信息的概

念；规定了政府以及企业环境信息公开的范围和程序；规定了环保部门应该对环境信息公开实施监督，及违反《办法》的相关人员需承担的责任；要求建立政府环境信息公开工作考核及社会评议和责任追究等制度。该《办法》标志着我国环境信息公开正式进入制度化阶段。此后，环保部又专门发布了《环境保护公共事业单位信息公开实施办法（试行）》，对县级以上人民政府环境保护行政主管部门所属具有提供社会公共服务职能的事业单位信息公开工作做了具体规定，于2010年10月1日起开始施行。

2013年，环境信息公开开始纳入国家《环境保护法》修正案的重点考虑范围。该法修正案草案（二次审议稿）拟专门新增一章，作为第五章，阐述“环境信息公开和公众参与”。在政府环境信息公开方面，拟规定“各级人民政府及其有关部门应当依法公开环境信息、完善公众参与程序。”“国务院环境保护行政主管部门统一发布国家环境质量、重点污染源监测信息及其他重大环境信息。省级以上人民政府环境保护行政主管部门定期发布环境状况公报。县级以上人民政府及其环境保护等有关部门，应当依法公开环境质量、环境监测、突发环境事件以及环境行政许可、行政处罚、排污费的征收和使用、环境质量限期达标情况、污染物排放限期治理情况等信息。公民、法人和其他组织，可以依照国家有关规定向县级以上人民政府及其环境保护等有关部门申请获取环境信息。”在企业环境信息公开方面，拟规定“重点排污单位应当向社会公开其主要污染物的名称、排放方式、排放浓度和总量、超标情况，以及污染防治设施的建设和运行情况。”此外，拟规定强制执行措施：“违反本法规定，企业事业单位不公开或者不按照规定公开信息的，由县级以上地方人民政府环境保护行政主管部门处以一万元以上十万元以下罚款，并代为公开。”

2. 上海地方性规章

——政府环境信息公开

2008年，上海发布《上海市政府信息公开规定》，规定了行政机关主动公开、依申请公开和不予公开的内容。《规定》要求，凡符合涉及公民或组织切身利益、需社会公众广泛知晓或参与等四类要求之一的政府信息应主动公开。此后，上海市环境保护局以及涉及环境保护的其他部门如绿化市容局、水务局等均相应出台了本机关政府信息公开方面的一系列规章文件。此处仅以上海市环保局发布的相关文件为例，进行初步介绍。

《上海市环境保护局政务公开和政府信息公开工作实施意见》对环保局政务公开和政府信息公开①（以下简称“双公开”）的范围、形式、时间规定、领导体制和工作机制、部门分工等进行了安排。各部门发布信息主要遵循“谁发布，谁负责”的原则，须遵守《上海市环境保护局国家秘密项目一览表》及国家有关保密要求，不予公开的范围除国家秘密、商业秘密、个人隐私三类外，还增加了“属于正在研究制定、调查处理过程中的”“危及国家安全、公共安全、经济安全和社会稳定的”“法律、法规和规章规定的其他不予公开的”三类信息。“双公开”的形式包括：市环保局“上海环境”“上海环境热线”网站；报刊、广播、电视等新闻媒体；新闻发布会、征求意见会、听证会等会议形式；宣传栏、电子屏幕、宣传资料、行政服务窗口；还可根据需要，通过动态信息或其他便于企业群众及时准确获取信息的形式，如短信、政务微博等。

《上海市环境保护局政府信息公开指南》（2012 年修订版）对主动公开信息的途径、主要内容、公开期限、公开目录，以及依申请公开信息的受理申请机构、申请要件、申请方式、处理流程等进行了说明。

主动信息公开方面，要求在信息形成或变更之日起 20 个工作日内予以公开。为方便公民、法人或者其他组织查询，“上海环境”网站设立了《上海市环境保护局政府信息公开目录》，具体分为三级：一级目录包括机构职责、政策法规、环境标准、规划计划、环境管理、污染控制、环境质量、环保政务等 10 项；二级目录包括环保局职责、机构领导等 43 项；三级目录包括机关处室职责、行政体制与人事管理等 107 项。②

依申请公开方面，其受理机构为上海市环境保护局办公室，申请方式包括网站、书面、当面申请三种，答复的时间要求在收到申请表并登记之日起 15 个工作日内。答复方式分三类：①属公开范围的，告知获得该信息的方式和途

① 政务公开包括新闻发布、领导讲话、财务信息、纪检监督、宣传教育等日常政务信息的公开；政府信息公开则不仅包括政务公开，还包括政策法规、环境标准、规划计划、环境管理、污染控制、环境质量等方面政府机关所掌握信息的公开。

② 上海市环境保护信息中心：上海环境网站信息公开目录，http：//www. sepb. gov. cn/fa/cms/xxgk//AC47/AC4707000/AC4707002/2011/10/41114. htm。

径；②属免于公开范围的，告知不予公开的理由；③信息不存在或不属本机关职责范围的，告知该信息不存在或告知查找途径。

《上海市环境保护局政府信息依申请公开工作程序（试行）》还规定了申请、受理、办理、归档四大环节的具体程序。申请者可以通过网站、信函、电子邮件、传真、电报、当面等形式提出申请。申请受理过程包括登记和提出拟办意见，经审核后送到需承办该事项的相应处室办理。办理过程包括公开信息的判别、起草办理意见、答复、信息提供及手续办理。依申请公开的具体流程如图 1 所示。

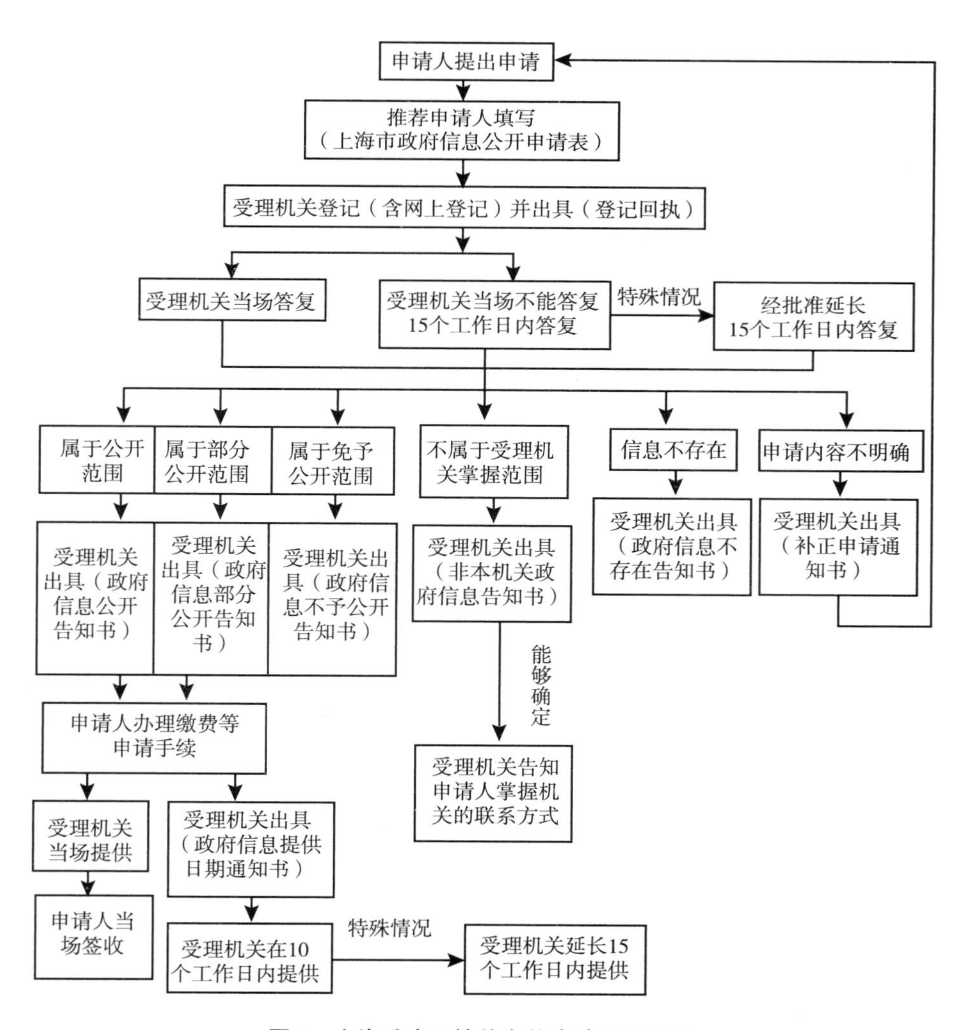

图 1　上海政府环境信息依申请公开流程

——企业环境信息公开

为贯彻国家《环境信息公开办法（试行）》针对企业的相关要求，2010年起，在环保部指导下，江、浙、沪两省一市环保部门联合发布了《长江三角洲地区企业环境行为信息公开工作实施办法（暂行）》和《长江三角洲地区企业环境行为信息评价标准（暂行）》（苏环发〔2009〕23号），联合开展长三角地区环保重点监管企业环境行为的信息公开工作。通知要求企业按相应模板填报"参评企业基本信息表"（包括原料及产品信息、环保机构负责人信息、治污工艺、排污情况等）以及"参评企业环境行为自评表"（包括总量控制要求是否达到、在线监控是否联网、治污设施正常运转率等），环保部门将汇总结果向社会公布，并通报金融、工商、证监等部门，纳入社会信用体系。①

（二）政府环境信息公开实践

2010年起，上海市环保局政府环境信息公开工作进入制度化、常态化阶段，一般在年初制定发布该年度《上海市环境保护局政府信息公开工作要点》，次年初在上海环境网站发布《上海市环境保护局政府信息公开工作年度报告》。上海市环保局网站"上海环境"政府信息公开专栏2012年访问量为293970次，其中按点击率排序的政府信息公开栏目依次是：信息公开指南、信息公开目录、依申请公开、信息公开年报、信息公开制度。以下简要介绍2012年上海市环保局政府环境信息公开情况。

1. 加强了政府信息的主动与依申请公开

2012年，上海市环保局办公室编印了48期《环保政务信息》并在"上海环境"网站发布，及时对局属各类政务新闻动态进行总结整理。此外，在资金使用方面，通过网站公开了2011年部门决算和"三公"经费决算及说明、2012年部门预算和"三公"经费预算说明、2011年本市加油站系统油气回收治理奖励资金分配结果表、2011年度市级排污费专项资金分配结果表、排污

① 上海市环保局：《关于开展本市环保重点监管企业环境行为信息公开工作的通知》，2010年2月20日，http：//www. sepb. gov. cn/fa/cms/xxgk//AC47/AC4707000/AC4707004/2010/02/20346. htm。

费公告和国控企业排污费征收公告等。在招投标信息方面，按要求公开了大量招标、中标信息。此外，通过“上海环境”网站“企业优惠扶持政策”专栏，帮助企业了解环保资金、节能减排专项资金等用于补助、补贴、税收优惠的相关信息。

在主动公开方面，信息分类与内容举例见表1。主动公开途径包括“上海环境”政府网站、《环保信息》、“上海环境”微博、移动电视平台或新闻通气会等。

表1　2012年上海市环保局政府信息主动公开分类与内容举例

分类	内容举例
政策法规	《环境监察办法》等
综合规划	上海市环境保护和生态建设“十二五”规划等
专业规划	上海市环境保护信息化“十二五”规划
环境状况公报	《2011年上海市环境状况公报》
财政公开	部门预决算和“三公”经费预决算情况等
监察执法	上海市环保违法单位名单等
环评审批	本市实施环境保护部《关于发布〈建设项目环境影响报告书简本编制要求〉的公告》等
核和辐射安全	上海市环保局办理辐射安全许可证单位名单
化学品污染防治	关于转发《上海市禁止、限制和控制危险化学品目录（第一批）（试行）》的通知
行政许可	上海市环境保护局关于开展非行政许可事项网上办理工作的通知
行政机关职能	上海市环保局、机关处室、直属单位职责
公共服务类	上海市空气质量指数AQI政策解读等

近年的上海市环境状况公报主要包括五大部分：概述，环境质量状况（水环境质量、环境空气质量、声环境质量、辐射环境质量），主要工作进展（环保三年行动计划、污染减排、水源地保护、固体废物管理、辐射安全管理、崇明生态岛建设、黄标车淘汰），保障措施（环保投入、环境规划、环境法制和执法、环评管理、环境监测、环境科技与标准、环保创建、意见提案办理、投诉受理、公众参与、国际合作），以及附录。

截至2012年底，上海市环保局主动公开政府信息累计24127条，全文电子化率达100%。2012年新增信息1546条，较上年增加107.2%，其中环境影响评价信息发布数目最大，为1093条，占当年信息总数的71%。见图2。

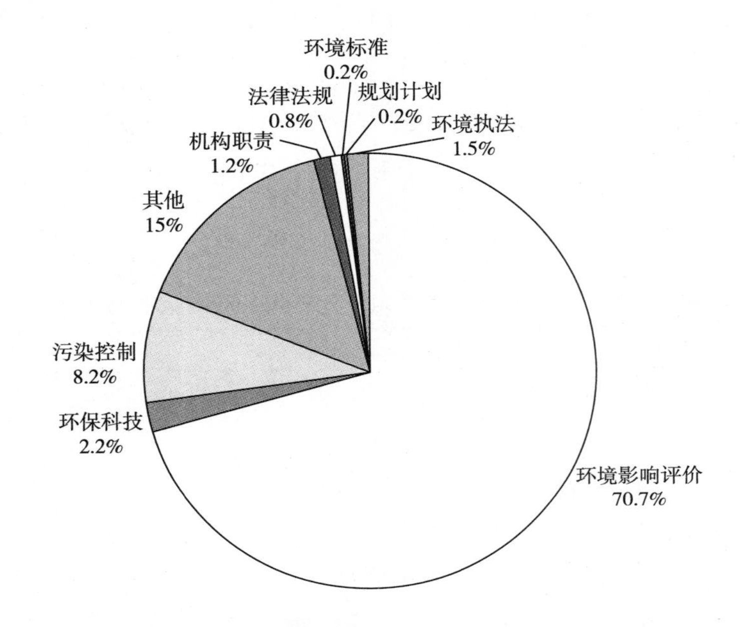

图2　2012年上海市环保局主动公开政府信息分类条目占比

在依申请公开方面，2012年上海市环保局共受理政府信息公开申请80件，答复80件，答复率100%。按申请方式、申请内容、答复结果分别汇总，如图3~5所示。可见，居民申请信息公开的首选方式是网上申请，最希望获得的信息内容依次是环境审批、财政及其他信息和环境监管，但有不少申请信息不存在或不符合环保部门公开要求，最终同意公开或同意部分公开的仅占44%。不予公开的5条信息（占总数6%）原因皆为“商业秘密”。

2. 加强了环境质量信息的多渠道发布

2012年6月起，上海开始发布$PM_{2.5}$浓度数据，是全国首批发布该数据的城市。2012年11月又试点发布空气质量指数（AQI），12月1日起正式发布，每小时更新一次，使市民更直观及时地了解空气质量数据（见图6）。除发布AQI数值和实时浓度数据外，还引入了空气宝宝和外滩实时照片，通过空气宝宝的颜色和表情以及外滩实时照片的清晰度，市民可通过照片大致判断空气质

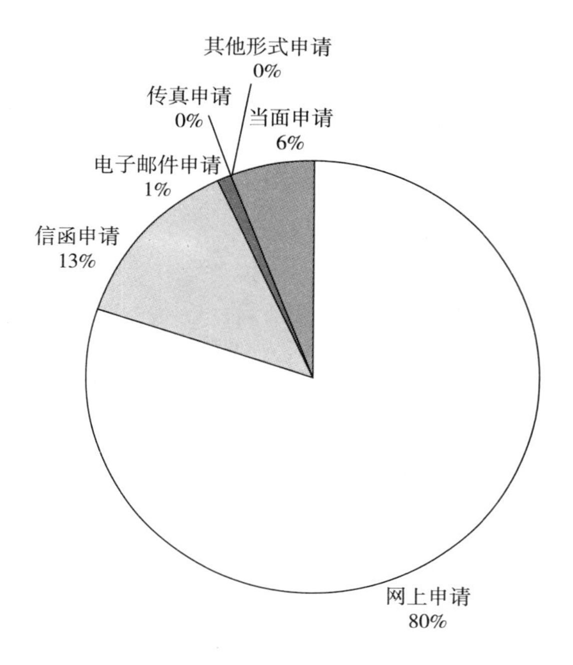

图 3　2012 年上海市环保局依申请信息公开的申请方式

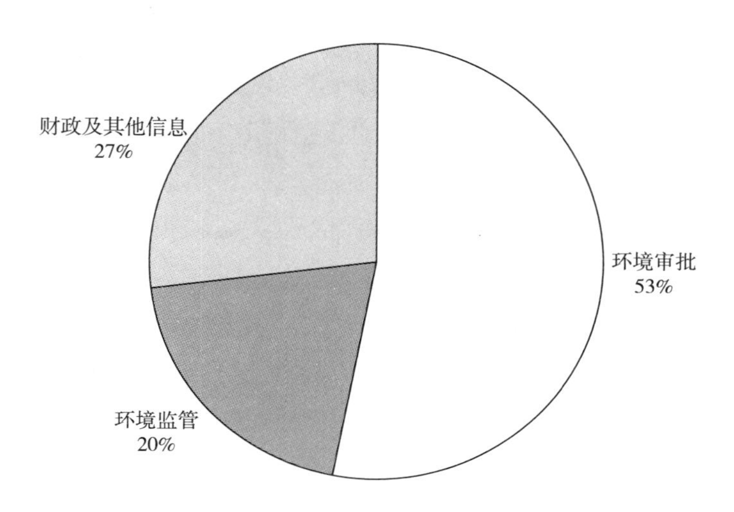

图 4　2012 年上海市环保局依申请信息公开的申请内容

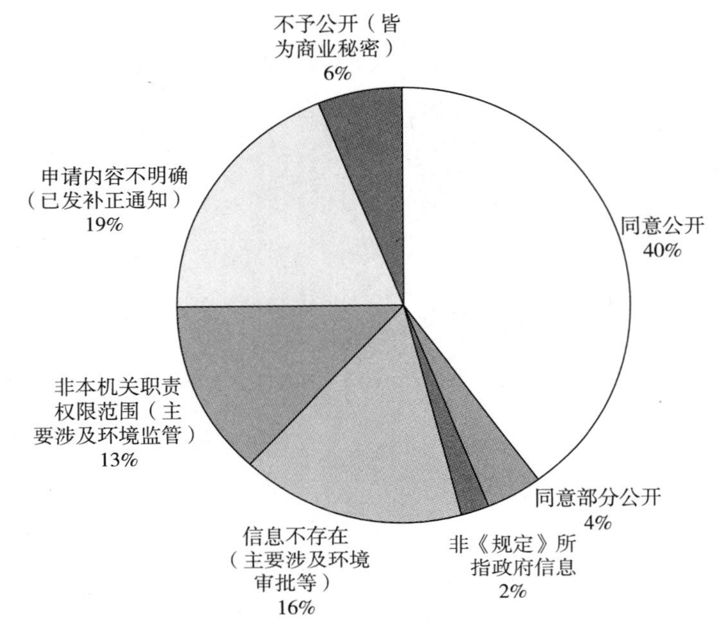

图 5　2012 年上海市环保局依申请信息公开的答复结果

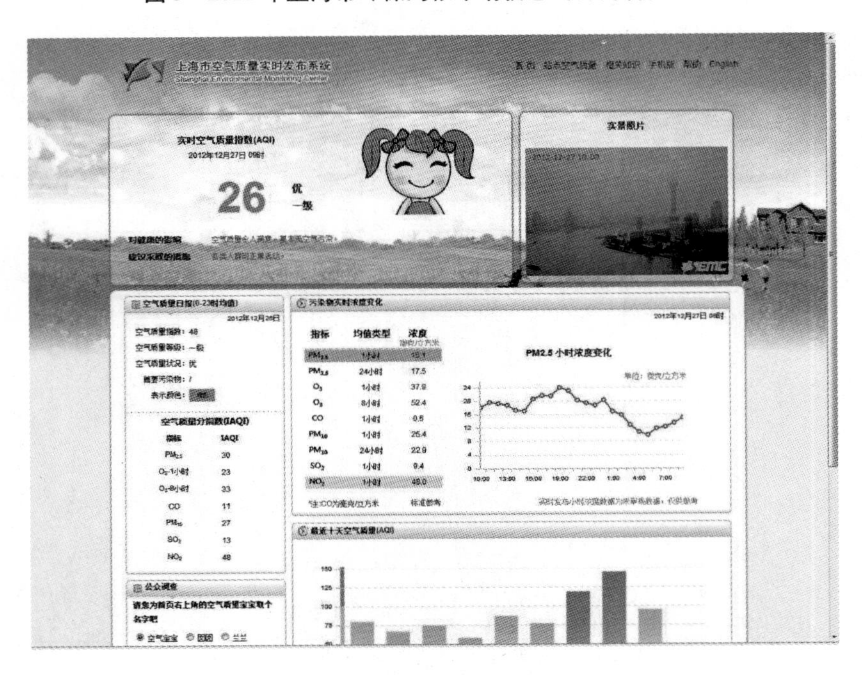

图 6　上海市空气质量实时发布系统

量实时状况。在发布渠道上，除网站、微博、电视、广播外，还同步推出了“上海空气质量”手机软件（包括苹果版和安卓版两个版本），市民可随时随地获取最新的空气质量信息。2013 年 9 月 1 日起，上海开始发布空气质量预报，在每天 17：00 发布当日夜间至次日下午的空气质量预测情况。如 2013 年 9 月 1 日发布的首条空气质量预报显示：“1 日夜间空气质量优，AQI 为20 ~ 40，首要污染物二氧化氮，2 日上午空气质量优到良，AQI 45 ~ 65，首要污染物为 PM_{10}，下午优到良，AQI 40 ~ 60，首要污染物为臭氧”①。由于该预报主要基于气象预报与污染物扩散条件的结合，发布以来的准确度和参考价值初步得到社会认可。

除空气质量外，继续发布上海市环境状况公报，公开重点流域断面水质监测数据，发布固体废物污染环境防治信息公告等。

3. 推进电子政务网上办事

在全面实现行政许可类事项网上办理的基础上，2012 年上海又加强了非行政许可事项的网上办理工作，2012 年 10 月 15 日起，开通 13 项非行政许可事项网上申请功能，详细内容见表 2。申请人可通过上海环境网站的“网上办事大厅”栏目提出申请、查询和反馈办理结果。

表 2　非行政许可事项网上申请内容

编号	内容
1	射线装置、放射源或者非密封放射性物质管理豁免备案
2	申请使用市级环保专项资金办理
3	政府信息依申请公开
4	环保微生物菌剂样品入境通知单办理
5	环保守法证明出具
6	对申请上市和再融资企业的环保核查
7	危险废物利用、处置单位意外事故防范措施和应急预案的备案
8	机动车检测机构开展机动车排气污染年度检测的委托

① 陈婷婷：《上海开始预报空气质量　提前预测污染》，中国新闻网，2013 年 9 月 1 日，http：//www. chinanews. com/sh/2013/09 - 01/5230458. shtml。

续表

编号	内容
9	接受市环保部门委托,从事机动车污染年检单位有关机动车排气污染检测情况的备案
10	环保部批项目环评地方审查意见
11	环保部批项目试生产审查意见
12	规划环境影响评价文件的审查
13	上海市建筑玻璃幕墙光反射影响论证

4. 受理市民环境咨询

2012 年共接受市民咨询 1631 人次，其中咨询电话接听 246 人次，当面咨询接待 930 人次，网上咨询 455 人次。具体占比见图 7。

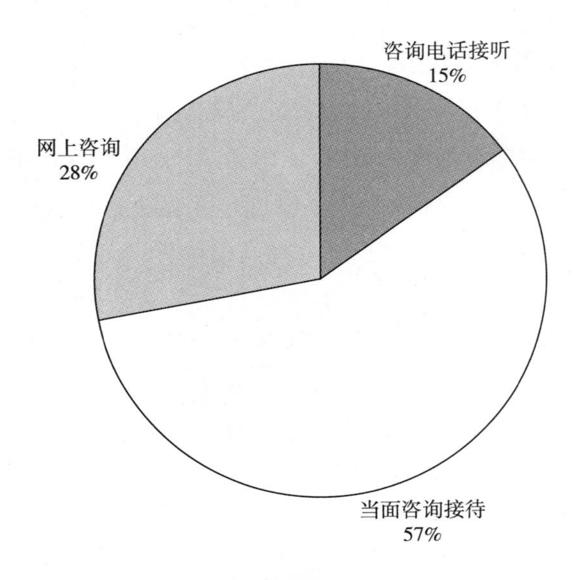

图 7　2012 年上海市环保局受理市民咨询方式

5. 加强新媒体公开渠道建设

开通了“上海环境”政务微博，“粉丝”人数达到 18 万人。通过微博发布经费预决算、采购与招标信息、违法单位环保行政处罚信息等，并与公众进行互动。继续完善“上海环境”网站的“政府信息公开”专栏，包括信息公开指南、目录、年报、制度，以及依申请公开、收费标准、行政审批流程、重点行业环境

信息公开等具体栏目[①]。同时，加强了“上海环境”网站的英文版建设。2012年，“上海环境”和“上海环境热线”网站年浏览量共达576万人次。[②]

6. 政府信息公开复议与诉讼

2012年度发生针对市环保局有关政府信息公开事务的行政复议案4件，行政诉讼案4件，举报诉0件。其中：1件行政复议已审结，维持了市环保局做出的答复，另外3件行政复议截至2012年底还在审理中；4件行政诉讼案件合并1件处理，经开庭审理，法院维持了市环保局做出的答复。

7. 相关费用支出

政府信息公开事务的财政实际支出为46万元，按费用高低依次为“上海环境”网站维护、环境状况公报编辑印刷、环保宣传图片制作、政府信息公开培训、诉讼相关费用。见图8。

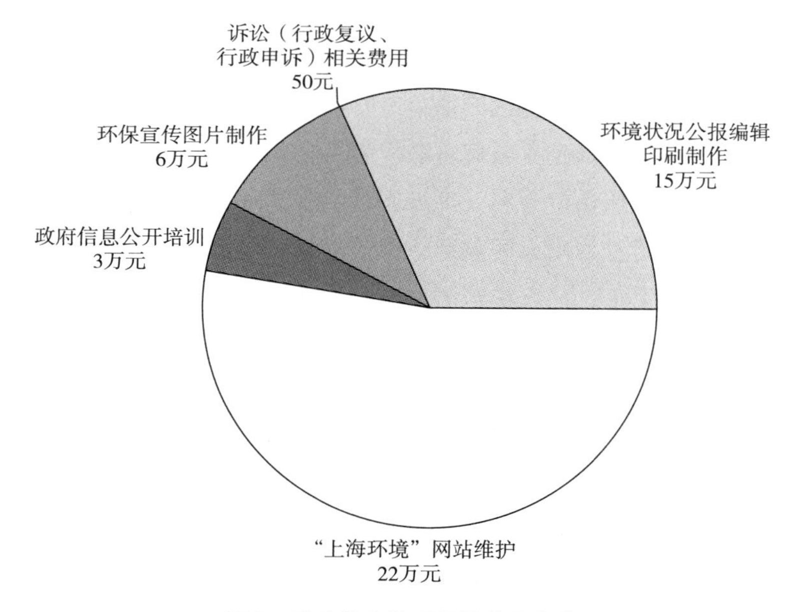

图8　政府信息公开相关费用支出

① 上海市环境保护信息中心：上海环境网站“信息公开”专栏，http：//www.sepb.gov.cn/hb/fa/cms/xxgk/index.htm。

② 上海市环境保护局：《2012上海市环境状况公报》，http：//www.sepb.gov.cn/fa/cms/shhj/shhj2072/index.shtml。

（三）企业环境信息公开实践

2010年以来，上海企业环境信息公开工作快速推进，以上海环保局网站发布为主，部分信息结合其他媒体、社区等进行发布。“上海环境”网站设置了“重点行业环境信息公开”“污染源环境监管信息公开”“环境信用信息”“工程建设领域项目信息公开”“行政许可审批动态信息发布”等相关专栏，逐步落实了企业环境信息的依法公开。其中，“污染源环境监管信息公开”中的企业清洁生产审核、企业上市或再融资环保核查，“工程建设领域项目信息公开”中的环评、竣工验收等内容，既是政府对企业实施环境管理和服务的有效手段，也是全社会比较关注的企业环境信息。

1. 重点行业环境信息公开

“重点行业环境信息公开”栏目目前包括排放废水企业环境违法行为信息公开表，水泥企业、铅蓄电池生产组装及回收企业信息公开表，皮革鞣制企业、电镀企业、涉重金属矿采选冶炼企业的检查整治表，医药企业专项检查表等内容。其中，排放废水企业环境违法行为信息公开表内容如表3所示，对企业名称、地址、环境违法行为和处理处罚情况都进行公开。企业信息公开表、检查整治表、专项检查表则大体包括企业基本信息、生产状态、生产工艺、应急预案编制情况、清洁生产审核情况、污染物排放及达标情况等内容。

表3　2013年1～9月排放废水企业环境违法行为信息公开表（部分）

序号	企业名称	详细地址	存在环境违法行为	处理处罚情况
1	上海微电机研究所（中国电子科技集团公司第二十一研究所）	虹漕路30号	因厂区雨水管与污水管年久失修造成管道渗漏，导致电镀废水处理设施处理后的废水部分流入厂区雨水管道，并经厂区雨水排放口排入环境	限期改正，并处罚款人民币1.5万元
2	上海航空食品有限公司虹桥分公司	上海市长宁区虹桥路2250号	经现场监测，上海航空食品有限公司虹桥分公司因环境保护设施未正常运行，造成排放废水中悬浮物、五日生化需氧量、化学需氧量、动植物油等含量超标	罚款人民币2万元整，并责令采取有效措施，降低排放废水中悬浮物、五日生化需氧量、化学需氧量、动植物油等含量，做到达标排放

续表

序号	企业名称	详细地址	存在环境违法行为	处理处罚情况
3	上海机场国际航空食品有限公司	上海市虹桥路2550号	经现场监测，上海机场国际食品有限公司排放废水COD以及动植物油含量超标	罚款人民币2.9万元整，并责令其采取有效措施，降低排放废水COD以及动植物油含量，做到达标排放
4	上海隆升金属制品有限公司	陈川路988号	在未配备废水处理设施的情况下从事不锈钢酸洗的生产	责令停止生产，罚款人民2万元
5	上海久安水质稳定剂厂	联谊路31号	废水超标排放环境	责令改正，罚款人民币1万元
6	上海捷励包装印刷有限公司	上海市松江区叶榭镇民发支路10号	水污染防治设施未经验收，主体工程即投入生产	责令停产，罚款人民币10万元
7	秀工机械（上海）有限公司	青浦区白鹤镇腾北路111号	利用雨水口排放废水	责令整改，罚款人民币2.75万元

2. 污染源环境监管信息公开

企业作为重要的环境污染源，须接受政府的环境监管。近年来，清洁生产审核、上市环保核查、排污许可证管理、环境执法等环境监管手段在日益完善，相关监管信息也尽可能予以公开。该领域信息公开的主要栏目与内容见表4。

表4　上海市环保局污染源环境监管信息公开栏目与内容

编号	栏目	内容
1	重点污染源基本信息	废水国家重点监控企业名单、废气国家重点监控企业名单、污染处理厂国家重点监控企业名单、重金属国家重点监控企业名单、规模化畜禽养殖场（小区）国家重点监控企业名单
2	污染源监督性监测	国控企业污染源废水监测数据、国控企业污染源废气监测数据、污水处理厂监督性监测数据、国控重点污染源监督性监测结果
3	污染源总量控制	排污许可证企业信息（企业名称、许可证编号、有效期限、排污口名称、主要排放污染物、执行标准）
4	污染防治	清洁生产审核企业名单，清洁生产审核实施情况，固体废物污染防治公报，固体废物行政审批结果，废弃电器电子产品处理资格证书名单，上市企业、申请上市及再融资企业环保核查信息，重金属污染防控重点企业名单

续表

编号	栏目	内容
5	排污费征收	排污费征收使用管理条例,排污费征收情况
6	监察与执法信息	信访投诉答复内容发布,挂牌督办情况,重点企业废水自动监控情况,重点企业废气自动监控情况,污水处理厂废水自动监控情况
7	行政处罚	环保违法单位处罚名单,环境违法行为限期改正决定,拒不执行处罚决定企业名单
8	环境应急	上海市处置环境污染事故应急预案,上海市处置核与辐射事故应急预案,重大、特大突发环境事件的企业名单,年度突发环境事件应对情况,企业突发环境事件风险等级划分情况,企业突发环境应急预案备案情况

资料来源:上海市环保局,“上海环境”网站污染源环境监管信息公开专栏,http://www.sepb.gov.cn/hb/fa/cms/shhj/page.jsp。

3. 环境信用信息

为配合《国务院办公厅关于社会信用体系建设的若干意见》《上海市社会信用体系建设2013~2015年行动计划》等规定,上海环保局建立企业环境信用信息记录,纳入全市企业信用体系,并予以公开。2012年以来,在“上海环境”网站“环境信用信息”专栏公开每季度环保违法单位名单、试运行(试生产)超期未验收项目情况等信息,对有不良环境信用记录的企业进行曝光和处罚,强化企业自律和社会监督。

4. 工程建设领域项目信息公开

“工程建设领域项目信息公开”专栏包括“项目信息”和“信用信息”两大类,其中“项目信息”包括环境影响评价文件审批结果、试生产(试运行)审批结果、环境保护设施竣工验收审批结果等,“信用信息”包括环评单位信用信息、国控重点企业信用信息、从业单位行政处罚信息、本市环保系统查处违法企业名单等。

5. 行政许可审批动态信息发布

涉及同位素、夜间施工、环境影响评价、试生产、竣工验收的企业项目行政许可审批动态信息会在网上实时发布。此外,建设项目环境影响评价、夜间施工等信息还会在受影响地区的适当位置(如居民小区的公告栏等)张贴发布。见图9。

行政许可审批动态信息　　更多

全市	市	区县
今日	已申请	已批复
▸ 同位素	1	0
▸ 夜间施工	11	7
▸ 环评	67	1
▸ 试生产	15	1
▸ 竣工验收	26	8

图 9　上海环境网站上的行政许可审批动态信息发布

（四）存在问题

1. 政府环境信息公开主体仅限于环保部门，信息整合度不高

由于机构设置原因，我国环境保护相关信息除环保部门外，还见于林业、市容绿化、环卫、水务、海事、农业、气象、经济等许多部门。而《环境信息公开办法》仅将环境信息公开的主体定位在环保部门，导致发布的往往只是环保部门自己掌握的信息，容易使公众感到不完整、不清晰，这也是为什么2012 年上海市环保局政府信息“依申请公开”一项有 13% 的申请量答复是“非本机关职责权限范围”。

2. “上海环境”网站信息公开栏目结构不尽合理

目前，“上海环境”网站信息公开栏目已相对完整，但仍有完善的余地，如：①信息公开指南中规定的公开内容、网站上发布的信息公开目录，以及网站信息公开栏目内的子栏目设置等仍有差异，比如《上海市环境保护局政府信息公开目录》所列的一级目录包括机构职责、政策法规、环境标准、规划计划、环境管理、污染控制、环境质量、环保政务、其他等，而 2012 年上海市环保局政府信息主动公开内容又分为政策法规、综合规划、专业规划、环境状况公报、财政公开、监察执法、环评审批、核和辐射安全、化学品污染防治、行政许可、行政机关职能、公共服务等，今后应统一规范。②针对企业、公众等不同需求群体，未设置较清晰的分类入口。针对企业的一些栏目，如“重点行业环境信息公开”“污染源环境监管信息公开”“环境信用信息”“工

程建设领域项目信息公开”“行政许可审批动态信息发布”等相关专栏较分散，未集中设置在醒目位置；上市或再融资环保核查信息等企业、投资者、公众较关注的内容也未在主页醒目位置设置入口。

3. 信息公开程度及速度与社会需求尚有差距，公众仍以被动接受信息为主

2012年，北京、上海等地曾先后出现美国驻当地使领馆监测到空气质量情况与当地环保部门指数不一致的现象，引发社会广泛关注。这种不一致主要反映了当时我国的空气污染指数（API）未包含$PM_{2.5}$等要素的缺陷，此系列事件也在一定程度上助推了空气质量指数（AQI）的发布。但在此过程中，政府在环境信息公开方面的公信力曾有受损迹象。与此类似，近几年部分环评信息公示的不充分也曾引发相关公众对环评报告公信力的质疑。

虽然“依申请公开”渠道已建立，但公众在此方面的意识和实践刚刚起步，尚不成熟，对自身真正关心和需要的环境信息究竟是什么、在哪个部门，仍不够明确，因此公众仍以被动接受信息为主。政府在环境信息“主动公开”过程中，哪些信息应当公开、公开到什么程度等问题，也未充分听取公众意见。

4. 信息公开规范性缺乏监督

当前政府环境信息公开的可靠性和程序规范性尚缺乏有效的监督和制约，来自公众或环保组织等客体的监督作用尚未充分发挥。《环境信息公开办法》规定的可以不公开的国家秘密、商业秘密和个人隐私等界限仍较模糊，可能为部分环境信息应公开却不予公开提供借口①。

5. 环境信息公开救济途径缺乏

《环境信息公开办法》第二十六条规定了当公众获取环境信息的权利受到侵害时的救济方式，即向上级环保部门举报和依法申请行政复议或提起行政诉讼。但关于具体的侵犯情况、提供不完整信息或不予公开受到置疑的情况、侵权应承担的后果、行政复议或诉讼的具体要求等缺乏明确规定。

6. 环境信息公开与环保公众参与衔接不紧密

“上海环境”网站的环境信息公开已取得显著成绩，但该网站本身的宣传力度和知名度仍然不够，且与环保公众参与衔接不够紧密，未能充分发挥信息公开

① 刘萍、陈雅芝：《公众环境知情权的保障与政府环境信息公开》，《青海社会科学》2010年第3期。

对公众参与的基础性和推动性作用。此外，“上海环境”网站上曝光的企业环境违法行为等情况往往未在其他媒体同步发布，造成曝光和警示力度不足。

二　国际经验借鉴

美国、德国、英国和日本等国在环境信息公开方面起步较早，相关法律法规、公开方式、内容、范围等有许多值得研究和借鉴之处。

（一）美国经验

在美国，政府通过信息公开来增加公众和非政府组织对其工作的了解与信心，并从中获得了有益的协助。例如，公众可以通过信息公开获得检查报告，通过媒体和地方官员曝光，逼迫企业主动采取行动来减少污染排放，从而成为环保部门管理和执法的重要补充。美国大多数的大型污染性企业都是私有公司，由于政府和公众掌握企业的相关信息，使企业对于环境行为非常谨慎。美国的公司会比较同行其他公司的环境行为，因顾虑环境污染问题影响声誉而改进自己的行为。

在立法层面，美国联邦政府先后制定了《信息自由法》《阳光下的政府法》等，推动政府政务公开，保证公民的知情权（见表5）。

表5　美国环境信息公开相关规定

年份	法律名称	关键点
1966	《信息公开法》	规定公民、组织可通过信函或者电子邮件的方式向美国环保总署寻求信息，政府必须在10天内给出答复
1967	《信息自由法》	确立了以公开为原则，公开范围包括环境事项、相关支出和负债、环境法规、环保公司产品等；规定了9种不予公开的例外情形
1970	《国家环境政策法》	赋予公众参与环境监督管理的权利，促使美国企业逐步完善环境信息公开
1970	《清洁空气法》	要求企业向环境管理部门报告环境行为信息，对企业环境信息的强制公开作了具体规定
1987	《清洁水法》	
1986	《有毒物质控制法》	规定了有毒物质排放的环境信息公开要求，对企业有毒物质生产、运输、使用和处置等各环节环境信息公开做了进一步规定

资料来源：王秀兰、李闯农：《中外环境信息公开制度比较》，《法制与社会》2008年第10期；谢茗、曾军龙：《国外企业环境信息公开制度的经验及其对我国的启示》，《环境保护与循环经济》2012年第11期。本文整理。

此外，各个地方也对信息公开的法令有许多建树，如《加州公共档案法》规定，除个人隐私、行业机密外的所有信息都必须公开，任何人都可查阅并获取公共档案。

（二）德国经验

德国在开展环境信息公开与共享方面的工作在欧盟国家中起步比较早，德国前环保部长 Jurgen Trittin 说："信息及对信息的获取是有效保护环境的前提条件。只有了解相关的信息，才能参与公共决策，才能对政府有关部门进行有效监督，信息是民主社会的关键。"[①]

立法层面，德国是欧盟相关环境法令的领先执行国家之一，并制定了若干国内的环境信息公开法令，如《环境信息法》强调了公众的环境知情权，并从法律高度保障了环境信息的完整披露（见表6）。

表6　德国及欧盟环境信息公开相关规定

年份	法律名称	关键点
1990	欧盟《关于自由获取环境信息的指令》	规定公共部门对环境信息申请的答复时间不超2个月，拒绝提供信息必须说明理由
1994	德国《环境信息法》	强调了公众的环境知情权，明确了政府的环境信息披露职责与内容，以及公众申请信息的程序、经费等
2003	欧盟《环境信息公开指令》	突出技术性和有效性要求，强调信息技术的应用，要求公共机构利用信息技术主动收集、公开和更新环境信息
2004	德国《新环境信息法》	规定政府须提高信息透明度，利用互联网等工具方便公众获取环境信息并参与环境管理

资料来源：沈红军：《德国环境信息公开与共享》，《世纪环境》2009年第6期。本文整理。

德国对现代信息技术在环境信息公开中的应用十分注重。2006年6月，德国环境门户网站正式发布上线，该网站由联邦与各州共同建设、维护，提供了联邦和各州政府环境信息与数据的统一入口，提供了功能强大的搜索引擎、环境数据目录及分类索引等。

---

① 沈红军：《德国环境信息公开与共享》，《世纪环境》2009年第6期。

此外，在网络数据库与信息系统建设方面，联邦政府组织各州联合制定了环境信息系统开发计划，在现有环境信息系统整合改造的基础上，建成跨部门的、统一的环境信息系统，将土壤、空气、水、噪声、气候、自然保护区、洪泛区等所有与环境相关的数据信息纳入同一个系统，大大提升管理效率。①

（三）英国经验

英国环境信息公开制度并不是在很短的时间里发展起来的，是在政府、公众、环保 NGO 的共同努力下，经历了一个多世纪，才使环境信息从禁止公开时期过渡到允许半公开时期。近年来，随着经济全球化的发展，国际上也陆续出台了有关环境信息公开方面的国际条约，英国政府受国际大环境的影响，由环境信息的半公开时期较快地过渡到环境信息公开时期。

表 7　英国环境信息公开相关规定

年份	法律名称	关键点
1992	《环境信息规则》	规定了环境信息获取制度，明确了公众环境信息获知权，推动公众开始重视应用程序性环境权，尤其是参与权及获得信息和救济权利等
2000	《信息自由法》	赋予公众从公共当局获得信息的一般权利
2005	《环境信息规则》	规定了政府公开环境信息的义务，公众获取环境信息的方式、程序、收费标准，以及无法获得所要求的信息的救济程序

资料来源：王秀兰、李闯农：《中外环境信息公开制度比较》，《法制与社会》2008 年第 10 期。本文整理。

英国作为近代法治的先行者，2005 年《环境信息规则》才得以正式生效，《信息自由法》也比美国晚 40 年，但其环境信息公开制度实施效果非常好。英国以教育宣传为引导，以社会发展对信息的需要为动力，注重将政府的主动信息公开与公众及社会团体申请信息公开相结合，充分发挥社会力量的作用。此外，英国环境信息公开制度通过设定一整套权利义务规范去平衡政府、企业与公众的利益诉求，促使公众积极有效地参与环境保护，监督政府履行环境管

① 沈红军：《德国环境信息公开与共享》，《世纪环境》2009 年第 6 期。

理的公共权力，督促企业履行所承担的环境保护社会责任，以此为立足点的英国信息公开制度就很好地达到了公众参与的目的。[①]

（四）日本经验

20世纪中后期，随着公害事件的发生和公众环保意识的增强，日本环境信息公开制度应运而生，到20世纪末21世纪初渐趋完善（见表8）。

表8　日本环境信息公开相关规定

年份	法律名称	关键点
1997	《行政机关保有信息公开法》	规定政府有公开一切政务的义务，任何人都有权要求政府公开除“非展示信息”以外的其他政务信息
1999	《对环境省保有的行政公文提出公开请求做出公开决定的审查基础》	规定当国民提出请求时，环境行政机关需将相关信息全部公开，例外条款情况必须说明理由
1999	《污染物排放与转移登记法》	规定了企业有义务公布有害物质排放量报告
2001	《日本信息公开法》	以列举方式规定了6种不予公开的情形，其他种类环境信息则是必须公开的

资料来源：郭山庄：《日本的环境信息公开制度》，《世界环境》2008年第5期。本文整理。

日本的环境信息公开制度，总体以政府信息公开为中心，并未太多强制企业和商品环境信息公开。但不少日本企业由于考虑到消费者信任、企业形象与社会责任等因素，乐于自愿公开。[②]

三　改进与创新建议

基于上海环境信息公开领域的现状与问题，借鉴国内外经验，从环境信息公开机制完善与深层次制度保障两方面提出如下七条改进与创新建议。

---

① 王秀兰、李闯农：《中外环境信息公开制度比较》，《法制与社会》2008年第10期。

② 郭山庄：《日本的环境信息公开制度》，《世界环境》2008年第5期。

（一）环境信息公开机制完善

1. 进一步完善“上海环境”网站信息公开

建议进一步规范“上海环境”网站信息公开的目录、栏目设置，如针对企业的一些栏目可集中设置在醒目位置。除清洁生产、环评等信息外，对上市或再融资环保核查信息等关注度高的内容也可在主页醒目位置设置入口。此外，可增强网站的视觉友好性、结构条理性与内容通俗性，便于公众阅览。

2. 加大环境信息公开的宣传力度，增强与环保公众参与的衔接

建议加大对“上海环境”和“上海环境热线”网站的宣传力度，在完善网站的同时，增加宣传投入，提升知名度。建议将环境信息公开与环保公众参与以及环境宣传教育充分结合，在环境信息公开相关网站上倡导环保公众参与，介绍环保科普知识；同时在一些环保公众参与的活动中以及各类媒体上介绍环境信息公开的有关情况。可在网站设置特别栏目或通过其他媒体，对公众如何更有效地关注政府和企业环境信息，如何更有效地利用“依申请公开”渠道等进行宣传引导。一方面，增强公众环境意识和知识，充分保障其环境知情权、参与权、监督权；另一方面，也可帮助公众免除一些不必要的环境过度怀疑和恐慌。

3. 充分发挥新媒体优势提升环境信息公开速度与效果

新媒体时代，网络有巨大的传播力，这对于环境信息公开来说是挑战也是机遇。上海在官方网站，四大微博平台（新浪、腾讯、新民、东方），空气质量手机应用等渠道的信息公开探索已颇具成效，今后可继续提升信息发布速度与效果，增强互动性、包容性，提高透明度，并在微信平台和其他手机应用程序等新媒体领域继续开拓创新。

4. 加强企业环境信息的多渠道公开

不断扩展企业环境信息的公开内容和企业范围，“上海环境”网站曝光的企业环境违法行为等情况可在其他媒体同步发布，加大曝光和警示力度。

（二）深层次制度保障

1. 扩展政府环境信息公开主体

为方便公众获得更加完整直观的环境信息，建议借鉴《上海市环境状况公报》《上海统计年鉴》环境相关内容的做法，由环保或统计等部门牵头，林业、市容绿化、环卫、水务、海事、农业、气象、经济等部门共同协作，实现政府环境信息的跨部门整合与统一发布。

2. 加强政府环境信息公开的民主协商和规范执行

应就政府环境信息公开的内容和程度等问题充分听取公众和专家意见。鼓励新闻媒体、环保组织等外部力量监督制约，完善行政复议和行政诉讼相关规定，加强司法救济，从而推动政府环境信息公开水平和公信力的提升。

3. 通过激励和约束并举的机制推动企业环境信息公开

国外先进经验表明，除法规政策的约束外，合理的经济激励对企业环境信息公开也有重要促进作用，比如引导企业建立环境绿色会计制度、制定环境友好型企业税收优惠政策等①。尤其是对于环境污染不大、信息公开相关规定暂时约束不到的企业，可通过激励措施推动其公开环境信息，鼓励引导其采取更清洁的生产方式和治理措施。

（复旦大学曹璐对本文亦有贡献）

---

① 谢茗、曾军龙：《国外企业环境信息公开制度的经验及其对我国的启示》，《环境保护与循环经济》2012 年第 11 期。

B.4

环境教育与公众参与

汤庆合　李立峰　雍 怡　冯 缨*

摘　要：

环境教育是提升公众参与环境保护意识和水平的重要手段，也是政府其他环境保护工作能顺利开展的重要支撑。上海通过政府、学校、社区、媒体等多种渠道推进环境教育，大力实施环境教育基地建设，取得了显著的成绩，同时也仍有一些待改进的空间。在分析上海现状和借鉴国内外经验的基础上，提出若干改进与创新建议，包括：加强跨领域联合，提升环境教育感召力；增加环境教育经费与人员投入，鼓励社会各界支持；继续扩展户外环境教育场所，创新教育模式；加强跨媒体合作，扩大环境教育影响力。

关键词：

上海　环境教育　公众参与

公众参与的有效性取决于参与和决策过程的客观性、科学性和综合性。有效的、合理的公众参与，要求参与主体必须对所参与决策的目标事件具备客观的认知，并对参与该事件的决策具有基本的知识、技能或经验。相反，如果参与公共事务决策的主体对所决策事务毫无认识，仅仅从自身利益得失加以判断，往往无法积极引导待决策问题的妥善解决。特别对于目前最受社会关注的环境问题，全社会范围环境意识的提高是实现有效社会参与和综合决策的前提。因此，从中长期的时间尺度来看，只有环境教育工作有效开展才能为公众

---

* 汤庆合，高级工程师；李立峰，工程师；雍怡，博士；冯缨，高级工程师。

参与以环境问题为代表的社会决策提供支持性的土壤。

传统意义上环境保护的公众参与更多关注的是环境决策的公众参与，但对于社会个体来讲，参与环境保护更多的应是“自为”，也就是自身的行为、自觉地保护环境，这就对社会个体的环境素质提出了很高的要求。环境教育是提高公众环境素质的有效工具。但与传统的嵌入义务的环境教育不同，新型环境教育应是体验式的感知—认知—自觉—自为的教育。本报告在介绍上海环境教育现状和部分国内外经验的基础上，提出更有利于提升公众环保参与意识和水平的环境教育改进建议。

一 环境教育内涵

早在1970年，国际自然和自然资源保护协会与联合国教科文组织就曾在美国内华达州卡森市举办了学校课程中的环境教育国际会议，会上将“环境教育”描述为“一个认识价值和澄清观念的过程，这些价值和观念是为了培养、认识和评价人与其文化环境、生态环境之间相互关系所必需的技能和态度”。

联合国教科文组织和联合国环境规划署1977年在第比利斯召开的政府间环境教育会议（以下简称“第比利斯会议”），首次把环境教育的目的和目标确立为意识、知识、态度、技能、参与五个方面，为全球环境教育的发展奠定了基本框架和体系。环境教育的具体渠道可包括政府环境教育，学校环境教育，社区、企业与社会组织环境教育等。

无论是目标群体、教育场所还是传递的主要信息，环境教育都有别于传统的课堂教育或学科教育。第比利斯会议特别阐释了环境教育的指导性原则：

- 重视环境问题的整体性和综合性
- 全民的教育
- 终生教育
- 价值观的教育
- 多学科交叉，综合的视角和方法
- 强调行动和解决问题

根据以上原则可知，环境教育的对象不应局限于青少年儿童，而应覆盖各个年龄层次、各种社会群体。环境教育的形式也不应拘泥于单向的知识传授或技能训练，反而要更多的侧重于具备综合性知识的基础上，对环境问题的复杂性形成较为全面的认识，能够运用有效的技术方法解决问题，并在此过程中重塑人和社会群体的价值观。

美国环境教育学家 David Orr 曾指出：所有的教育都是环境教育。他认为任何学科、领域都可以开展与环境问题相关的教育性工作，任何地点也都有机会开展环境教育。

在教育方法上，环境教育强调在做中学，在真实的环境中通过亲身的体验学习。环境教育还特别强调团队合作，从不同视角分析环境问题复杂的成因，探寻综合性的解决方案。环境问题往往从个体所在环境、社区的具体问题入手，是以解决问题为导向的教育方式，在很多国家和地区更成为有效解决当地环境问题，推动社区发展的有效路径。

二　上海环境教育现状

上海在贯彻国家相关精神和规定的基础上，通过政府、学校、社区、媒体等多种渠道推进环境教育，大力实施环境教育基地建设，取得了显著的成绩，同时也仍有一些待改进的空间。

（一）国家政策

2002～2003 年，朱镕基、温家宝两任总理先后做出关于加强环境教育的重要批示。2003 年，教育部颁布实施《环境教育专题教育大纲》《中小学环境教育实施指南（试行）》，要求在基础教育新课程的各相关学科内容的设计中都要渗透环境教育，同时将环境教育作为一个跨学科的主题纳入中小学综合实践活动课程。

2011 年 4 月，环境保护部、中央宣传部、中央文明办、教育部、共青团中央、全国妇联六部门联合编制了《全国环境宣传教育行动纲要（2011～2015 年）》（以下简称《纲要》）。《纲要》指出，要“把生态环境道德观和价值观教育纳入精神文明建设内容进行部署”；“加强基础教育、高等教育阶段的环境教育和行业职业教育，推动将环境教育纳入国民素质教育的进程”；“加强面向社会的培训”。《纲要》还指出，要“建设全民环境教育示范工程”“建设中小学生环境教育社会实践基地”“建设环境电视传播工程”等。①

有学者研究认为，我国近年来公众环境意识的提升与公众受教育程度的提高，特别是环境教育的发展密切相关②。

（二）上海实践

近年来，上海环境教育水平不断提升，积累了丰富经验，有力推动了公众环境意识和素质的提升。上海环境教育的主要指导和协调单位是上海市环境保护宣传教育中心，隶属于上海市环境保护局。上海环境教育多年积累形成的一些特色形式主要包括环境教育基地、学校环境教育、社区环境教育等，同时也注重利用各种节日主题宣传、绿色创建、比赛研讨，以及网络新媒体等多种宣传教育形式。

1. 上海环境教育基地建设

上海近年来已陆续建成一大批环境保护相关的教育基地，具体种类包括科普教育基地、环保科普基地、生态文明教育基地、环境教育基地等。

上海市科普教育基地中，与生态环保有关的场馆有 16 个，其中上海天山污水处理科普教育基地、上海曲阳水质净化科普教育基地、上海静安固体废弃物流转中心、苏州河梦清园等以环保为主题的科普教育基地已发展成熟。另外，调研得知，有不少与环保相关的科普教育基地还被用于上海中小学及幼儿园二期课程改革，如上海风电科技馆、梦清馆——苏州河展示中心等，这些教育基地与中小学生课程相结合，使其环境教育功能得到了更充分发挥。

在全国 12 家环保科普基地中，上海有两家，分别是上海浦东新区环境监测站和上海市青少年校外活动营地（东方绿舟），主要向公众普及环保科技知

① 环境保护部、中宣部、中央文明办、教育部、共青团中央、全国妇联《关于印发〈全国环境宣传教育行动纲要（2011～2015 年）〉的通知》，2011 年 4 月。

② 王凤：《公众参与环保行为机理研究》，中国环境科学出版社，2008。

识，提高全民环保意识和素质。上海市浦东新区环境监测站还曾被列入2009年全国环境教育示范基地名单。此外，上海再生资源公共服务平台曾被列为2012年中日技术合作环境教育基地试点单位。

在全国30家国家生态文明教育基地中，上海有一家，即复旦大学。基地具备富有特色的生态、科普教育和宣传的展室、橱窗、廊道等设施，并设有专门负责接待中小学参观讲解的机构或人员，同时开展生态主题的各类文化活动。

2012年，首批10个市级环境教育基地获得上海市环境保护宣传教育中心与市文明办授牌表彰。此外，已累计命名区县级环境教育基地56个，大致可分为4大类，即环保设施类（环境友好型企业、循环经济示范企业、垃圾填埋场等）、自然生态类（自然保护区、动植物园、生态河道、生态农业示范点等）、场馆类（博物馆、科技馆、生物馆等）、校外实践类（环境监测站、社区、生态村等），类型多样、各具特色。[①]

以下选取5个典型案例加以介绍，包括国家环保科普基地1个、4大类区县级环境教育基地各1个。

（1）国家环保科普基地案例——上海浦东新区环境监测站。上海浦东新区环境监测站位于浦东新区环境监测大楼，2005年3月落成启用后，不仅承担环境监测等功能，同时投资近50万元在楼内开辟出浦东新区环境监测站环境教育基地，成为公众免费了解环境状况和学习环保知识的窗口。该基地设置了动静结合的展板介绍（包括三翻版面、灯光演示、灯箱灯片等，如图1所示），趣味直观的知识问答（包括多媒体机问答、触摸屏查询、小字典翻阅等），以及寓教于乐的交流互动（包括游戏设计、动手操作、小实验等）。基地的运行维护和日常活动很大程度上依赖于来自各大中专院校以及浦东新区环保市容局各基层单位的志愿者，他们在接受系统培训之后，就可以协助少量的基地管理人员实施各类环境教育内容设计和活动组织等。

（2）环保设施类环境教育基地案例——可口可乐饮料（上海）有限公司。

---

① 上海市环境保护宣传教育中心：《上海市环境教育社会实践基地建设及管理制度研究报告》，2012年12月。

图 1　浦东新区环境监测站环境教育基地垃圾分类主题展板

可口可乐饮料（上海）有限公司作为闵行区的环境教育基地，2010～2011 年两年内就接待全区 50 多所学校的中小学生以及社区居民参观学习 2000 多人次，通过开展“倡 · 享低碳生活，我是环保小达人”等主题活动，结合环保讲座、组织园区参观等方式，使青少年开阔了视野，了解了环保科技在生产生活中的应用，并在参观体验中获得教育和启迪，取得了良好的社会反响。

（3）自然生态类环境教育基地案例——东滩湿地公园。位于崇明岛最东侧的东滩湿地公园，充分利用现有资源，搭建环境科普教育平台，向公众宣传介绍湿地生态系统、鸟类知识、栖息地保护。访客中心建有 100 平方米的标本展示馆，有专职讲解员负责讲解；200 平方米的多媒体放映室向游客宣传湿地保护知识；在科研馆、地震馆等场馆中，游客不但可以了解环境保护、地震自救的相关知识，还能亲身体验和使用一些科研仪器和设备。在一年一度的“观鸟节”，公园为不同的参观群体量身定做活动方案。在候鸟较多的季节，园区内适宜观鸟的地点会架设单筒望远镜，配备观鸟手册、纸、笔等，且专门配备有鸟类知识讲解员，公园会定期对这些讲解员进行培训、考核上岗。

（4）场馆类环境教育基地案例——梦清园环保主题公园。位于苏州河南部、三面临水的“梦清园”占地8.6公顷，2004年7月建成开园，是苏州河环境综合整治中集园林绿化、科普教育场馆、水环境治理工程措施等内容为一体的综合性建设项目（见图2），表达了上海人民期待苏州河早日变清的强烈愿望。“梦清园”内保留的原上海啤酒厂部分建筑（酿造楼、灌装车间）修缮后成为上海水环境治理的展示中心，展示河流生态系统的演变、退化、修复过程，介绍苏州河治理的科学原理和工程措施，展现苏州河沿岸发展规划前景。

图2　苏州河梦清园环境教育基地全景

（5）校外实践场所类环境教育基地案例——上海市少年儿童浏河活动营地。在位于嘉定浏岛的上海市少年儿童浏河活动营地，学生可以近距离接触农家生活，了解农业生产和农村生态变化，了解农家人低碳环保的生活方式。将环境教育融入各类主题活动，同时让人体验野外活动的乐趣，体现寓教于乐的营地教育优势。该营地有数字化展厅、橱窗图片展览等展示性活动；有“环保时装秀”“垃圾分类找朋友”“灌篮大比拼”等游戏表演类活动；也有“绿丝带心愿结”“环保漂流瓶”“开心农场”“农家访谈”“浏岛植物大课堂”

“考察老浏河水质”“砖窑厂考察”等合作探究类的学习活动。

2. 上海学校环境教育

（1）中小学环境教育。自1998年开始进行第二期课程改革、2003年市教委颁布《中小学环境教育专题教育大纲》以来，上海市将环境教育与课程改革相融合，经过十多年的发展，不断完善中小学环境教育课程设置和教材编写，目前中小学环境教育普及率已达100%。各类基础型、拓展型、研究型课程重在培养学生关心环境、热爱公益的情感，提升学生自主学习、主动投身于环境保护事业的决心和能力。市级环境教育教材主要采用上海市教委教研室与上海教育出版社共同组织编写的“绿色教育”系列教材，共四册：《绿色小天使》，供小学低年级使用；《绿色小卫士》，供小学高年级使用；《绿色志愿者》，供初中学生使用；《绿色探索者》，供高中学生使用。此外，各区县还开发了一些各具特色的环境课程，如金山区的《环境保护》课程突出了石油化工地区的环保需要以及农村小企业的环境影响等。在教材之外，学校注重开展各类环保实践活动，如环境观测实验、保护黄浦江母亲河考察研究、低碳小管家活动等。

同时，上海通过各类绿色学校和生态学校的创建，推动学校环境教育从课程到实践的全方位提升。截至2012年，上海共创建了22所国家级绿色学校，136所市级绿色学校，745所区县级绿色学校；此外，向明中学、金洲小学、曹杨新村幼儿园等17所学校成功申请到国际环境教育基金会（FEE）的“国际生态学校”项目，获该项目最高荣誉“绿旗”，有力地推动了上海中小学、幼儿园环境教育的成熟化和国际化。①

（2）高等环境教育。复旦大学、上海交通大学、同济大学、华东师范大学、上海市环境学校等许多高校和职业学校均有多年设立环境专业的经验，不仅开设环境科学、环境工程、环境管理等领域各类专业课程，每年培养上千名环境专业人才，还为其他专业学生提供环境相关的公共选修课程，开展课内外的多样环境教育活动。如国家生态文明教育基地复旦大学，通过“本科生研究资助计划”累计资助本科生80余人参与生态文明相关科研项目，每年由学

① 《上海市环境保护宣传教育中心2012年度工作总结》，内部文件。

生自发组织的生态环保类社会实践项目累计超过200人参与。

3. 上海社区环境教育

上海历来非常重视社区环境教育，不仅充分调动社区各年龄段居民的环保积极性，而且将环境教育与生活实践迅速结合。每年上海市环境保护宣传教育中心还与上海市文明办合作开展“绿色社区”创建评比，截至2012年已累计创建4家国家级绿色社区、41家市级绿色社区。各绿色社区开展了形式多样的环境教育活动并用以指导实践，涉及垃圾分类、废旧物品循环利用、雨污分流、一水多用、减少污染排放、使用清洁能源、绿色出行、果树认养等多方面，充分运用知识讲座、展览、多媒体等手段，成立社区环保志愿者队伍，并与学校联合开展“小手牵大手”等活动。

例如，世博会期间成功开展的“利乐包装盒回收”活动在许多社区得到了延续。黄浦区太阳都市花园联合“上海市绿色账户循环基地”，在每月的第二个星期六开展利乐包装盒的回收活动，呼吁居民把丢弃的“利乐包”收集起来，变废为宝。此活动已持续开展3年多，对小区居民尤其是中小学生影响很大，他们会把一个月积累的利乐包拿到居委会的设摊处，在绿色账户卡上积分，换取文具、日用品。

普陀区沙田新苑则借助上海绿洲生态保护交流中心这一环保NGO的帮助和指导，建立了沙田新苑社区环保与健康工作坊。街道干部和志愿者们为居民开展环保与健康知识讲座，组织废旧物品再利用、绿色出行、播放环保电影等一系列环保兴趣小组活动，并对社区中参与活动的积极分子给予表彰，尤其受到社区老年人的喜爱。①

4. 通过环境教育推动自然保护——世界自然基金会（WWF）自然学校项目

长江流域湿地保护是世界自然基金会（WWF）的重要工作领域，除了成立长江中下游湿地保护网络外，WWF还尝试在长江湿地保护网络内推广自然学校的模式。WWF认为湿地保护的威胁大多来自于传统合作伙伴之外的其他

① 上海市环境保护局：《〈绿满社区、和谐家园——上海市绿色社区硕果展〉报告》，2012年2月。

社会利益相关方，如果要从源头上改变湿地保护面临的问题，就必须致力于影响这些外部的利益相关方，得到他们的理解和支持。外部利益相关方具体包括：政府开发部门的决策者、有社会责任的企业，以及广大公众。

为了有效影响这些新的利益相关方，WWF 设计了全新的以环境教育和公众参与为核心的自然学校项目。所谓自然学校，顾名思义就是以大自然为学校，开展以自然和自然保护知识为核心的环境教育活动。自然学校的团队致力于将自然保护的目标、意义、行动转化成社会和公众听得懂的语言，为自然保护讲故事，激发人们对湿地保护的兴趣，并设计互动式、参与式的活动，创造参与自然保护具体行动的机会。让更多人爱上大自然，认识保护的重要性，更从亲身参与保护中获得成就感，塑就价值观。

WWF 在长江湿地保护网络内推广自然学校的模式，鼓励网络成员单位在现有宣教工作和团队的基础上，通过开展资源调查和战略规划，设计和研发具有自身特色，又能在组织实施上切合不同社会受众需求的多元化自然学校项目。

在专家、网络成员单位和 WWF 的共同努力下，上海自然笔记工作室、湖北洪湖国际重要湿地等首批长江湿地保护网络 6 家试点自然学校于 2013 年 7 月宣布成立，国家林业局湿地中心和 WWF 共同为试点单位授牌。

未来，长江湿地保护网络自然学校将从中小学生着手，进一步探索与企业、政府等其他社会利益相关方的合作，致力于为长江流域湿地保护的事业引入更多的公众关注和社会资源，并期待在自然学校的平台支撑下，通过更为广泛的社会参与，推动更为有效的湿地保护，真正守护好我们的母亲河——长江——的健康和未来命运。

5. 其他形式环境宣传教育

除以上三种形式外，上海还开展了其他一些形式的环境宣传教育活动，包括青年环境特使评选、竞赛培训、主题日宣传教育、环保资料印发、网站与微博运营等。

上海市环境保护宣传教育中心已连续十年与拜耳公司等单位合作组织“拜耳青年环境特使”评选活动。2012 年完成了“拜耳青年环境特使”活动的宣传与 20 名特使的评选，开展了“生态营活动”“德国之行”“拜耳创新奖

学金申请”等一系列活动。此外，配合环保部宣教中心开展了多项竞赛和培训活动，如全国青少年儿童持久性有机污染物（POPs）环保艺术大赛、环境小记者新闻作品大赛、第十届全国中学生水科技发明比赛暨斯德哥尔摩青少年水奖中国地区选拔赛、汇丰气候变化主题海报大赛、中日合作青少年户外环境教育基地研讨会、环境教育基地户外环境教育培训班、环境教育基地教育项目设计及运营管理研讨会、上海环保卡通形象征集大赛等。

2012 年世界环境日期间，上海市环境保护宣传教育中心策划组织了上海市主会场和各区县分会场的大型宣传教育活动；制作了系列主题宣传画发送到全市多家社区、学校、厂矿和企事业单位；与触动传媒合作，在全市 3000 辆出租车上的坐椅后背屏幕上播放世界环境日主题的电视公益广告；与市摄影家协会共同主办了“2012 世界环境日——人与环境摄影大赛”，影响和带动全国多省市近千万人关注环境；与中国福利会少年宫合作举办了“光圈中的环境”“我心中的绿色”等主题的奥特斯杯上海市中小学摄影、绘画比赛。

2012 年，上海还编印了各类环保宣传资料数万册，分别送到人大代表、政协委员、机关和企事业单位以及市民手中，宣传上海环保三年行动计划的成就与展望，及时解答社会公众对辐射污染与防护、$PM_{2.5}$监测与防治等问题的疑虑；开展了“清洁节水中国行，一家一年一万升”上海站宣传活动，针对社区居民开展节水知识教育，约有两万名公众参与活动。

上海近年来注重通过网络互动形式加强环境教育效果，上海市环保局官方网站“上海环境”2012 年共开展了 3 期“网上调查”、3 次“民意征集”、7 次“在线访谈”，网站全年访问量超过 210 万人次。此外，由市环境保护宣传教育中心主办，以环境宣传教育为重点的“上海环境热线”网站 2012 年浏览量达 360 万人次。

2012 年 3 月，市环保局在新浪、腾讯、新民、东方四大微博平台全面开通了“上海环境”政务微博。该微博主动发布环保重点工作动态，及时回应社会关切的环保热点，每天发布 2 ~ 3 条环保科普类微博，如“地球一小时”“低碳生活行动”“绿色科技”等内容，并开展微直播、微访谈等互动活动。举办环保类文学、影视作品的周末推介会 30 余次；举办环保知识问答活动 8

次。截至2012年底，“上海环境”政务微博在四大平台共有“粉丝”18万余人，共发布微博2400余条。[①]

（三）存在的问题

目前上海的多渠道环境教育虽然取得显著成效，但环境教育水平仍明显落后于上海其他一些传统领域的教育水平。相对于当前严峻的环境形势和尚未成熟的社会环境意识，上海的环境教育仍凸显出一些亟待解决的问题。

1. 对象和形式存在局限性

当前国内的环境教育工作主要针对中小学生，开展教育活动的形式也以参观、讲座、报告等单方面的信息传递和灌输为主，相对缺乏互动式、参与式的尝试。虽然很多地方的环境教育（亦称环境宣传教育）活动被纳入义务教育课程体系中的自然、地理、生物等相关学科的内容中，得到在组织实施上的保障，但因为未纳入学生升学等主流教育评估体系，实际上所受的重视非常有限。

2. 环境教育感召力不足，易陷入知易行难困境

公众环保行为的外在表现不仅受外界因素影响，更取决于内在的价值观、人生观。常见的学校或社区环境教育虽然形式日益丰富，也强调知行结合，但总体上仍侧重于介绍环保知识、示范环保行为，创新性、体验性、趣味性不够强，对人的教育感召力和穿透力不足，以至于被教育者很容易知道应该怎么做，却常常陷入知易行难的困境，或者在短暂新鲜的环保实践活动结束之后又迅速回到原样。

3. 环境教育与其他层面教育的合力尚未完全形成

公众环境意识和行为受复杂因素影响，这些因素涉及知识、经历、公德心、个人喜好，甚至性格情绪等许多方面。单纯的、尚不完善的环境教育显然难以取得理想效果。目前，上海虽然做了不少尝试，但总体上环境教育仍较少与道德伦理、行为心理学等其他层面的教育形成合力，不足以充分打动人心。

4. 政府环境宣传教育经费和人才缺乏

目前上海环境宣传教育方面的政府经费不足，环保部门往往需借助企业或

---

① 《上海市环境保护宣传教育中心2012年度工作总结》，内部文件。

社会组织的合作经费才能有效开展环境教育工作。绿色社区等创建活动中缺乏奖励社区的经费，而环保部门与市内电视、广播等各类媒体合作制作环境教育节目的经费更无从谈起。环境教育在世界很多国家都已经形成相对成熟的专业研究和人才培养体系，但中国设有环境教育学专业的高校至今仍屈指可数，除了北师大、华师大、湖南师大等较早开始环境教育研究的师范类高校有相关的研究团队、中心，环境教育的学科体系尚未真正建立。人员方面，只有市环保局设有环境保护宣传教育中心，而区县环保部门则往往只有一人在担任其他职位的同时兼任环境宣传与教育职位。

5. 系统建设上重硬件、轻软件，缺乏有效评估体系

国内环境教育活动的系统建设常常依托环境教育基地共建的方式开展。科技馆、博物馆、展览馆、保护区管理和宣教场所等常常被发展成为地方的青少年环境教育基地。但是，此类基地的建设，普遍存在重硬件、轻软件；重形式、轻内容；重建设、轻管理等方面的问题。很多场馆的建设经费大部分投入建筑建造、装修和设备购买，只有极少比例用于教材、教学课件和工具、教案研发、人员培训等；往往场馆已经建成，而相关环境教育的团队却尚未建立，或仅具备照本宣科式的导游功能。很多宣教中心仅仅以接待人数作为工作评估的标准，很少对所开展宣教活动的有效性进行调查，收集必要的反馈信息，并据此改进教育方案。

6. 缺乏强有力的制度和法律保障

环境教育缺乏法律和制度的保障。中国至今并未出台任何国家层面的环境教育相关法令。2012 年 1 月 1 日，中国首部地方层面的环境教育管理条例《宁夏回族自治区环境教育条例》正式实施；2012 年 11 月，《天津市环境教育条例》出台。其他地方层面的法制建设工作还尚待推进。

在已出台的相关法律法规中，也以原则性、方向性的内容居多，较为缺乏实质性、操作性要求。如《宁夏回族自治区环境教育条例》的一大特色是明确了开展环境教育活动的制度方法。其中规定："国家和自治区环境重点监控企业、新建项目单位的负责人，应当每年接受不少于一次的环境保护主管部门组织的环境教育培训。"此类约束性的条款是该领域法规制定的一大突破，但也仅仅覆盖了环境重点监控企业、新建项目单位的负责人，缺乏对更大范围社会利益相关方的考虑。

三　国内外经验

要提升上海环境教育水平，有必要参考借鉴国内外在立法、标准、规划、场所建设等方面的先进经验。比如，国外普遍认为，良好的环境教育场所是面向公众实施环境教育的重要因素。[①] 全球有许多环境学习中心、环境教育中心、保育学校、田野之家、自然学校等场所，通过自然生态景观、人文科普宣传、深度体验活动，实现综合性的环境教育基地功能。以下选取美、英、日等国以及我国香港、台湾的部分经验予以介绍。

（一）美国经验

美国是世界上较早进行环境教育的国家之一。1990 年，美国总统布什签署了《国家环境教育法》，通过立法保障了环境教育在全国的顺利推行，从而影响全民的行为。

在具体实施过程中，经过二十余年发展，许多地方已探索出各具特色且日趋成熟的做法，甚至已形成标准。以威斯康星州的中小学森林教育项目为例，该项目建立了《威斯康星州环境教育示范学术标准》，把中小学环境教育的目标分成质疑和分析技能、环境过程和环境系统的基本知识、环境问题调查技能、决策和行动技能、个人和公民义务五个方面（详见表 1）。

表 1　美国威斯康星州环境教育示范学术标准

序号	具体目标	目标说明
1	质疑和分析技能	学生要能使用可靠的研究方法，调查环境问题，修订其个人的理解，以适应新的知识和观点，并能把这种理解传达给别人
2	环境过程和环境系统的基本知识	学生要能证明其对自然环境和自然系统之间的相互关系的理解
3	环境问题调查技能	学生要能够确定，调查和评估环境困难和问题

① 成文、曾宝强：《发达国家与发展中国家环境教育的比较研究》，《东北师大学报（自然科学版）》2000 年 9 月第 32 卷第 3 期。

续表

序号	具体目标	目标说明
4	决策和行动技能	学生要能利用环境问题调查结果发展决策技能，并获得公民行动的技能经验
5	个人和公民义务	学生要能理解对环境管理承担的义务

资料来源：梁晓芳：《美国中小学环境教育实践探析》，西南大学硕士论文，2010 年。

（二）英国经验

英国历来强调户外教学，坚持实践“在环境中的教育”模式。不少学校在乡村或城市建立“居住中心”“城市环境中心”“野外研究中心”等场所，开展独木舟旅行、攀岩、洞穴探险等户外活动，使青少年接触自然环境，或在老师带领下参加动植物照料、天气记录、农场和自然保护区考察等活动，通过亲身体验来加强环境教育效果。[①]

（三）日本经验

日本政府从 1958 年起就开始对环境教育基地提供持续资助，2003 年正式颁布了《增进环保热情及推进环境教育法》，要求政府负责建设环境教育基地，发布相关信息，并激励社会各界提供所需场地。日本已建成的环境教育基地包括一些专题性环境学习馆、生态公园、野鸟协会、公司环保相关展览馆、社区环境教育基地等。许多社区环境教育基地向居民和学生免费开放。[②]

（四）菲律宾经验

菲律宾的一些环境相关机构注重通过广播、电视、入门读本、小册子、广告、日历等形式开展大范围的环境宣传教育活动，推动学校环境教育与野营、短

① 吴祖强：《关于野外环境教育基地建设的探讨》，《教育理论与实践》2001 年第 3 期。
② 祝真旭：《日本环境教育基地建设的经验与启示》，《环境保护》2012 年第 12 期。

途旅行、环境考察相结合，并开展针对环境官员、技师、环境相关部门雇员、地方领导、生态保护人员、教师、环境工作者等多领域人群的环境培训。①

（五）香港经验

我国香港地区在学校环境教育方面也有多年经验，并发布了《学校环境教育指引》。鼓励学生接触自然环境，开展环境观测、地图绘制等活动，加强环境责任感培养。香港教育署、渔农处、世界野生生物香港基金会等机构通过自身的一些场馆资源为师生提供野外考察、在职培训、自然护理营观鸟、游戏、论文研究等环境教育机会。②

（六）台湾经验

经过多年努力，我国台湾地区的《环境教育法》于2011年5月14日获得审批通过，并于同年6月5日正式颁布实施。相比美国、日本等国家较早颁布的《环境教育法》，台湾的地区性法律法规在可操作性上具有鲜明的特色和可借鉴价值，具体表现在两个方面。

第一，明确对象并规定教育时间。该法规定全体公民都是环境教育的对象。地区领导人、各政府机关、公营机构的公务人员和高中以下学校员工及学生，每年必须接受不少于4小时的环境教育课程。此项工作必须通过年初网上申报计划，年终考评校验的方式予以贯彻实施。受此规定影响，台湾地区政府公务人员的环境保护意识明显提高，环境议题方面的掣肘也得到一定程度的缓解。

第二，建立认证体系，推动产业发展。该法规定环境教育相关的三项认证体系，包括环境教育人员、环境教育机构及环境教育设施的专业认证。通过认证体系的建立，对台湾地区开展环境教育的人员、机构、场所、设施等进行了统一化、规范化的管理，并确保了公务人员和中小学生能够接受合格、有效的环境教育，并可以具有较为多元的选择。通过政府引导、专业机构组织实施，

---

① 成文、曾宝强：《发达国家与发展中国家环境教育的比较研究》，《东北师大学报（自然科学版）》第32卷第3期，2000年9月。

② 吴祖强：《关于野外环境教育基地建设的探讨》，《教育理论与实践》2001年第3期。

市场工具介入等方法，认证体系的确立从某种程度上催化了整个环境教育产业的发展①。

四　改进与创新建议

基于上海环境教育领域的现状与问题，借鉴国内外经验，提出如下四方面环境教育改进与创新建议。

（一）加强跨领域联合，提升环境教育感召力

公众环境意识与行为受诸多复杂因素影响。除加强环境教育自身的专业性研究与指导外，还需加强环境教育与人生观、价值观、人格塑造等更深层面教育的结合。通过对自然与社会的深度体察，通过最适合教育对象群体的方式方法，通过从小抓起和长期影响的策略，通过老师、家长与政府等“权威者”的坚持表率，可有效减少“肤浅”的环境教育，提升教育穿透力和感召力，帮助教育对象逐步解决环境保护知易行难的问题。

（二）增加环境教育经费与人员投入，鼓励社会各界支持

环境教育方面的经费与人员投入可能比末端和事后的环境修复要经济得多。因此，建议政府和社会各方面加大环境教育经费投入，提供土地、场所、信息等各类资源，政府尤其是区县环保部门增加人员配置。

（三）继续扩展户外环境教育场所，创新教育模式

建议在现有各类环境教育基地的基础上，继续扩展和完善户外环境教育场所，尽量做到免费开放，供更多学生和社会公众使用。通过自然生态环境中的深度体验和参与，可大幅提升环境教育的实质效果。此外，可总结推广一些取得良好效果的教育模式，如千名青年环境使者模式（全国集中培训一千名青年使者，每位使者再培训一千人，则可影响到十万人）。该模式可结合野营、

① 资料来源：台湾环境教育学会。

环境教育基地考察等手段，应用于分级环境教育或培训（如针对学校教师、社区干部、企事业单位环保相关负责人或联系人等进行培训，然后再由其对学生、居民、员工等进行培训）。

（四）加强跨媒体合作，扩大环境教育影响力

新媒体时代为环境教育带来挑战，也带来机遇。建议继续加强专业环境教育部门与多种媒体的合作，充分发挥电视、广播、户外广告、门户网站等媒体的作用，继续加强手机终端各类新媒体的传播优势。鼓励制作环境教育读本、视频、音频、小册子、广告、日历等，不断拓展教育材料的形式和完善度。

要加快提升公众参与环境保护意识和水平，一个更成熟的环境教育体系必不可少。在环境治理与法制充分保障公众环境权利的同时，环境教育则可以有效唤醒和培育公众的环境义务，使上海环境保护的公众参与更加饱满。

（复旦大学郭俊斐对本文亦有贡献）

B.5

环境公益诉讼与公众参与

程　进*

摘　要：

环境公益诉讼可以为公众参与环保提供法制化途径，对弥补政府环境监管的有限性、震慑环境违法行为以及预防环境污染和生态破坏具有重要作用。国外主要环境公益诉讼模式的发展历程表明，环境公益诉讼的推进和完善是一个渐进过程。上海市环境公益诉讼的开展还略显不足，近年来上海市环境污染案件类型主要以刑事案件为主，环境民事诉讼主要为检察机关开展督促诉讼。环境公益诉讼原告资格的争议以及环保法庭的缺失，都制约了上海市环境公益诉讼实践和制度的建设。为推进上海市环境公益诉讼，从国家层面来看，应逐步完善环境公益诉讼制度，渐进式扩大环境公益诉讼主体范围，设立环境公益诉讼前置程序以避免滥诉，合理分配举证责任；从上海市层面来看，应探索具有地方特色的制度和实践创新，重点区县试点成立环保法庭以提高诉讼效率和质量，设立环境公益诉讼专项基金以解决环境公益诉讼利益归属问题，开展环境公益诉讼替代性途径以拓宽公众参与环境公益保护的渠道，成立环境公益诉讼法律服务机构以提供专业的法律援助。

关键词：

环境污染　环境公益诉讼　公众参与

随着经济建设的快速发展，环境问题也日趋严重，往往涉及重大公共利

* 程进，博士。

益，存在影响社会稳定的风险。在当前环境问题日益突出、全民环保意识日益增强的形势下，环境保护的根本动力在于公众的广泛参与，公众参与是推动环境保护事业发展的重要力量。但长期以来，公众参与环境保护的要求缺乏法制化的表达途径。环境公益诉讼制度的出现，能够从制度层面鼓励公众参与环境保护的热情，实现环境保护公众参与的法制化，保障公众参与环境保护的秩序和高效。环境公益诉讼将成为公众参与环境保护的一种重要形式，这对防止环境污染和生态破坏将起到重要作用。

一　环境公益诉讼的内涵与作用

环境公益诉讼即有关环境保护方面的公益性诉讼，环境公益诉讼能够为现实生活中切实保护好生态环境带来更多的积极意义。

（一）环境公益诉讼概述

目前关于环境公益诉讼还没有形成统一的学说，不同国家和地区具有多样的环境公益诉讼模式，梳理环境公益诉讼的概念和分类有助于指导相关实践。

1. 环境公益诉讼的概念

20 世纪 70 年代，环境公益诉讼（Environmental Public Interest Litigation）作为一种新的诉讼形态在美国产生，是美国继环境影响评价制度后的又一项制度创新，逐渐在全世界得到创新和发展。

在我国，虽然实践意义上的环境公益诉讼尚处于发展初期，但理论界围绕环境公益诉讼的主体资格、诉讼理由、诉讼对象等方面对环境公益诉讼的概念进行了阐释。目前对环境公益诉讼比较有代表性的表述是：由于自然人、法人或其他组织及个人的违法或不作为，使环境公共利益遭受侵害或有遭受侵害的危险时，法律允许其他的法人、自然人或社会团体为维护环境公益而向法院提起诉讼，请求判令违法者停止损害环境的行为，并依法承担赔偿责任，采取措施恢复环境原状。法院依照法定程序进行审判，依法追究违法者的法律责任（张镝，2013）。

可见，环境公益诉讼主体包括公民、法人、社会团体或有关国家机关等，

诉讼的对象为所有的损害环境公益的作为或不作为的行为主体，包括环境行政行为和环境民事行为，诉讼的理由包括对环境公益的直接损害与潜在损害，但不包括对个体私益的直接损害或间接损害。

2. 环境公益诉讼的类型

根据起诉主体的不同，环境公益诉讼可分为广义和狭义两种。广义的环境公益诉讼是指国家行政机关、社会组织和公民个人根据法律的授权，就侵害环境公益的行为向法院提起的公益诉讼。既包括国家行政机关代表国家，以国家名义提起的诉讼，也包括社会团体、个人等代表国家和社会利益，以自己名义提起的诉讼。狭义的环境公益诉讼则是指特定的国家行政机关根据法律授权，以国家名义对损害环境公共利益的违法行为提起的公益诉讼（成依怡，2013）。广义和狭义的环境公益诉讼的区别在于起诉主体不同，狭义的起诉主体仅局限于官方主体，主要为各级国家行政机关；广义的起诉主体不仅包括官方主体，还包括公民个人、社会组织等。

根据起诉对象的不同，环境公益诉讼可分为环境行政公益诉讼和环境民事公益诉讼。环境行政公益诉讼是以国家行政机关为被告，针对行政机关侵害环境公益的行动计划、对污染型企事业单位的审批等违反有关环境法律法规行为或由于其疏于环境管理义务而提起的公益诉讼。环境民事公益诉讼则是指针对个人或企业损害环境公益的行为而提起的公益诉讼，通过民事诉讼程序达到最终的维护环境公共权益，提高人们保护环境的意识（吴新芝，2013）。两者的区别在于，环境行政公益诉讼的被告是行使环境保护职权的行政机构，而环境民事公益诉讼的被告为对环境保护负有法律义务的民事主体，一般是对环境产生污染的企业。

（二）开展环境公益诉讼的必要性

环境公益诉讼是公众参与环境保护的一种重要形式，开展环境公益诉讼将在有效预防环境侵害、缓解地方政府环境管理的压力、弥补政府监督的有限性等方面发挥巨大作用。

1. 环境公益诉讼有助于维护社会稳定

公众参与环境保护的途径和形式多种多样，然而只有通过法律的途径才能实现环境保护的目的，从而保障公众参与行为的有效性、稳定性。当前我国已进入了环境污染突发事件的高发期，一些地区因环境污染事件导致环境纠纷和群体冲突，甚至影响社会的安定团结。环境公益诉讼是将公众参与环保行为纳入法律轨道的一种重要方式，通过构建环境公益诉讼制度，可以为公众提供法制化的环保参与途径，在公益诉讼过程中实现合作和协商，推动环境纠纷的公正解决，避免公众因缺乏适当的合法途径行使参与环保的权利而做出极端行为，从而避免矛盾的激化和群体性事件的发生，实现社会的稳定。

2. 环境公益诉讼能够弥补政府监督的有限性

环境问题的复杂性和广泛性需要公众参与和社会合作，政府机关的执法行为具有一定的局限性，单凭政府有限的执法力量难以完全应对各种环境危机，错综复杂的利益关系也会影响到政府监管的实施。而设立环境公益诉讼制度，可以最大限度地调动各种社会力量参与维护环境公益，能够很好地促进环境权的实现。公众及社会组织可以通过环境公益诉讼的方式，有效地弥补政府行政执法在环境保护领域表现出的不足，弥补行政监督的缺位与低效，杜绝在环境行政执法中出现地方保护主义，发挥司法在环境公益保护中的积极作用。

3. 环境公益诉讼有助于震慑环境违法行为

现实中多数环境污染是由企业造成的，通过环境公益诉讼，让污染企业付出高额罚款甚至被关闭的代价，迫使企业采取预防和治理措施，可以有效地让环境公共利益遭受的损失得以弥补，实现从源头上减少和杜绝污染。对一些特定企业或其他环境污染者通过提起环境公益诉讼进行追偿，可以加大违法者的违法成本，将会对其他更多的环境违法行为产生强烈的震慑作用，使他们形成污染必受罚的观念，改变“守法成本高、违法成本低”的错误认识，杜绝侥幸心理。

4. 环境公益诉讼具有显著的预防功能

环境公益诉讼并不要求一定要有侵害环境的事实出现，只要能根据有关情况合理判断有侵害环境公益的潜在可能，在环境损害尚未发生或尚未完全发生时，诉讼主体就可提起环境公益诉讼，违法行为人应承担相应的法律责任，采取措施进行整改。在环境保护中，环境公益诉讼的这种预防功能尤其重要，因为环境损害具有长期性、潜伏性、不易逆转性，生态环境一旦遭受破坏，将会产生严重的后果并且难以恢复原状。而通过环境公益诉讼可以有效保护环境利益不受违法行为的侵害，把侵害环境公益的行为消灭在萌芽状态，从而阻止环境公益遭受无法弥补的损失或危害。

二 国外主要环境公益诉讼模式及发展历程

环境公益诉讼已经在很多国家得到确立和运用，其目的在于预防和救济对环境公共利益产生的侵害。国外一些发达国家和地区对环境公益诉讼的理论研究和实践活动发展迅猛，形成了以美国的环境公民诉讼、德国的环境团体诉讼和日本的环境权诉讼等为代表的环境公益诉讼模式。

（一）美国环境公民诉讼

1. 美国环境公民诉讼的发展历程

美国环境公民诉讼制度（Environmental Citizen Suits）产生于20世纪70年代，该时期是美国经济高速发展和环境公害泛滥时期。原告资格的确立是美国环境公民诉讼中最关键的问题，不同时期的环境公民诉讼司法实践中，最高法院对原告诉讼资格的态度也不尽一致。

（1）原告诉讼资格相对宽松时期。20世纪70年代至80年代为原告诉讼资格相对宽松时期。该时期内法院对环境案例中的起诉权问题采取了开明的态度，环境公民诉讼在原告诉讼资格问题方面得到了法院的大力支持。1970年修订的《清洁空气法》首次加入了环境公益诉讼条款，此时法律条文中仅规定“任何人有权代表自己对任何人（包括美国政府及其政府机构）提起民事诉讼”（李静云，2013），对原告与被告之间的利益关联并未做出任何规定。1972年《清洁水法》修正案中对提起环境诉讼公民的资格做出限制，只有“其利益被严重影响或有被严重影响可能性”的公民，才有资格向法院提起诉讼。法院在确定原告是否具备诉讼主体资格的判断标准上从原告的“法律利益标准”转向为“事实上的损害标准”（胡中华，2006），在此背景下，环境公益诉讼的原告资格得到广泛的授予。在该时期美国联邦环境法律的立法浪潮中，绝大多数法律都包含了公民诉讼条款，如《清洁水法》《有毒物质控制法》《噪声控制法》《资源保护与再生法》等，美国联邦19部环境法律中，仅有3部法律没有涉及环境公民诉讼条款。从立法框架来看，美国环境公民诉讼制度分散在各个联邦环境法律当中，并不存在一个一般的或统领意义上的环境公民诉讼法律。

（2）原告诉讼资格受限时期。20世纪90年代为原告诉讼资格受限时期。该时期环境公民诉讼中对环境保护组织的当事人地位明显紧缩，在环保法律愈来愈完备、行政管制也愈来愈严密后，美国最高法院主动限制环境公民诉讼司法空间，表现出一定的保守性（胡中华，2006）。法院开始对环境公民诉讼采取谨慎的态度，以1990年卢汉诉全国野生动物联合会案为标志，原告的起诉资格受到法院的质疑，法院要求原告在诉讼前提出实质上的证据，证明他们的利益受到被告行为的损害。在一些环境公民诉讼中，原告被剥夺了公益诉讼主体资格，不能提起环境公益诉讼。这些限制对推动环境公民诉讼产生了制约。

（3）原告诉讼资格拓宽时期。21世纪以来为原告诉讼资格拓宽时期。以2000年“地球之友”诉莱德洛公司案为标志，该案是影响美国环境公民诉讼原告资格的重要判例，使美国环境公民诉讼原告资格出现了新的转机。该案否决了有关起诉资格的限制性标准，确立了环境诉讼中原告无需为起诉资格专门证明他们的诉讼利益的观点，承认了“对环境污染后果的合理担心”可构成事实损害，大大拓宽了美国环境公民诉讼原告资格的范围。

2. 美国环境公民诉讼的启示

从发展历程来看，在美国的环境公民诉讼中，虽然不同时期最高法院对原告诉讼资格的态度不尽一致，但原告诉讼资格总是处于一定的限制条件之下，原告诉讼资格范围取决于原告受到的“事实损害”的标准高低。对于原告诉讼资格有所放宽，并不表明任何与案件无关的公民个人或者社会组织均可以提起诉讼，原告仍应当具有一定程度的利益关联。

此外，美国环境公民诉讼包括两类，一是针对违反法定污染防治义务的个人、企业的公民诉讼；二是针对各级拥有环境法执行权的行政机关的公民诉讼，特别是对怠于执行法定的非裁量性义务的联邦环保局的诉讼。为了防止公民个人滥用执法权力，法律规定公民在提起诉讼之前必须书面通知有可能成为被告的违法者或主管机关，并且满60日后才能向法院正式提起诉讼。若违法者已在60日内纠正其违法行为，法院可以拒绝受理针对该违法者的诉讼（崔华平，2008）。

为提高公众参与环境公益诉讼的积极性，许多公民诉讼条款授权法院斟酌判发律师费用及其他诉讼费用于当事人。据此，法院可将本来应由原告承担的诉讼费用判决由被告承担，这大大减轻了原告的诉讼成本。为保证公民诉讼的公益性，罚金归属国库而非判归原告。

（二）日本环境权诉讼

1. 日本环境公益诉讼的发展历程

日本的环境公益诉讼制度主要体现为环境行政公益诉讼，这是因为环境行政是日本进行环境保护的主导力量（陈冬，2004）。日本环境公益诉讼的发展过程可以分为公害诉讼期、环境保护诉讼期和环境权诉讼期三个时期（裴建芳，2009）。

（1）公害诉讼期。公害诉讼期是指20世纪50～70年代，这一时期日本的环境问题全面爆发，出现了对人体的危害，受害者解决问题的主要方式逐步转为诉讼，奠定日本环境诉讼基础的“四大公害诉讼”几乎在该时期内同时发生。环境公害纠纷的提起和审理确立了环境公益诉讼的基本制度，这些以作为加害者的私有企业为被告要求损害赔偿的民事诉讼得到了日本社会的广泛关注，提起诉讼的原告主要是作为直接污染受害者的国民。

（2）环境保护诉讼期。环境保护诉讼期是指20世纪70～90年代，以保护环境、预防公害发生为目的的环境保护诉讼得到发展。诉讼的重心从损害赔偿转移到以预防可能发生的环境侵害的中止请求，即使没有发生损害事实，国民也有权提起诉讼要求停止可能破坏环境的行为。同时也转向以取消建设计划等为内容的侵害排除请求诉讼，以及开始对拥有环境执法权的行政机构追究国家赔偿责任，提起诉讼的原告中也出现了并非直接污染受害者的国民。

（3）环境权诉讼期。环境权诉讼期是指20世纪90年代以来，特别是1993年日本参议院通过了《环境基本法》草案后，公害诉讼与环境保护诉讼的二元格局现象逐步改变，形成了统一的环境权诉讼时代。虽然相关法律并没有明确环境权的内容及其所涉及的范围，更没有把它作为实体法中可以救济的具体权利，但该时期内通过相关判例确认了环境权的合法性和救济性，当环境权受到侵害时，国民享有提起诉讼等救济权利。

2. 日本环境公益诉讼的启示

日本环境公益诉讼制度是在长期的环境诉讼活动中形成的，纵观其发展历程可以看出，日本环境公益诉讼的诉讼主体、诉讼请求都处于不断发展变化的过程中。现阶段我国的环境诉讼主要集中在环境污染造成的人身和财产损害赔偿诉讼，类似于日本环境诉讼的公害诉讼阶段，日本环境公益诉讼中的一些成功制度值得借鉴吸收。

日本环境公益诉讼制度的发展和完善，主要是通过审判实践完成的。具有强烈环境权意识的起诉主体，向法院提起现行法律没有规定权利的环境权诉讼，在社会各界的密切关注和广泛参与下，法院做出具有一定意义的超前判决，形成重要的判例。尽管在判例上并未明确承认私权性质的环境权，但促成了日本环境诉讼发生积极的变化，构成了日本环境公益诉讼制度的主要内容。

日本环境公益诉讼请求早期主要以要求对财产损失和人身损害的金钱赔偿为主。随着人们对环境危害认识的加深，逐渐认识到金钱赔偿只是事后消极的补救措施，因而环境公益诉讼的主要形式从公害赔偿诉讼转向环境保护诉讼，要求停止造成环境破坏的行为。因此，在环境诉讼实践中，虽然一些环境破坏行为是合法的或被许可的，但因其造成或明显可能造成环境公益损害，而应被判令停止。

（三）德国环境团体诉讼

1. 德国环境团体诉讼的发展历程

德国环境团体诉讼以2002年为界限，可以分为两个发展阶段，即2002年之前的环境团体诉讼受限时期和2002年之后的开展联邦层面环境团体诉讼时期。

（1）环境团体诉讼受限时期。第二次世界大战结束后，世界范围内的环境保护运动以及联邦德国国内日益严重的环境污染，使德国开始制订和完善保护自然环境的法律。该时期内德国仅在州法中存在环境公益诉讼，1979年德国部分州开始在州《自然保护法》中赋予环境团体公益诉权，在自然保护领域中引入团体诉讼。该时期内德国在联邦法中一直没有设置环境团体诉讼条款，原因在于当时学界认为对环境问题的规制应主要借助行政机关来完成，若引入环境团体诉讼恐难与德国传统法律制度相协调（陶建国，2013）。虽然德

国在20世纪70年代制订《联邦污染防治法》及《联邦自然保护法》时引入了环境团体参与机制，但明确表明不采用环境团体公益诉讼制度。自1994年《基本法》确立政府的环境保护义务开始，德国始终认为环境保护主要是政府的职责而非公众权利，因而建立联邦层面环境团体公益诉讼受限。

（2）开展联邦层面环境团体诉讼时期。1998年，联合国欧洲经济委员会通过了《奥胡斯公约》，该公约要求签约国应确保公众当环境遭到破坏或权利受到侵害时可使用诉讼等手段。德国作为签约国须履行该公约设定的义务，2002年德国修改《联邦自然保护法》时赋予了环境团体行政公益诉讼权，确立了联邦层面自然保护团体诉讼制度。环境团体诉讼权范围、起诉条件以及诉讼类型等在该时期内也随着发展而发生变化。

在环境团体诉权范围方面，2002年制订《联邦自然保护法》时，环境团体公益诉权仅限于自然保护领域，即诉讼仅能针对违反自然保护法律的行政决定。2006年的《环境司法救济法》扩大了环境团体诉讼权的范围，违反任何环境法律的行政决定或不作为均可成为诉讼对象。

在环境团体的起诉条件方面，《联邦自然保护法》规定环境团体诉讼有两个起诉条件：一是被诉行政行为所涉及的问题属于该环境团体的业务活动范围；二是该环境团体在当初参加程序中曾反对过该问题或政府剥夺过其表明意见的机会。《环境损害法》在上述两个条件的基础上，附加了一个起诉条件，即环境团体应首先向行政机关提出履行义务的请求，行政机关在3个月内未采取措施的，环境团体可以向法院提起诉讼。

此外，2011年之前，依据《环境司法救济法》的规定，环境团体提起诉讼须满足“个人利益受损害”这一要件，由于该规定与《奥胡斯公约》不相符，德国于2012年通过《环境法律救济法》修改法案，废除了有关提起诉讼应以个人权利受到侵害为条件的规定，并规定环境团体提起诉讼应于6个月内提交行政机关违法的事实和证据（陶建国，2013）。

在环境团体诉讼的类型方面，在2004年之前，环境团体诉讼类型仅限于行政不作为之诉，其后逐渐演变出新的诉讼类型。根据《环境司法救济法》的扩展解释，环境团体诉讼的类型扩展到针对行政不当作为和行政不作为两种情况（谢伟，2013）。

2. 德国环境团体诉讼的启示

与其他国家相比，德国在环境团体诉讼立法方面持较为谨慎的态度，环境团体仅能行使行政公益诉权，违反任何环境法律的行政不当作为或不作为均可成为诉讼对象，目前尚不能直接以企业为被告提起民事公益诉讼。环境团体虽然不能提起环境民事公益诉讼，但可通过行政诉讼要求政府部门命令生产者修复其所造成的环境公益损害。

德国环境团体获得诉讼资格需得到政府确认。根据《环境司法救济法》规定，环境团体要提起环境团体诉讼，必须首先获得资格确认，获得许可后才有提起公益诉讼的权利。截至 2012 年 12 月，在联邦层次上有 87 个团体在环境保护领域获得确认，27 个团体在自然保护领域获得确认（谢伟，2013）。

德国环境团体诉讼的起诉条件偏于严格，新增加条款规定，环境团体诉讼前应首先向行政机关提出履行义务的请求，在 3 个月内行政机关未采取措施的，环境团体方可提起诉讼。偏于严格的起诉条件，目的在于尽量让环境问题在早期得到解决，公益诉讼只能作为最后的手段，同时也避免了环境团体滥用诉权。

三　上海市环境公益诉讼现状评价

（一）我国环境公益诉讼制度现状

我国环境公益诉讼制度的发展目前还处于起步阶段，最大的特点是实践先于立法而存在，环境公益诉讼法律体系的构建有待于进一步的完善。

1. 我国环境公益诉讼立法现状

在 2012 年《民事诉讼法修正案》出台前，环境公益诉讼在我国法律体系中一直无确切的规定，宪法及相关单行法中的有关规定，为环境公益诉讼制度的建立提供了法律基础。

我国《宪法》第二条规定："人民依照法律规定，通过各种途径和形式，管理国家事务，管理经济文化事业，管理社会事务"。环境保护是国家事务的重要组成内容，根据此条款可以认为公民有权为环境保护采取相应措施，包括通过提起公益诉讼保护环境权的权利。在一些单行法中也存在着许多类似的推

定，如《环保法》第六条规定："一切单位和个人有权对污染和破坏环境的单位和个人进行检举和控告"。《海洋环境保护法》第九十条规定："对破坏海洋生态、海洋水产资源、海洋保护区，给国家造成重大损失的，由依照本法规定行使海洋环境监督管理权的部门代表国家对责任者提出损害赔偿要求"。上述法律虽然没有明确规定公益诉讼，但赋予了公众及有关部门对侵害环境的行为采取制止措施的权利，为我国环境公益诉讼制度的建立提供了法律基础。

此外，我国《水污染防治法》《大气污染防治法》《噪声污染防治法》和《固体废物污染环境防治法》等单行法均有规定，受到环境污染危害的当事人，有权要求依法赔偿损失。赔偿纠纷可由环保行政主管部门或者其他监督管理部门调解处理，调解不成的当事人可以向人民法院起诉，当事人也可以直接向人民法院提起诉讼。虽然这些条款规定的环境侵害赔偿诉讼更多属于环境私益诉讼范畴，但为环境公益诉讼的开展提供了借鉴。

2012 年修正的《民事诉讼法》第五十五条规定："对污染环境、侵害众多消费者合法权益等损害社会公共利益的行为，法律规定的机关和有关组织可以向人民法院提起诉讼。"修改后的民事诉讼法是我国首部明确规定环境公益诉讼制度的法律，是我国公益诉讼制度建设的突破性进展。但从法律条文来看，诉讼主体不明确。虽然该规定排除了公民个人的起诉资格，"法律规定的机关"和"有关组织"两类主体如何界定也成为争论的焦点。

2013 年 10 月提交全国人大常委会审议的《环境保护法》修订草案三审稿将环境公益诉讼主体限定为："对污染环境、破坏生态，损害社会公共利益的行为，依法在国务院民政部门登记，专门从事环境保护公益活动连续五年以上且信誉良好的全国性社会组织可以向人民法院提起诉讼。其他法律另有规定的，依照其规定（冯永锋，2013）。"虽然与二审稿相比环境公益诉讼主体范围有所放宽，但根据草案规定，一些有进行环境公益诉讼实践尝试的地方性民间环保组织，将不具备环境公益诉讼的主体资格。

从我国环境公益诉讼立法现状来看，《宪法》及环保单行法为我国环境公益诉讼制度的建立提供了法律基础，新《民事诉讼法》的出台标志着环境公益诉讼在我国得到了法律的认可。但由于对诉讼主体界定不明确，有关法律规定过于概括和笼统，还有待于进一步完善。

2. 我国地方环境公益诉讼实践状况

环境公益诉讼制度在我国最大的特点是地方实践先于国家立法。面对日益增多的环境纠纷，一些地方法院根据现实的需要，纷纷对环境公益诉讼制度做出了大胆的努力和突破，特别是近年来一些重大环境污染事件催生的环保法庭，标志着我国环境公益诉讼进入具有操作性的实践阶段。

环境法庭是指专门审判环保案件的合议庭或审判庭，各地法院对环境保护审判组织的称谓并不完全相同，如环境保护巡回法庭、环境保护法庭、环境保护审判庭、环境保护合议庭等。早在2007年，我国第一批真正意义上的环保法庭在贵州省贵阳市成立。截至2013年9月，我国共有各类环保法庭156个，分布在18个省、自治区和直辖市。其中江苏和福建两省的环保法庭在数量上多于其他省市，两省环保法庭数量之和超过全国总数的50%（见图1）。一些环保法庭已经成功的审理了环境公益纠纷的诉讼案件。

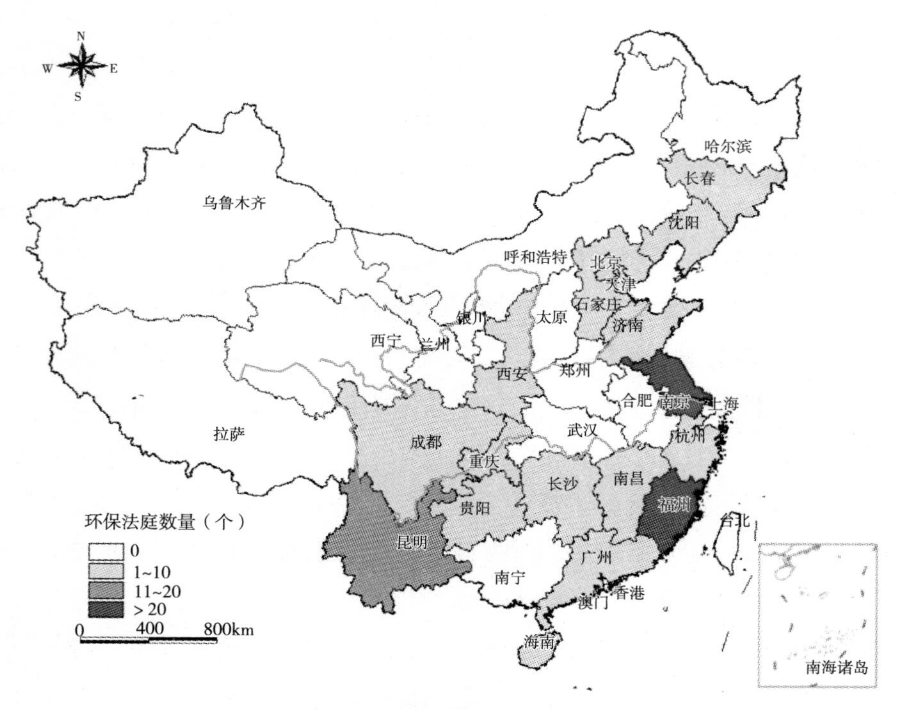

图1　我国环境法庭空间分布

资料来源：张宝：《中国环境保护审判组织概览》，http：//ahlawyers. fyfz. cn/b/172083，2013年10月21日。

其中，贵州省贵阳市、江苏省无锡市和云南省是较早成立环保法庭的省市，三处均是重大环境污染事故催生环保法庭的成立，并在环境公益诉讼制度设计和实践上进行了突破，表现出不同的环境公益诉讼模式，在我国地方环境公益诉讼实践中具有代表性（见表1）。

表1　三种环境公益诉讼模式特征

模式	环保法庭成立背景	环境公益诉讼特征
贵阳模式	“两湖一库”的严重污染	原告为检察机关、相关行政职能部门、民间环保组织和公民个人；分为环境公益民事诉讼和环境公益行政诉讼；被告败诉的，诉讼费用由被告负担，原告败诉的，可以免缴案件受理费。
无锡模式	太湖蓝藻事件	原告只有检察机关和相关行政主体，资格限制过严；诉讼费用由被告承担；出台国内第一项关于环境公益诉讼的规范性法律文件，内容全面具体。
云南模式	阳宗海重大砷污染事故	原告为检察机关、行政机关、社会团体组织；建立了“环境公益诉讼救济资金专户”，解决了公益诉讼的利益归属问题。

贵阳市于2007年成立全国首家环保法庭，包括贵阳中院环境保护审判庭和清镇法院环境保护法庭。2010年推出《关于大力推进环境公益诉讼、促进生态文明建设的实施意见》，明确公民、法人和其他组织对污染环境的行为有权进行监督、检举和控告。环境公益诉讼包括环境公益民事诉讼和环境公益行政诉讼，环保法庭实行刑事惩罚、经济处罚和生态修复三管齐下的环保审判新模式。案件审结后，被告败诉的案件，诉讼费用由被告负担；提起公益诉讼的原告败诉的案件，可以免缴案件受理费。确需采取取证、检测、鉴定等方法而存在资金困难的，两湖一库基金会可为原告提供必要的资金帮助。

江苏省无锡市中院环境法庭成立于2008年，同年无锡市中院和无锡市检察院共同出台《关于办理环境民事公益诉讼案件的试行规定》，成为国内第一项关于环境公益诉讼的地方性规范性文件，内容全面具体，可操作性强。该文件规定，只有检察机关和相关行政主体可以提起环境公益诉讼，对原告资格限定过严。检察机关免交诉讼费用，可以通过直接起诉、支持起诉和督促起诉三种方式保护环境公益。提起环境公益诉讼前产生的监测、鉴定、评估等费用及在审判过程产生的费用，法院可判决由被告承担。

云南省环保法庭的设立始于2008年，云南是国内第一个在市、省两级法院出台环境公益诉讼规范性文件的省份，并首次在文件中明确了环保民间组织的原告资格。云南首例环境民事公益诉讼案件中，判令污染企业将赔偿金支付给昆明市环境公益诉讼救济专项资金，这是中国内地第一例有关环境公益诉讼的专项资金，很好地解决了公益诉讼的利益归属问题。救济专项资金主要用于环境公益诉讼案件所涉及的取证、评估、诉讼、环境修复和执行救济等费用。

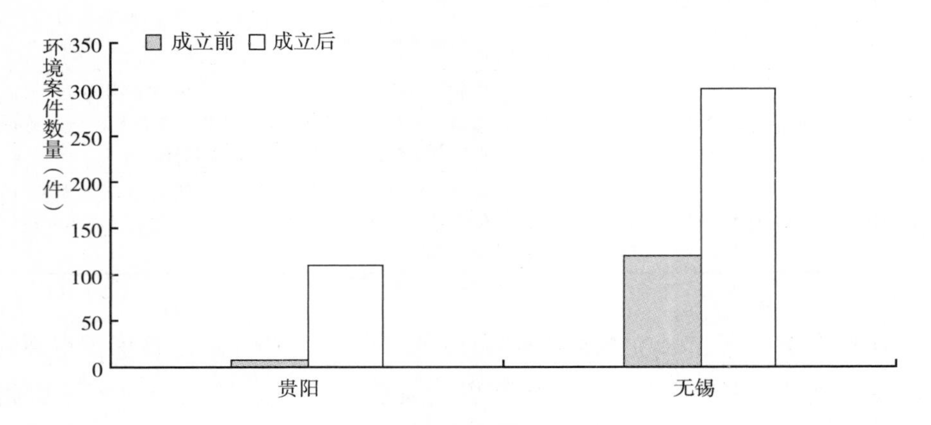

图2　环保法庭成立前后案件数量对比

资料来源：高洁（2010）。

全国各地众多环保法庭的纷纷成立，为环境类案件的审理提供了更为可靠的保障。虽然环保法庭收案量不大，但与环保法庭成立前相比，案件量还是有一定的增加。以贵阳和无锡为例，贵阳清镇市法院在环保法庭成立之前的一年内共计受理环境类案件7件，在成立环保法庭一年的时间内共计受理环境类案件110件。无锡市两级法院2005～2007年共受理各类环境类案件302件，成立环保法庭后的一年内受理各类环保案件300余件。环保法庭成功审理多起环境公益诉讼案件，不仅打破了我国现行法律制度所存在的一些束缚和弊端，成功的环境公益诉讼实践也在一定程度上推动了我国相关法律制度的完善。

（二）上海市环境诉讼现状

近年来上海市发生的环境污染案件数量不多，但由于上海人口密集，环境污染事故往往造成较为严重的后果，所以防患于未然仍然是极其必要的。

1. 上海市开展环境公益诉讼的必要性

上海市经济和城市化发展迅速，但环境污染形势日益严峻，公众对环境的关注度不断上升，环境污染投诉和环境污染犯罪数量也呈现出逐渐上升的态势。

从受理的环境污染投诉来看，2010 年上海市环保系统共受理环境污染投诉 16511 件，到 2012 年已增加到 20563 件（见图 3），环境污染投诉量的增加，一方面反映了社会公众环保意识的不断增强，另一方面也说明环境问题仍有大量工作需要处理。

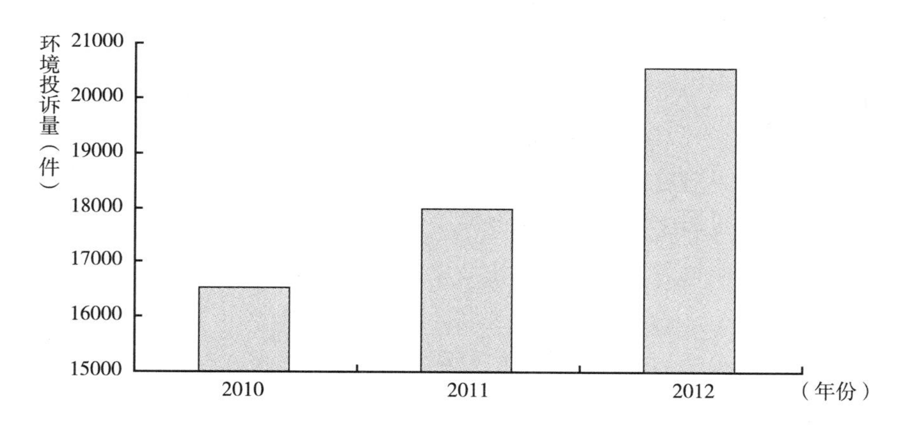

图 3　2010～2012 年上海市环境污染投诉受理量

数据来源：上海市环境保护局：《上海市环境状况公报（2010～2012）》。

从上海法院审结的环境污染犯罪案件来看，2010～2012 年，上海法院共审结环境污染案件 3 件 6 人；2013 年截止到 10 月中旬，上海法院共审结环境污染案件 6 件 15 人。2013 年审理的环境污染案件数量比前三年的总和还翻了一倍，反映了环境污染案激增的趋势。

受理的环境污染投诉和审结的环境污染案件数量的激增，均反映出上海市环境安全形势日益严峻，加大环境保护力度的要求刻不容缓。但当前政府环保监管力量不足，特别是基层环保机构不健全以及环保执法力量严重不足，使得环境监督仍然处在比较弱的状态，如浦东新区曹路镇共有500多家工业企业，规模以上工业企业共有79家，虽然环保网络队伍有47人，但仅有2名镇环保专职干部，其他均为村和企业的兼职人员。新场镇环保网络队伍共20人，仅有1名镇环保专职干部，其他19名为村（居委、园区）兼职人员。而且基层环保人员主要协调环境矛盾纠纷，对企业等行为主体违法排污行为难以有效监督。近年，上海市相当比例的环境污染案件为多次、连续犯罪。据上海高院通报，青浦某污染环境系列案中，环境污染者向河道内倾倒污泥多达8船，进一步反映出政府行政机关在环境监管方面还存在一定程度的不足，需要公众和环保组织的广泛参与和监督，特别是通过开展环境公益诉讼，弥补环保主管部门监管的有限性，震慑环境违法行为。

2. 上海市环境污染案件总体特征

据上海高院通报，上海法院2010年至2013年10月共审结环境污染犯罪案件9件21人（李燕，2013）。其中，污染环境罪6件，主要为向河道中排放或倾倒含毒性物质的废液、污泥；投放危险物质罪1件，主要为向河道中排污；危险物品肇事罪1件，主要为有毒物质泄露；非法占用农用地罪1件，主要为在农用地上倾倒渣土，造成农用地退化（见表2）。

表2　近三年上海市环境污染案件情况

案件类型	违法行为	数量
污染环境罪	向河道中排放或倾倒含毒性物质的废液、污泥	6
投放危险物质罪	向河道中排污	1
危险物品肇事罪	有毒物质泄露	1
非法占用农用地罪	在农用地上倾倒渣土，造成农用地退化	1

由于上海绝大多数化工企业分布于郊区，特别是一些小型化工企业集中在城乡结合区域，因此，近年来的环境污染类案件均发生在青浦、金山、嘉定等城乡结合区域。而且上海市近年来环境污染案件的违法行为类型较为集中，主要表现为向河道或土地中倾倒毒性物质、污泥或渣土，从而造成河道、空气严

重污染及严重影响居民用水，有6起案件造成的直接经济损失超过百万。如嘉定某污染环境案导致附近约200名居民被紧急疏散，青浦某污染环境案造成水厂紧急停运，对环境公益产生较大的损害。

3. 探索开展环境民事督促起诉

上海市环境污染案件民事诉讼主要以检察机关探索开展督促起诉为主，表现为一些环境污染案件对环境公共利益和公共财产造成重大损失，而相关受损单位并未提起民事诉讼，由国家检察机关着手开展民事督促起诉工作，确定民事督促起诉的适格原告，追究环境污染者的民事责任，对其造成的损失进行追偿，可以弥补公共利益遭受的损失，也可以加大环境污染者的违法成本。

2012年4月由青浦区检察院督促起诉的环境污染责任案件，是上海检察机关督促起诉的上海市首例环境污染案件。案件在法院的主持下最终达成调解，环境污染者共计赔偿几家清污单位5万余元污染治理费用（蔡新华，2012）。2012年8月，经松江区检察院督促起诉，环境污染地镇政府向法院提起民事诉讼，追究污染者应当承担的民事赔偿责任，弥补公共利益受到的损害。松江区法院最终判令污染环境者赔偿全部清污治理费用88万余元（刘栋，2013）。上海市法院以判决形式支持污染环境领域，督促起诉，为今后此类案件的审判提供了范例。

（三）上海市环境公益诉讼评价

从近年环境污染案件的构成来看，上海市环境公益诉讼的开展还略显不足。案件类型主要以刑事案件为主，公益诉讼原告资格的争议和环保法庭的缺失都制约了环境公益诉讼实践及制度建设。

1. 环境公益诉讼开展存在局限性

上海市已出台了与环境公益诉讼有关的规定，如《上海市环境保护条例》第八条规定：“一切单位和个人都有享受良好环境的权利，有权对污染、破坏环境的行为进行检举和控告，在直接受到环境污染危害时有权要求排除危害和赔偿损失”。然而在司法实践中，上海市环境污染案件主要以刑事诉讼为主，这与检察机关作为刑事案件的公诉人提起案件的主动性比较高有一定关系，而环境民事公益诉讼和环境行政公益诉讼的开展略显不足。

在环境民事公益诉讼方面，由于公众的环境公益诉讼意识淡薄，加之相关法律制度不完善，到2012年上海市才有首例环境污染案件民事督促起诉。民事督促起诉与民事公诉具有一定的区别。在民事督促起诉中，检察机关并不作为民事诉讼的当事人，仅以法律监督者的身份督促有关部门通过提起民事诉讼保护国家和社会公共利益。民事公诉是民事公益诉讼的一部分，民事公诉是对于侵犯国家和社会公共利益却无人起诉或者无法起诉的民事案件，依法应当追究有关民事主体的民事责任时，由检察机关以国家名义、代表国家提起民事诉讼，以维护国家利益和社会公共利益。此时，检察机关作为原告出现在民事诉讼中。

在环境行政公益诉讼方面，根据我国现行的行政诉讼法律规定，公民、法人或者其他组织尚不能对侵害环境公益却未造成实际人身和财产损害的具体行政行为提起诉讼，这就使公民或环保组织行使环境行政公益诉讼的法律依据不足，环境公益诉讼的开展还存在很大的局限性。

2. 面临缺乏适格原告的挑战

由于环境公益涉及的利益主体范围广泛，确定环境公益诉讼的起诉主体资格比较困难。长期以来，我国立法在环境公益诉讼原告问题上处于空白，相关法律法规并没有明确规定哪类主体具有起诉资格，在一定程度上制约了环境公益诉讼的开展。

2012年《环境保护法》修正案草案二审稿将环保公益诉讼资格限定于“中华环保联合会以及在省、自治区、直辖市设立的环保联合会”，由于争议较大，2013年10月《环境保护法》修订案草案三审稿则设定环境公益诉讼资格的前提是“全国性社会组织”，同时需要满足三个条件：在国务院民政部门登记；从事环境保护公益活动连续五年以上；信誉良好。相比之下，三审稿将诉讼主体资格范围比二审稿缩得更紧，地方环保联合会的诉讼主体资格被取消。目前上海市尽管有公民个体、行政机关、民间环保组织等欲提起环境公益诉讼，但根据环境保护法修订草案及相关法律规定，将出现原告主体不适格，无法启动司法程序维护环境公益的问题。

3. 尚未设立专门的环保法庭

环境类案件的专业性较强，通过设立环保法庭，对涉及环境类案件进行集

中管辖，对于统一执法尺度具有重要意义，可以使环境案件快立快审快决，有助于进一步提高案件审判质量。成立环保法庭，对企业各种污染环境的行为也将起到极大的震慑作用，从而提升环保执法效果。此外，环保法庭有利于开展环境公益诉讼实践，推动出台相关的环境公益诉讼规定，为建立环境公益诉讼制度提供制度创新空间（高洁，2010）。

目前我国各地区已成立的环保法庭主要分布在东部沿海地区和西南部分省份，这些重大环境污染事件催生的环保法庭，使环境公益诉讼开始进入具有一定操作性的实践阶段。然而，上海市目前尚未设立专门的环境保护审判机构，也是我国东部沿海省份和直辖市中唯一一个没有成立环保法庭的地区。近年来上海市激增的环境污染案件，在客观上也要求成立专门的环境保护审判机构。而当前上海市尚未设立专门的环保法庭，不利于整合审判资源，无法从实践中积累经验，不利于推动环境公益诉讼的制度建设。

四　推进环境公益诉讼的对策建议

上海市环境公益诉讼开展不足，除了自身环境保护公众参与不足的原因之外，也在很大程度上受到我国不完善的环境公益诉讼制度的制约。推进环境公益诉讼需要从完善国家法律体系和地方环境公益诉讼制度及实践创新两个角度加以考虑。

（一）国家层面：逐步完善环境公益诉讼制度

国外环境公益诉讼的发展历程表明，环境公益诉讼的开展和完善是一个渐进过程。我国民诉法的修改标志着环境公益诉讼制度建设取得突破性进展，但有限的条款仅对诉讼主体等进行了限定，仍需进一步完善。

1. 渐进式调整诉讼主体范围

我国新《民事诉讼法》对环境公益诉讼的起诉主体没有明确的法律规定，《环境保护法》修订草案对环境公益诉讼主体范围一再做出调整，使得目前关于环境公益诉讼起诉资格的制度缺乏明确具体、操作性强的规定。一般来说，环境公益诉讼的起诉主体体系应当包括环保行政部门、检察机关、社会环保组织和公民个人。由于环境公益诉讼大多涉及复杂的环境监测技术，相关设备成本和费用很高，这些因素都会严重制约普通公民的有效诉讼能力。在我国新《民事诉讼法》的第五十五条中，已排除了公民个人的起诉资格，这也就决定了我国环境公益诉讼主要以团体诉讼为主。

从国外环境公益诉讼的开展经验来看，原告主体资格均经历了一个由限制到逐渐放宽的过程，我国同样也需要对诉讼主体范围进行渐进式调整。《环境保护法》修订草案三审稿将环境公益诉讼主体限定为："在国务院民政部门登记，专门从事环境保护公益活动连续五年以上，且信誉良好的全国性社会组织。"该条款将地方性环保组织排除在外，限定起诉资格，只会使环保公益诉讼大量减少，而问题并不会减少。为切实发挥环境公益诉讼制度的环保作用，应根据环境公益诉讼开展实践情况，分阶段扩大提起环境公益诉讼的主体范围。近、中期内，不仅是全国性社会组织，各级环保行政部门、检察机关也应具有环境公益诉讼的起诉权。远期对依法在各级民政部门登记，致力于环境保护公益活动的各类社会组织，都应该赋予向法院提起环境公益诉讼的资格。可从成立时间、业务领域和开展业务能力、成立目的、社会声誉等方面设立严格的诉讼资格条件，以此对社会组织进行筛选。相关社会组织向国家主管部门提出资格认定申请书和证明资料，对于符合资格条件的环境组织给予诉讼资格登记，从国家立法层面赋予社会组织提起环境公益诉讼的权利。

2. 设立环境公益诉讼前置程序

通过设立前置程序对环境公益诉讼加以预防和限制，避免采用直接诉讼模式，不仅能够大幅降低成本，还可提高诉讼质量。环境公益诉讼前置程序应当按照环境民事公益诉讼和环境行政公益诉讼两种不同类型加以区别。

对于环境民事公益诉讼，确立公众或环保组织的诉前告知程序，环保组织提起诉讼前须书面通知侵害环境公益的行为人，要求环境侵害人停止侵害行为，并采取措施恢复环境原状。若违法者在规定期限（一般以 60 日为宜）内纠正其违法行为，采取措施解决环境问题，则可避免被提起诉讼。若违法者超过规定期限未停止侵害环境公益行为，环保组织可以向法院提起诉讼，请求法院判令违法者停止环境侵害行为，并采取措施排除危害。

对于环境行政公益诉讼，可确立公众或环保组织的诉前举报程序，或将行

政复议设立为诉讼的前置程序。对于国家行政机关的不当行政行为或不作为，公民和环保组织在提起环境行政公益诉讼前，必须向环保行政主管部门或者其他行政部门提出书面举报，建议其依法履行职责。如果行政机关在规定期限（可以60日为限）内不予答复、未采取措施，环保组织可以向法院提起环境行政公益诉讼。公民或环保组织还可以向其上级主管机关或者法律规定的有关机关申请行政复议。复议机关应在规定期限内做出复议决定，在规定期限内复议机关没有做出复议决定，或者公民、环保组织对行政复议决定不服，可以向法院提起环境行政公益诉讼。

设立环境公益诉讼前置程序，可以给侵害环境公益的行为人一个纠正自身行为的机会，使环境问题迅速解决，避免环境公益滥诉，违法者能够立即采取补救措施恢复环境原状，从而更加快速便捷地达到环境保护的目的。但也要考虑到一些环境侵害行为的特殊性，如对一些在较短时间内会造成不可挽回损失的环境污染案件，可通过法律规定免除环保组织先行告知的义务而直接提起诉讼。

3. 合理分配举证责任

举证责任的合理分配，对于环境公益诉讼公平公正起着至关重要的作用。我国的证据责任原则主要是以私立救济为主发展起来的，在民事诉讼中，举证责任分配的一般原则是“谁主张，谁举证”。由于环境公益诉讼涉及问题相对比较专业，举证难也是整个环境公益诉讼面临的瓶颈问题。从世界范围来看环境公益诉讼，出于原告举证能力有限的考虑，一定程度上都降低了对原告举证责任的要求。在环境公益诉讼中，被告的侵害环境公益行为以及侵害行为与损害后果间的因果关系往往涉及复杂的专业技术问题，原被告双方可能都不具备相应的举证能力，因此在诉讼中应综合考虑当事人对证据收集的困难程度，根据案件的综合要素来衡量举证责任的分配。

环境公益诉讼原告需要承担一定举证责任，被告的侵害事实、侵害后果等由公益诉讼人承担举证责任。原告只需提供表面证据，证明被告已经或很可能有侵害行为即完成举证责任。在环境民事公益诉讼中，被告方应对是否发生或可能发生侵害环境公益行为及侵害行为与损害后果之间的因果关系承担举证责任。在环境行政公益诉讼中，被告方应对其所做出的行政行为的事实和所依据的规范性文件承担举证责任。当原被告双方都不具备相应的举证能力时，由法定评估、鉴定机构或具有专业知识背景的鉴定机构出具评估报告。

（二）上海市层面：探索制度和实践创新

上海市开展环境公益诉讼的探索实践与创新，需要以国家现行相关法律为背景，并紧密结合其他省市取得的经验及上海市自身特色。

1. 重点区县试点成立环保法庭

当前，环境责任纠纷频繁发生，已经从特殊和例外变成常见的社会纠纷的一种，理应作为第一审案件由基层人民法院受理，环保法庭的成立是一种客观的社会需要。上海市成立环保法庭可借鉴其他省市的经验，在环境污染案件频发区县试点成立专门的环保审判机构。由于目前上海绝大多数化工企业主要分布于郊区，特别是大量的小型化工企业多密集于城乡结合部，导致近年来的环境污染类案件主要发生在青浦、金山、嘉定等城乡结合区域。因此，可在青浦、金山、嘉定等区的基层人民法院率先探索成立环境审判合议庭，在中级以上人民法院设立环保审判法庭，负责对基层环境审判合议庭上诉案件进行二审审理工作，提高司法机关解决环境案件能力，推动环境公益诉讼实践。

我国《人民法院组织法》规定："人民法院审判案件，实行两审终审制。"目前一些省市的中院环境审判庭和其下辖的基层法院环境法庭的设置符合"两审终审制"的法律规定。但是根据我国相关法律规定，只有中级人民法院、高级人民法院和最高人民法院"根据需要可以设其他审判庭"，即环保法庭。基层法院没有设置环保法庭的法律依据，所以，当前环保法庭的设置是突破现行法律规定进行的司法制度创新。《人民法院组织法》第 19 条规定："基层人民法院根据地区、人口和案件情况可以设立若干人民法庭。人民法庭是基层人民法院的组成部分，它的判决和裁定就是基层人民法院的判决和裁定。"根据这一规定，可出台相应的司法解释，将"环境法庭"解释为人民法庭的一种特殊形式，解决在基层法院设立环保法庭的法律依据问题。

2. 设立环境公益诉讼专项基金

从国内外环境公益诉讼开展情况来看，设立环境公益诉讼专项基金有助于

保护和实现公共利益。环境公益诉讼专项基金费用主要来源于三个方面：国家财政拨款、社会捐助、环境污染类案件中被告支付的赔偿金。

环境公益诉讼专项基金的用途主要有以下五个方面。

一是用于收纳违法者的赔偿金。环境公益诉讼维护的是社会公共利益，因此胜诉后违法者支付的罚金应归公益所有。环境公益诉讼的目的在于环境保护，通过提起诉讼所得的赔偿金也应专款专用，用于环保保护和修复。因此将环境公益诉讼专项基金用于收纳违法者所支付的赔偿金，以解决公益诉讼的利益归属问题。

二是用于诉讼费用补助。环境公益诉讼可能会产生昂贵的诉讼费、技术鉴定费、律师费、调查取证费等负担，多数环保组织难以承受如此高昂的费用，使诉讼主体面临较大的诉讼风险。环境公益诉讼基金可根据实际情况对原告的诉讼费用、鉴定费用和调查取证费用进行适当补贴，有利于降低环境公益组织的诉讼成本。

三是用于奖励胜诉原告。原告提起公益诉讼是为了环境公共利益，在诉讼过程中付出大量的人力、物力、财力。为了鼓励原告保护环境公益的行为，可使用环境公益诉讼基金对提起公益诉讼并胜诉的原告酌情进行适当的物质补偿和精神奖励，有利于提高和调动社会组织和公民个人参与环境公益诉讼的积极性。

四是对潜在受害者进行救助。环境污染直接受害人可通过民事私益诉讼追究违法者的责任，判令其赔偿损失。对于环境污染潜在的受害者，可通过环境公益诉讼专项基金对其进行救助。

五是用于生态环境损害的修复。生态环境恢复重建需要很大的资金投入，按照“谁污染谁付费谁治理”的原则，生态环境的损害应由违法者进行治理，环境公益诉讼专项基金收纳环境违法者支付的赔偿金，有责任和义务进行污染治理和生态修复投入，实现专款专用。

3. 拓宽环境公益诉讼替代性途径

我国相关法律法规对环境公益诉讼的主体资格做出过多限制，限制了民间环保公益组织有序参与环境公益诉讼的机会。在这种情形下，拓宽环境公益诉讼替代途径，对维护公众参与环境保护具有重要作用。

一是开展公民或环保组织的环境检举和控告。《环境保护法》修订草案三审稿第四十七条规定："公民、法人和其他组织有权对污染环境和破坏生态的单位和个人向环境保护行政主管部门或者其他有关部门检举和控告。"一方面，向社会明确可检举和控告的环境问题领域，不仅对危害到公民、法人和其他组织自身利益的行为进行检举，对侵害环境公益的行为也应进行检举和控告。另一方面，公布受理检举和控告的主管部门及方式，细分环保主管部门或者其他有关部门受理检举和控告的领域及范围，详细列举电话举报、信函举报、信访接待、网络举报等方式。行政机关处理环境污染和侵害环境公益行为比司法途径更有效率，也符合当前的环境保护实际，以公民或环保组织的环境检举和控告对环境公益诉讼进行有限替代，可以拓宽公众参与环境公益保护的渠道。

二是发挥检察机关的督促起诉作用。在当前环境公益诉讼原告主体资格范围过窄的情况下，对于损害环境公益的违法行为，相关环保行政主管部门或者其他监管部门不行使或懈怠于行使自己的监管职责，检察机关通过确定民事督促起诉的适格原告，以监督者的身份向其发出督促起诉的检察建议书，建议其依法提起民事诉讼，追究环境污染者的民事责任。

4. 成立环境公益法律服务机构

环境公益诉讼法律服务对环保知识和法律知识的要求较高，需要专门的机构提供法律服务，尤其需要职业律师的参与。我国《水污染防治法》中规定："国家鼓励法律服务机构和律师为污染损害诉讼中的受害人提供法律援助"，《固体废物污染环境防治法》中也规定："国家鼓励法律服务机构对固体废物污染环境诉讼中的受害人提供法律援助。"这些条款为成立环境公益性质的法律服务机构提供了法律基础。

可以依托司法机构和律师协会成立公益性质的环境公益法律服务咨询援助机构。机构人员组成主要包括法律顾问、专职公益律师、兼职公益律师和志愿者群体，机构经费可通过接受环境公益诉讼专项基金、公益组织、违法者支付赔偿金的一定比例资助。机构的主要职责是向环境损害的受害者及环保组织提供法律咨询和解答法律问题，参与环境公益诉讼事务，定期举办各种环保法制宣传活动等。

参考文献

张镝:《公民个人作为环境公益诉讼原告的资格辨析》,《学术交流》2013 年第 2 期。

吴新芝:《我国环境公益诉讼存在问题及对策研究》,新疆大学硕士学位论文,2013。

成依怡:《论环境公益诉讼原告主体的多元化》,《中南林业科技大学学报(社会科学版)》2013 年第 4 期。

李静云:《美国的环境公益诉讼》,2013 年 7 月 4 日《中国环境报》。

崔华平:《美国环境公益诉讼制度研究》,《环境保护》2008 年第 24 期。

裴建芳:《日本环境诉讼的发展过程对我国的启示》,《消费导刊》2009 年第 16 期。

陈冬:《环境公益诉讼研究——以美国环境公民诉讼为中心》,中国海洋大学博士学位论文,2004。

谢伟:《德国环境团体诉讼制度的发展及其启示》,《法学评论》2013 年第 2 期。

陶建国:《德国环境行政公益诉讼制度及其对我国的启示》,《德国研究》2013 年第 2 期。

李燕、顾文剑:《环境污染案数量大增量刑从严》,2013 年 10 月 10 日《东方早报》。

蔡新华、刘静:《判了刑还要清污吗?》,2012 年 5 月 4 日《中国环境报》。

刘栋:《用经济追偿遏制环境污染事件》,2013 年 1 月 15 日《文汇报》。

高洁:《环境公益诉讼与环保法庭的生命力》,2010 年 1 月 29 日《人民法院报》。

冯永锋:《环境公益诉讼主体究竟放宽了多少》,2013 年 10 月 22 日《新京报》。

胡中华:《论美国环境公益诉讼制度之基础》,《宁波职业技术学院学报》2006 年第 4 期。

B.6

环境保护公众参与的法律保障

陈 宁*

摘 要：

公众参与使不同利益群体的诉求得以表达，可以有效缓解因环境保护和环境利用的利益诉求受阻而引发的社会矛盾，促进环境决策的科学化和实施的正常化。公众参与的良性运转需要切实有效的制度给予确定和规范，而法律制度是其他制度安排与运用的基础和依据，因而法律制度是公众参与环境保护的制度保障。从地方政府层面来看，上海市有关公众参与环境保护的相关法律法规基本上是依据国家环境保护上位法或规范性文件、部门规章，出台上海市相关的法律法规或实施办法。整体来看，上海公众参与环境保护的地方法规往往简单重复国家环境法律法规的相关条款，没有起到对国家环境立法的执行和补充作用；上海公众参与环境保护的规定较为零散，缺乏系统性，并存在法律空白。鉴于此，建议上海参考沈阳市、山西省等地方省市出台公众参与环境保护专项办法的做法，先行由上海市政府制定并公布《上海市公众参与环境保护办法》，对公众参与环境保护的主体、范围、基本原则、权利义务、具体实施程序进行详细规定，并在实施中不断完善和优化，进而上升为地方法律。

关键词：

环境保护　公众参与　法律制度　上海

---

* 陈宁，博士。

一　公众参与环境保护法律基础

环境保护涉及多方面的切身利益，需要统筹考虑多方面的因素，单由环境行政部门进行环境决策，难免会出现无法顾及广大社会公众环境利益的状况，从而产生较大的社会成本。公众广泛参与环境决策，能够使决策部门全面了解不同利益群体的意见和诉求，有利于引导公众意见在制度内得到充分表达。同时，社会公众与环境行政主管部门加强合作，有助于增强政府决策的公信力，也有利于环境决策的科学性，从而使环境决策能够正常贯彻。①

另一方面，公众参与环境保护的主体、范围、程序等具体环节需要一系列制度条文给予确认和规范，才能够保证公众参与的正常、有效及常态化开展。公众参与的制度规定必须明确、详细和可操作，否则公众参与就成了纸上谈兵。从制度位阶来看，法律制度是其他制度能够得以设立和实施的源头和和依据。虽然我国环境保护基本法已经确立了公众参与的原则，但由于国家基本法、单行法的过于原则化，缺乏实施细则，地方立法又没有很好的起到补充和细化的作用，导致目前我国公众参与环境保护仍然存在一些问题，由于公众利益诉求表达不畅而引发的社会冲突和矛盾也不断出现。因此，研究我国及上海市公众参与环境保护法律制度的基本内容和存在的问题，以有效地破解公众参与环境保护中的突出问题，是非常迫切的。

我国目前关于公众参与环境保护的法律规定，主要体现在环境保护基本法《环境保护法》、一系列环境保护单行法及各级政府部门出台的有关环境保护的部门规章及规范性文件之中。

（一）环境保护基本法

1989 颁布的《环境保护法》第 6 条明确规定了社会公众都有保护环境的义务，同时也拥有检举、控告破坏环境行为的权利。一切社会公众是指一切单位和个人。除了公众的环境权利和义务外，《环境保护法》第十一条第二

① 张卫华：《论我国公众参与环境决策的法律保障机制》，郑州大学硕士学位论文，2010 年。

款还明确了各级政府的环境保护行政主管部门应当定期发布环境状况公告。此外，第三十一条规定，造成或可能造成污染事故的企业必须及时向环境行政主管部门及可能受到危害的公众发布环境信息。因此，可以认为，《环境保护法》实质确认了政府环境行政主管部门及污染源企业公开环境信息的义务。

（二）环境保护单行法

我国在环境保护、资源利用等方面颁布的一系列单行法规中，也有公众参与内容的相关规定。如在污染防治方面，全国人大常委会先后颁布了《中华人民共和国水污染防治法》《中华人民共和国大气污染防治法》《中华人民共和国固体废物污染环境防治法》等；在自然资源保护方面，全国人大常委会先后出台并修订了《中华人民共和国水法》《中华人民共和国森林法》等法律法规；在环境管理方面，有《中华人民共和国清洁生产促进法》《中华人民共和国环境影响评价法》等。详见表1。

表1　我国现行环境保护领域单行法对公众参与的相关规定

法规名称	发布日期	公众参与相关内容
中华人民共和国水污染防治法	1984年5月11日通过；1996年5月15日第一次修订；2008年2月28日第二次修订	第10条明确了公众保护水环境的义务及检举水污染行为的权利 第13条第4款规定环评报告中应有征求当地公众意见的内容
中华人民共和国大气污染防治法	2000年4月29日通过	第5条明确了公众保护大气环境的义务及检举、控告大气污染行为的权利
中华人民共和国固体废物污染环境防治法	1995年10月30日通过；2004年12月29日修订	第9条明确了公众保护环境的义务及检举、控告固废污染行为的权利
中华人民共和国环境噪声污染防治法	1996年10月29日通过	第7条明确了公众保护声环境的义务及检举、控告噪声污染行为的权利 第9条明确了政府应奖励污染防治成绩显著的公众的义务
中华人民共和国海洋环境保护法	1982年8月23日通过；1999年12月25日修订	第4条规定公众有保护海洋环境的义务，有监督、检举损害海洋环境的行为及政府部门违法失职行为的权利
中华人民共和国水法	2002年8月29日修订	第8条规定公众有节水的义务

续表

法规名称	发布日期	公众参与相关内容
中华人民共和国森林法	1984年9月20日通过;1998年4月29日修订	第11条规定植树造林、保护森林,是公民应尽的义务 明确各级人民政府应当组织全民义务植树,开展植树造林活动
中华人民共和国清洁生产促进法	2002年6月29日通过;2012年2月28日修订	第31条规定公众可监督污染严重企业的污染物排放情况
环境影响评价法	2002年10月28日通过	确立了公众在环境影响评价中的法定参与地位,明确规定了公众参与环境影响评价的程序、方式、效力

资料来源：中国政府网。

（三）规范性文件及部门规章

国家环境保护单行法有关公众参与的规定都是较为原则性的，不同领域单行法对公众参与的规定也较为雷同。在实际执行中，需要环境行政主管部门配套出台一系列规范性文件和部门规章。分类别看，我国环境保护公众参与的规范性文件和部门规章主要集中于以下几个方面。

1. 环境影响评价中的公众参与

2006年2月24日，原国家环保总局发布《环境影响评价公众参与暂行办法》（环发〔2006〕28号），这是我国有关公众参与环境保护的第一部规范性文件。该办法对公众参与环境影响评价的范围、要求、组织形式等内容作了制度化的规定，并对于公开环境信息和征求公众意见的相关细节做出了明确规定。2009年8月12日，国务院常务委员会通过《规划环境影响评价条例》，进一步规范了环境影响评价中的公众参与。

2. 环境信息公开

2007年4月11日，原国家环保总局发布《环境信息公开办法（试行）》（总局令2007年第35号），这是另一部对公众参与环境保护具有直接意义的规范性文件。这一规定在法规层面上确立了环境信息公开制度，为公众参与环境决策创造了条件，进一步提高了公众参与的可能性。

3. 环境立法中的公众参与

2005年，原国家环保总局修订了《环境保护法规制定程序办法》，《办法》第十条明确要求在环境保护法规起草过程中，应广泛听取公众意见，并规定了听取公众意见的组织形式。该《办法》是我国公众参与环境立法的法律基础，使社会公众有渠道、有机会参与到环境保护法规的制定过程中。

4. 环境行政中的公众参与

1999年7月，原国家环保总局发布《环境保护行政处罚办法》。2009年12月，环境保护部修订并发布新的《环境行政处罚办法》。该处罚办法在第三章“一般程序”第四节“告知和听证”部分，即第四十八条至第五十条规定了环境行政处罚听证程序。其中第四十八条明确规定，环境行政部门在作出重大行政处罚决定之前，当事人应有被告知举行听证的权利。但这一办法就行政处罚听证的执行仍需要制订相关配套细则。

2004年6月，原国家环保总局发布《环境保护行政许可听证暂行办法》，标志着我国环境保护行政许可听证制度在立法上的正式确立。该暂行办法明确规定：“要对两类建设项目和十类专项规划实行环保公众听证”。

1997年4月，原国家环境保护局发布《环境信访办法》。2006年6月，原国家环保总局修订并发布新的《环境信访办法》。新办法的出台和实施有利于进一步保障公众的环境权益，但环境信访从本质上无法摆脱信访工作的天然属性，仍然是一种政府主管部门行政职权下的间接的环境利益表达方式。

（四）上海地方法规

作为地方政府层面，上海市有关公众参与环境保护的相关法律法规，基本上是依据国家环境保护基本法、单行法或国家政府的规范性文件、部门规章，出台上海市实施相关上位法律法规的法律法规或实施办法。如在法律层面，2006年上海市人大常委会修订的《上海市环境保护条例》，2010年上海市人大常委会发布的《上海市饮用水水源地保护条例》等；在部门规章及规范性文件方面，2005年上海市人民政府出台的《上海市实施〈中华人民共和国环境影响评价法〉办法》；2011年上海市环境保护局出台的《上海市环境保护局行政许可实施操作规程》，规定了在行政许可审查中的公众参与制度；2013年5月，上海市环保局出台的《关于开展环境影响评价公众参与活动的指导意见

（2013 年版）》等。

虽然是按照上位法制定的地方法律规章，但上海地方法规中也有一些较有特色的规定，如《上海市环境保护条例》总则中规定“一切单位和个人都有享受良好环境的权利”，这是对公众享有环境权的确认。《上海市社会生活噪声污染防治办法》除了对公众在防治噪声污染的义务和监督、检举的权利作出规定外，还规定，环保部门、公安机关对噪声污染的投诉、举报应当及时进行处理，并将处理结果告知当事人；受到社会生活噪声污染侵害的单位和个人，可以依法向人民法院提起诉讼。

表 2　上海公众参与环境保护的部分地方法规

法规名称	发布单位	公众参与相关内容
关于开展环境影响评价公众参与活动的指导意见（2013 年版）（沪环保评〔2013〕201 号）	上海市环境保护局	对环评信息公开和征求公众意见做出了详细规定
上海市社会生活噪声污染防治办法（2012 年沪府令 94 号）	上海市人民政府	第 14 条规定公众有保护声环境的义务，及投诉、举报噪声污染，并获得处理结果信息的权利。政府部门有及时处理公众投诉、举报的义务，并有将处理结果告知举报人的义 受到社会生活噪声污染侵害的公众可以提起诉讼
上海市环境保护局行政许可实施操作规程	上海市环境保护局	第 5 章“行政许可审查”第 3 条“公众参与制度”，内容包括听取利害关系人意见、征求公众意见、听证制度、专家论证
上海市环境保护局政府信息公开指南	上海市环境保护局	要求主动公开的本机关信息，将通过“上海环境”政府网站、《环保信息》或新闻通气等载体和形式予以主动公开 申请人可根据国家《条例》和本市《规定》申请政府信息，提出书面申请
上海市饮用水水源保护条例	上海市人大常委会	第 5 条规定公众有保护饮用水水源环境及相关设施的义务，有举报污染水源行为的权利

续表

法规名称	发布单位	公众参与相关内容
上海市环境保护条例	上海市人大常委会	第8条明确一切公众有享受良好环境的权利,在受到环境危害时有要求排除危害和索赔的权利;有保护环境的义务,有检举和控告破坏环境行为的义务
上海市实施《中华人民共和国环境影响评价法》办法(2004年政府令24号)	上海市人民政府	第4条规定市环境行政部门应加强环境影响评价能力建设,推进环境影响信息共享公众有获得环境信息的权利,各级环境行政部门有环境信息公开的义务 第17条规定环评报告书应附具对公众意见的说明,否则不予受理

资料来源：上海市环境保护局网站。

（五）地方省市相关法规

近年来，部分地方省市在完善地方公众参与环境保护法律制度方面做出了一些探索，形成了一些具有特色的地方法规。如，2005年11月16日，沈阳市政府发布了《沈阳市公众参与环境保护办法》，这是国内首部公众参与环境保护政府规章，详细阐明了沈阳市公众参与环境保护的九大权利。此后，2009年8月17日，山西省政府办公厅也颁布了《山西省环境保护公众参与办法》（晋政办发〔2009〕107号），在具体内容上更加细致和明确。虽然主题都是公众参与环境保护，但山西省和沈阳市的办法存在较大的不同。首先，公众参与的权利范围存在区别，山西省的办法更鲜明地规定公众有权对环境违法行为及环境行政不作为（如环境保护行政主管部门及其工作人员玩忽职守、滥用职权、徇私舞弊等行为）进行检举和控告。其次，在主体内容上，山西省的办法更翔实，包括对公众获取信息、公众参与法律法规政策制定、公众参与环境管理、公众参与环境监督的细则规定。但详细研读其具体内容可以发现，除了“公众获取信息”部分内容较全面、详细外，其他几个部分仍然是比较原则性的规定。

除了综合性的公众参与环境保护法规外，还有些地方省市出台了公众参与环境保护具体环节的单项规定。如2009年7月15日，嘉兴市南湖区将公众参

与机制引入环境行政处罚审议过程，出台了《环境行政处罚案件公众参与制度实施办法（试行）》（南环〔2009〕36号），规定公众意见是南湖区最终行政处罚决定的参考依据。该办法规定公众以公众评审团和公众评审会的形式参与到环境行政处罚中来，公众评审团成员代表各阶层的利益群体，包含机关干部、企业家和普通群众。

2011年12月11日，宁夏回族自治区人民代表大会常务委员会出台了《宁夏回族自治区环境教育条例》，该条例虽不是直接针对环境保护公众参与立法，但单独对环境教育立法，为提高公众的环境意识，实现环境保护的公众参与提供强有力的保障。

二　上海公众参与环境保护法律制度的评价及分析

一个完整的公众参与法律制度设计，应当包括环境信息知情制度、环境立法参与制度、环境行政参与制度、环境司法参与制度等。① 本部分从这四个制度维度，考察上海公众参与环境保护法律制度设计与实施情况，并做出评价，剖析存在的主要问题。

（一）上海公众参与环境保护的法律实施

1. 上海环境信息知情制度实施

上海地方各级政府并未制定针对公众参与环境信息知情的专项法规，在日常工作中，往往是根据《中华人民共和国政府信息公开条例》和《上海市政府信息公开规定》所规定的环境信息公开的内容，由上海市环境保护局负责公开本市环境信息。

上海市环保局公开的环境信息包括主动公开的环境信息和依申请公开的环境信息。其中主动公开的环境信息的常规渠道是“上海环境”政府网站（http：//www. sepb. gov. cn/fa/cms/shhj/index. htm）。主要内容包括机构职能

① 史玉成：《环境保护公众参与的现实基础与制度生成要素——对完善我国环境保护公众参与法律制度的思考》，《兰州大学学报》2008年第1期。

（本市环境保护行政机关党政领导成员名单、机构设置及各部门的管理职责），法律法规标准（国家和本市环保法律法规、规范性文件及环境标准），环境规划（本市综合性和专业性环保规划、环保“三年行动计划”），行政许可事项（本市环境保护行政机关业务范围内的行政审批、行政主体、法律依据、实施机构），环境管理信息（包括本市大气、水、噪声、固体废物、自然生态等管理信息），处罚与环保核查（本市行政处罚、环保核查信息等），环保科技（本市重大环保科研课题），环境统计（本市环境状况公报、环境统计年报）等。

依申请公开环境信息方面，负责受理申请的机构为上海市环境保护局办公室；提出申请的方式包括通过互联网提出申请、书面申请和当面申请。受理机构在收到申请后进行登记，并在登记之日起15个工作日内作出答复。

2. 环境立法参与制度的实施

上海尚未出台专项针对环境立法公众参与的相关法规，在实际执行中，一般根据2005年原国家环保总局修订的《环境保护法规制定程序办法》第十条规定以及2007年上海市人大常委会修订的《上海市立法听证规则》的相关规定，对上海有关环境保护立法中的重要议题进行立法听证。上海的环境立法听证由上海市政府法制办主持召开，听证代表包括各行各业的市民代表、企业代表、环境保护领域专家学者、环保组织、律师代表等。市民代表通过报名遴选方式产生，其他代表通过所在单位推选后由上海市政府法制办邀请的方式产生。

表3　上海历次环境立法听证会一览

听证会名称	日期	参加人数	听证议题
《上海市社会生活噪声污染防治若干规定（草案）》立法听证会	2012年9月3日	15	关于在公园、广场、人行道等公共场所开展使用音响设备的健身娱乐活动是“禁”还是“控”； 关于禁止特定时段开展住宅装修的议题； 关于限制学校使用高音喇叭的议题
《上海再生资源回收管理办法（草案）》（下称《草案》）的立法听证会	2012年12月23日	12	回收行业公益定位； 流动收废人员管理； 建立强制回收目录

续表

听证会名称	日期	参加人数	听证议题
《上海饮用水管理办法》立法听证会	2013 年 6 月 20 日	14	现制现售饮用水设备的放置与每日巡查、水处理材料更换以及信息公示等方面予以规范； 二次供水设施中的储水设施的清洗、消毒频次由每季度一次调整为每半年不得少于一次
《上海市促进生活垃圾分类减量办法（草案）》立法听证会	2013 年 11 月下旬	18	关于生活垃圾分类标准的议题； 关于非住宅物业和公共场所分类收集容器设置的议题； 关于生活垃圾分拣员辅助分类制度的议题； 也将考虑选择听证会报名者提出的其他较为集中的问题进行听证

资料来源：来自网络公开资料。

3. 环境行政参与制度的实施

在环境行政参与制度中，主要的公众参与领域是环境行政许可的审查方面。上海市环保局于 2011 年出台了《上海市环境保护局行政许可实施操作规程》，对环境行政许可审查中的公众参与制度给予了确定。该规定只是指出了公众参与的主要领域，即：许可事项直接关系第三人重大利益以及公共利益的，在作出决定前，应当告知利害关系人。申请人、利害关系人有权进行陈述和申辩；对环境可能造成重大影响、应当编制环境影响报告书的建设项目，项目受理后，在局网站上公告受理的有关信息，征求公众意见；法律、法规、规章规定实施行政许可应当听证的事项，或者其他涉及公共利益的重大事项，应当向社会公告，举行听证；行政许可审查中，依法需要专家评审的，环保部门应当组织专家进行评审、论证。但在具体程序和实施内容上还缺乏操作性，需要另外出台辅助的具体实施细则。

在环境行政许可参与中，公众参与环境影响评价制度相对较为完善。特别是 2013 年上海市环保局进一步细化了上海市环境影响评价的相关内容，发布了《上海市环保局〈关于开展环境影响评价公众参与活动的指导意见（2013 版）〉》，这是上海地方法规中，首次对环境保护中公众参与的内容进行专项规定。根据指导意见，项目建设单位在确定委托环评机构承担报告书编制任务后7个工作日内，会同环评机构在上海环境热线网站（http：//www. envir. gov. cn）进行第一次信息发布。环评报告书编制完成后，建设单位会同环评机构编制第二次信息发布文本，并在上海环境热线网站进行第二次信息发布。建设单位应会同环评机构在该项目评价范围所涉及区（县）报纸等公共媒体发布信息公告，公示项目名称、工程概况、环评初步结论等信息，并提供向建设单位、环评单位反馈意见的途径。建设项目环境影响报告书第二次信息发布结束后，建设单位和环评机构通过开展问卷调查、座谈会、论证会、听证会等多种方式征求公众意见。

4. 环境司法参与制度的实施

环境司法参与制度在我国还未能有效建立，就法律的效力而言，上海公众参与环境保护的地方立法的法律位阶较低，许多问题受到上位法的限制。因此，上海公众参与环境司法制度的规定不可能突破上位法的约束。一些在国际上行之有效的公众参与环境司法的制度，如环境公益诉讼等，由于涉及修改国家基本法律的问题，不能在地方法规中实现较大的突破。

（二）公众参与环境保护法律制度的评价体系

一项法律制度的生成需要具备一些基本要素：有明确的权利义务主体、权利义务内容、行为方式和程序要求等；权利人的权利受到侵害时有具体的法律救济措施；可在实践中运行并产生效果。

表4　公众参与环境保护法律制度评价

制度名称	评价内容		评价指标
环境信息知情制度	明确的权利义务主体	权利主体	●
		义务主体	●
	权利义务内容	权利内容	●
		义务内容	●
	明确的实施程序要求		●
	权利人的权利受到侵害时有具体的法律救济措施		○
	可在实践中运行并产生效果		●

续表

制度名称	评价内容		评价指标
环境立法参与制度	明确的权利义务主体	权利主体	●
		义务主体	●
	权利义务内容	权利内容	○
		义务内容	○
	明确的实施程序要求		●
	权利人的权利受到侵害时有具体的法律救济措施		○
	可在实践中运行并产生效果		●
环境行政参与制度	明确的权利义务主体	权利主体	●
		义务主体	●
	权利义务内容	权利内容	●
		义务内容	●
	明确的实施程序要求		●
	权利人的权利受到侵害时有具体的法律救济措施		○
	可在实践中运行并产生效果		●
环境司法参与制度	明确的权利义务主体	权利主体	○
		义务主体	○
	权利义务内容	权利内容	○
		义务内容	○
	明确的实施程序要求		○
	权利人的权利受到侵害时有具体的法律救济措施		○
	可在实践中运行并产生效果		○

●代表已涉及，○代表未涉及。

从评价指标可见，上海现行的公众参与环境保护法律制度中，制度设计较好的是环境信息知情制度及环境行政参与制度。根据国务院颁布的《环境影响评价公众参与暂行办法》《规划环境影响评价条例》《环境信息公开办法》的相关规定，2004 年上海市人民政府发布了《上海市实施〈中华人民共和国环境影响评价法〉办法》，2013 年上海市环保局进一步细化了上海市环境影响评价的相关内容，发布了《上海市环保局〈关于开展环境影响评价公众参与活动的指导意见（2013 版）〉》《上海市环境保护局〈关于进一步加强本市建设项目环境影响评价分类管理的若干意见〉》。虽然在环境信息公开及环境影响评价领域也还存在一些问题，但制度框架已经形成，并在日常管理工作中也已逐步开展；环境立法参与制度则相对较弱，除《环境保护法规制定程序办法》的原则性规定外，基本上没有其他实施细则和实施办法；环境司法参与制度是最不完善的公众参与环境保护的法律制度，这一领域基本还是空白。

（三）上海公众参与环境保护法律制度存在的问题

1. 上海地方立法未能细化和补充国家立法的规定

我国环境立法最大的特点在于不同地区的地域性。考虑到我国幅员辽阔，人口众多，自然禀赋条件复杂、经济社会发展不平衡等自然及社会条件，全国人大常委会在环境立法过程中采取了“宜粗不宜细”原则，所谓“宜粗不宜细”是指国家层面的环境立法主要着眼于解决整个国家普遍存在的环境问题的基本原则规定，而地方环境立法则需要根据地方资源环境状况和经济发展阶段，制订具有地方特色的具体实施程序和实施方案。为了便于地方环境立法的展开，国家也给予了地方一定的细化和补充国家环境立法的空间。因此，地方环境立法除遵守上位法的立法原则外，在法律条文的制定中还应充分结合本地区的自然环境、地理条件、经济社会发展状况，对国家立法进行细化和完善。纵观上海地方环境立法，虽然有部分条款较上位法取得了一定的突破和革新，但整体来看，依然无法摆脱简单重复上位法的痕迹，导致上海地方环境立法没有反映上海环境保护的现状，也未能细化和完善上位法。

2. 上海公众参与环境保护地方法规缺乏系统性

现阶段，上海尚未制定专项针对公众参与环境保护领域的统一的法律法规，现有的公众参与环境保护的规定零散分布在地方出台的各个环境保护单行法规或部门规章中，缺乏系统性。甚至部分领域还缺乏环境保护的专门规定，如环境立法公众参与、环境司法公众参与等领域还需要进一步探索环境保护专项规定。

同时，上海环境保护公众参与的法规还没有形成完善的法律体系。如地方环境保护单行法对公众参与的法律规定存在简单重复地方环境保护基本法的现象，比如2010年出台的《上海市饮用水水源保护条例》，对公众参与饮用水水源地保护的规定仅仅是对《上海市环境保护条例》相关法律条文的重复表述，没有对《上海市环境保护条例》所确定的基本原则进行具体的制度设计，也就不能很好的发挥单行环境保护法的作用。由于地方环境保护法规中缺乏具体的公众参与制度设计，往往需要在政府部门补充发布的规范性文件和部门规章中进行细化，如《上海市环保局〈关于开展环境影响评价公众参与活动的指导意见（2013版）〉》等。但这些规范性文件或部门规章的层次较低，在一定程度上无法完成保护公众参与的统一性任务。

3. 上海公众参与环境保护地方法规缺乏对环境行政部门的约束

由于环境保护领域专业性很强，各级环境立法的专业性也非常强。在地方各级政府部门中，权力机关往往并不了解本地环境状况和环境治理业务，在地方环境立法中往往处于信息弱势地位。为了解决这一问题，往往环境行政部门获立法部门授权，起草本地环境法律。同时，由于缺乏有效的立法监督机制，导致在地方环境立法过程中，环保行政主管部门存在着以自身部门利益为导向的潜在激励，对环境行政主管部门的权利和管理职责、公众及企业环境保护义务都规定得具体明确，而忽视对政府部门自身义务的规定。

4. 环境立法参与程序需完善

截至2013年10月，上海尚未出台环境立法公众参与的具体法规，在实际执行中以通行的立法程序为参照。环境保护有其自身的特殊性，宜居的环境从本质上是一种公共产品，空气、水是维系人体生存的必不可少的外在条件。环境保护基本法、单项法及规范性文件需要对保障社会公众切身利益起到更积极、深远的作用，因而环境保护立法中更需要倾听公众的意见、反映公众的利益诉求，需要公众的广泛参与。但目前我国及上海环境立法公众参与的制度规定仍然存在不足，主要表现在：第一，社会公众不掌握环境立法动议权。根据人大组织法的规定，现阶段只有人大代表有提起环境立法动议的权利，即所谓的“提案权”，但是作为环境保护更广泛的参与主体的公众、社会团体根本没有立法动议权。[①] 第二，2005年国家环境保护总局修订的《环境保护法规制定程序办法》明确指出环境保护法规制定过程中应广泛听取公众意见，并规定了听取公众意见的各种组织形式。但梳理这些程序规定发现，其中大部分公众

---

① 史玉成：《论我国环境保护公众参与法律制度》，华东政法大学硕士学位论文，2007年。

参与环境立法的程序都是属于立法机关或行政机关自由裁量的范围，并不是法定的强制性程序，既没有规定必须进行公众参与立法工作的范围、条件，也没有明确细致规定参与主体、参与程序，也没有规定行政机关或立法机关在公众参与中的义务。这就导致大部分公众参与环境立法的形式在实际运行中存在着较大的随意性，主要由行政机关或部门自由决定。公众参与环境立法的自愿性、代表性、透明性令人质疑。

5. 环境行政参与制度需拓展

如上文所述，在上海环境行政参与制度中，环境影响评价制度是较为明确和完善的。《上海市实施〈中华人民共和国环境影响评价法〉办法》《上海市环保局〈关于开展环境影响评价公众参与活动的指导意见（2013 版）〉》等规章的出台，弥补了上位法《环境影响评价法》中对公众参与环境影响评价的范围、途径、程序及操作性的局限，成为地方公众参与环境影响评价的指导性文件。但仍然存在一定不足，突出表现对公众意见的反馈不足，公众意见对环境决策缺乏影响力。同时，现有的环境影响评价公众参与法律法规也未规定相关的法律责任。环境保护执法中能够对违反环境影响评价制度进行处罚的法律依据是上海市人民政府 1988 年发布、1997 年修正的《上海市建设项目环境保护管理办法》，该办法并未涉及违反环境影响评价的公众参与的法律责任。而《上海市环保局〈关于开展环境影响评价公众参与活动的指导意见（2013 版）〉》位阶较低，并不作为环境执法的依据。因此，即使是在环境执法中发现了建设单位或环评单位有违反环境影响评价公众参与有关规定的行为，也并无对其进行惩罚的相关法律依据，难以确切保障公众参与环境影响评价的真实性和公平性。另外，公众参与环境行政的领域还相当广泛，远不仅限于环境影响评价，如环境标准的制订、许可证制度等方面，公众参与也颇显不足。应将环境管理、环境行政许可等其他重要方面都纳入公众参与的范畴。

三　完善上海公众参与环境保护法律制度的建议

目前，上海市公众参与环境保护的专项地方法规仅有 2013 年上海市环保局出台的《关于开展环境影响评价公众参与活动的指导意见（2013 版）》，在

其他制度领域，上海尚无可遵照执行的公众参与环境保护的地方法规，在操作中只能依据国家上位法以及上海市通用法规的相关规定执行。为了使上海公众参与环境保护进一步规范化、制度化，也使公众更好地在制度内参与环境保护，为上海环境保护提供更大的动力，本报告建议上海参考山西省、沈阳市等地方省市出台公众参与环境保护专项办法的做法，先行由上海市政府制定并公布《上海市公众参与环境保护办法》，对公众参与环境保护的主体、基本原则、公众参与的权利义务、政府部门的权利义务以及公众参与的具体实施程序进行详细规定，使上海公众参与环境保护工作具备基础和依据。同时，鉴于政府令形式的《上海市公众参与环境保护办法》的法律位阶较低，可在办法的日常实施中不断修正和完善，最终由上海市人大常委会颁布《上海市公众参与环境保护条例》。

（一）完善环境程序立法

上海市乃至全国对于公众参与环境保护的具体程序均存在着规定比较原则、简略，缺乏具体实施程序及相关法律责任的状况，既不能给予公众在制度内参与环境保护工作提供指导和规范，也降低了环境行政部门环境监督和执法的效率。在本文建议出台的《上海市公众参与环境保护办法》中，应对公众参与环境保护的具体程序立法。内容包括：政府环境行政部门环境保护行政程序；上文提到的上海公众参与环境保护各个领域中，社会公众所遵循的程序；环境行政机关在公众参与环境保护中应遵循的程序；社会公众及环境行政机关违反法规规定时，应承担的法律责任及惩罚细则等。①

（二）拓展公众参与环境行政的范围

《上海市环境保护局行政许可实施操作规程》第五章“行政许可审查”第三条“公众参与制度”中，提到了公众参与行政许可审查的范围，包括各类直接关系第三人重大利益的环境许可事项及涉及重大公共利益的重大事项等。该操作规程提到的公众参与环境行政许可的范围较为全面，但仍停留在原则性

① 鞠昌华等，《环境行政决策机制探析》，《理论月刊》2012 年第 11 期。

规定的层面，需要配套出台相关具体操作细则。在环境行政许可的公众参与制度中，仅就环境影响评价的公众参与出台了实施细则，但从环境保护的长期性和复杂性来看，仅仅对环境影响评价的公众参与作出规定是远远不够的。在本文建议出台的《上海市公众参与环境保护办法》中，应完善公众参与环境影响评价制度，并拓宽公众参与环境行政决策的范围。主要包括：环境影响评价过程中，公众除了便利地、实时地获得环境信息和表达公众意见外，还应使公众意见对建设项目审批的结果具备约束力和影响力。公众参与环境行政的范围还应拓展到环境行政部门进行环境管理和环境决策的全过程，使各类环境决策的制定能够充分反映公众诉求，环境法规或环境决策的执行过程能够受到社会公众的有效监督。同时，还应对公众参与的事项、过程、公众及环境行政机关的权利和义务做细则规定。

（三）公众参与环境执法监督

公众参与环境执法监督有利于弥补环境行政部门在环境执法中存在的局限，也有利于约束环境行政部门的环境执法行为。上海现有的公众参与环境保护法律法规尚未明确社会公众对环境执法的监督权利和义务。建议上海从以下两个方面完善公众对环境执法监督：一是可考虑设立公众参与环境执法监督的奖励制度，激发社会公众参与环境执法监督的积极性。[①] 该奖励制度可同时包括物质和精神上的奖励。环境保护是关系到每个个体生命安全这样切身利益的事业，需要社会公众共同参与。公众环境意识的觉醒和主动环境友好行为的培养需要多管齐下，既要有环境教育，又要有经济激励。当社会公众向环境执法部门提供有价值的重大环境污染事故线索及证据，或直接举报环境污染肇事者，对环境执法工作提供直接和间接支持时，应对相关公众予以奖励。这样可以产生较大的示范效应，鼓励更多的社会公众参与环境保护。二是完善社会公众监督环境行政部门环境执法行为的法律程序。上海现有的环境保护基本法或单行法中，明确规定了社会公众对污染、破坏环境的行为有检举、揭发和控告的权利。但并未规定社会公众对环境主管部门的环境执法行为或环境行政中的

① 梁红琴：《环境保护公众参与法律制度研究》，厦门大学硕士学位论文，2009 年。

违规及不当行为有监督的权利，从而导致公众在环境行政参与行为上受到诸多限制，不能很好地发挥约束环境执法的作用。因此，在本文建议发布的《上海市公众参与环境保护办法》中，除明确规定公众对环境行政主管部门的环境执法行为进行监督的权利外，还应对公众监督环境行政执法的程序作出细致规定。[①]

（四）为社会公众提供更多的环境司法救济

虽然上海地方环境立法受上位法的限制，不能在环境司法参与制度方面得到进一步的完善，但在现有条件下，仍有进一步完善的空间。建议上海借鉴《沈阳市公众参与环境保护办法》，规定环境行政部门在环境污染受害者向各级人民法院提起环境污染损害赔偿民事诉讼时，无条件提供污染损害举证的证据支持。从而能够有效弥补社会公众由于缺乏专业设备和人员，很难对污染者的污染程度和污染危害进行举证的弱势地位，从而使更多的污染受害者的合法权益得到有效保障。

① 卓光俊：《我国环境保护中的公众参与制度研究》，重庆大学硕士学位论文，2012 年。

专 题 篇

Special Topics

B.7

大气污染防治的公众参与

刘新宇*

摘 要：

就大气环境问题而言，公众不仅是受害者，也是污染者；因此，公众不能仅指责他人、要求权利，更要为治理大气环境承担自己的一份责任，政府一方也需要为公众承担这种责任创造好条件。在上海大气环境治理中，各种社会主体都发挥了不少积极作用，民众个体既有表达意见的言论，也有践行低碳生活的行动；企业既履行减少大气污染排放的社会责任，也在大气污染防治政策的制定过程中向政府表达诉求，在执行过程中配合政府行动；社会组织向一般民众提供专业支持，引导他们走理性维护权利的道路，并教育他们承担起自身的环境责任；媒体既有监督相关企业和政府部门的责任，也发挥着教育民众的作用；政府也注重从信息公开、投诉渠道畅通、环评公众参与、立法

* 刘新宇，博士。

征求意见等方面创造较好条件。然而，上海大气环境治理的公众参与仍然在公众代表性、独立性、对决策结果影响力、资源可得性、民众责任意识等方面存在可改善的空间。对此，本报告建议：通过细化相关规则来更好地保障公众参与的代表性、独立性和影响力，培育社会组织的力量来为公众参与提供必要的资源，在宣传之外要更多借助政策来引导或激励民众承担责任。

关键词：

上海　大气环境治理　公众参与

对于大气环境问题而言，公众不仅是受害者，也是污染者。因此，公众不仅应该要求权利，更应承担起参与治理大气环境的责任，有关部门也需要为公众承担这种责任创造好条件。在上海大气环境治理中，民众个体、企业、社会组织、媒体等都发挥了不少积极作用，政府也注重从信息公开、投诉渠道畅通、环评公众参与、立法征求意见等方面创造较好条件。然而，上海大气环境治理的公众参与仍然在公众代表性、独立性、对决策结果影响力、资源可得性、责任意识等方面存在一定问题，本报告对此提出了一些对策建议。

一　上海大气环境污染及公众的参与责任

上海在传统大气环境问题治理方面取得了一定成就，然而又需要应对新的挑战：一方面细颗粒物、恶臭、臭氧等新型大气污染问题凸显，另一方面公众对大气环境治理提出了更多诉求，而且通过微博等自媒体平台更迅捷地表达不满意见并互相呼应、强化舆论，给有关部门带来了巨大压力。不过，公众自身和社会舆论都应当认识到，公众具有受害者与污染者双重身份，因此，他们在主张自己正当环境权益的同时更应当承担起参与治理环境的责任。

（一）大气环境治理成就：传统污染问题得到较好解决

2000 年之后，经过将近 5 轮环保三年行动计划的努力，上海的传统大气环境问题得到较好治理，大气环境质量得到了明显改善。如图 1 所示，2006 ~ 2012 年 7 年来，上海市环境空气质量优良率总体呈上升趋势，并且已连续 4 年高于 90%。

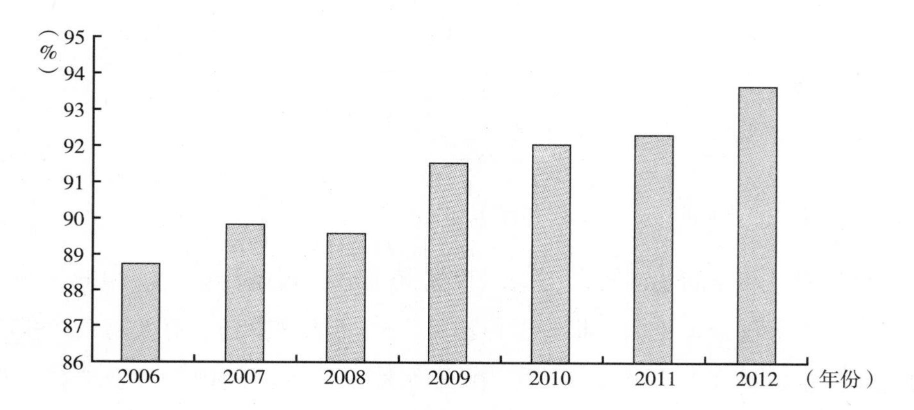

图 1　上海市 2006 ~ 2012 年环境空气质量优良率

数据来源：历年《上海市环境状况公报》。

如图 2 所示，自 2001 年以来，二氧化硫、二氧化氮和可吸入颗粒物（PM_{10}）等几种主要大气污染物的浓度总体呈下降趋势，近几年的下降趋势尤为明显。上海的二氧化硫年日均值从 2005 年的 0.061 毫克/立方米下降到 2012 年的 0.023 毫克/立方米，7 年来年均下降 13.01%；二氧化氮年日均值从 2008 年的 0.056 毫克/立方米下降到 2012 年的 0.046 毫克/立方米，4 年来年均下降 4.80%；可吸入颗粒物年日均值从 2002 年的 0.108 毫克/立方米一路下降到 2012 年的 0.071 毫克/立方米，10 年来年均下降 4.11%。

在上海市政府的统筹协调下，经过多个有关部门的共同努力，上海在治理传统大气环境问题方面取得了一定成就。然而，在传统大气环境问题得到解决的同时，上海市的大气环境治理又面临新的挑战，需要采取新的大气环境治理机制方能有效应对。

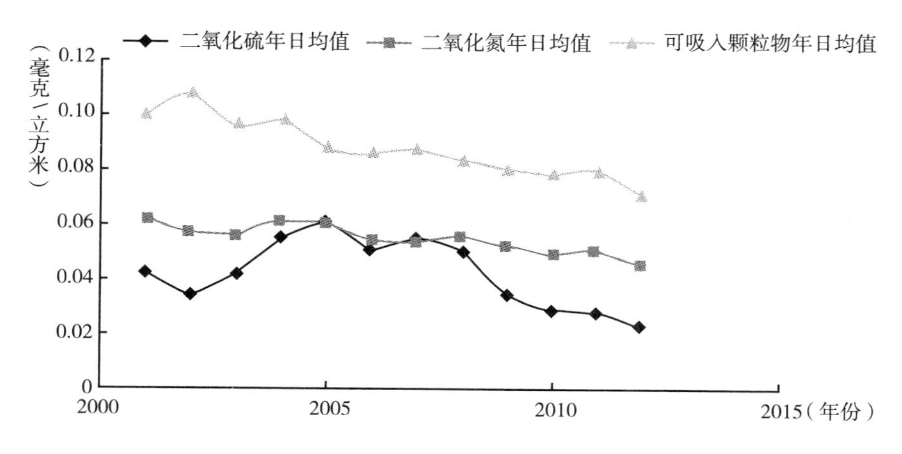

图2 上海市2001～2012年二氧化硫、二氧化氮与可吸入颗粒物年日均值

数据来源：历年《上海市环境状况公报》。

（二）大气环境治理的新挑战：新型污染凸显，公众诉求增加

在传统大气环境问题得到较好治理的情况下，上海的大气环境治理又需要应对新的挑战，这主要体现在新型污染凸显和公众诉求增加两方面。

1. 新型大气环境污染问题凸显

近几年，细颗粒物、恶臭、臭氧等新型大气污染问题凸显出来。之所以将它们称为"新型"，并不是因为这些污染原先不存在，而是因为它们在近几年成为较严重的问题，由此进入公众和决策者的视野。一方面，因为机动车数量、化工生产规模等的增长，细颗粒物、恶臭、臭氧等污染的确在增加或居高不下；另一方面，在传统大气环境问题得到较好治理后，社会各界的关注点自然转向其他大气污染物。

细颗粒物（$PM_{2.5}$）及主要由其所造成的雾霾近几年在上海成为较严重的问题。2012年6月27日，上海市启动了细颗粒物监测工作，自该日起至2012年12月31日，全市细颗粒物平均浓度为48微克/立方米，是新国家环境空气质量二级标准13微克/立方米的将近四倍。[①] 当空气中水汽较多，细颗粒物就

① 上海市环境保护局：《2012年度上海市环境状况公报》，2013年。

会在大气中吸水、长大，并最终活化成云雾凝结核，使大气能见度降低而形成雾霾。[1] 2010～2012年，上海出现雾霾的日数占全年61%，每年大约有4～5天出现重度霾。[2] 细颗粒物污染或雾霾对公众（呼吸系统）健康造成较大影响，上海在2013年1月12～16日出现雾霾天气，其中有两天达到重度污染。受该次雾霾天气影响，上海市医院呼吸科门诊量增加三成，其中大多数为慢阻肺、哮喘病例。[3]

由于垃圾处置量增长和部分化工企业管理不善等原因，上海部分地区的市民受到恶臭困扰，由此引发不少环境投诉。在未能或难以采取严格环保措施的情况下，填埋、生化处理等垃圾处置方式都会产生恶臭，给周边居民的正常生活造成较大影响，如浦东老港、曹路和松江大学城等地居民就受到恶臭困扰。同时，部分化工企业管理不善也引发较多针对恶臭的投诉件，如2011～2012年，浦东高桥化工公司所在地区的恶臭污染事故频发，造成信访投诉不断，厂群矛盾较突出。[4]

此外，在高温条件下（夏季），臭氧污染在上海已成为常态。2013年1～8月，上海空气质量指数（AQI）污染天数为83天（占全部天数的1/3）；臭氧为首要污染物的天数占其中37.6%，都集中在7月和8月，包括轻度污染17天、中度8天、重度2天。臭氧的强氧化作用不仅能侵蚀人体皮肤和各种脏器，而且还能将其他大气污染物氧化，形成二次污染，如细颗粒物污染。[5]

2. 公众诉求增加且通过自媒体发声

在新型大气环境问题出现的同时，随着生活水平的提高、环境意识的觉醒，公众对大气环境质量提出了更多的诉求或更高的要求。而且，随着微博等网络自媒体平台的普及，每个人都成为新闻的发布者，与大气污染相关的负面消息及由此引发的不满情绪会以比以往快得多的速度传播，给有关部门带来巨大压力。

---

① 张小曳等：《我国雾－霾成因及其治理的思考》，《科学通报》2013年第58卷第13期。

② 李继成：《上海“霾日”已占全年61%》，《东方早报》2013年3月18日。

③ 吴洁瑾等：《今年将推出市民舒适度指数》，《东方早报》2013年1月28日。

④ 《撑起环保市容美丽“半边天”》，《浦东时报》2012年12月20日。

⑤ 马丹、董纯蕾：《夏季臭氧污染可能成常态》，《新民晚报》2013年9月17日。

一个典型案例是，2011～2013 年，华北、华东等地多次出现较严重的雾霾天气，大量网友通过微博表达不满情绪，对有关部门未能取得较理想的大气环境治理效果多加指责，这种现象在北京、上海等全国性中心城市尤为显著。2013 年 3 月中上旬，华北、华东等地又出现了一波较严重的雾霾天气，人民网舆情监测室就当时的网络舆情展开了分析，结果如表 1 所示：在榜单所列 10 个城市中，虽然就 $PM_{2.5}$ 污染度而言，北京仅排到第 8 位，上海更是垫底排到第 10 位。然而，北京和上海雾霾的微博关注度和网友批评度却排在第 1、第 2 位，上海雾霾的微博关注度竟高达排在其后的郑州的 48 倍，而郑州的 $PM_{2.5}$ 污染度明显高于上海。这反映出在上海等全国性中心城市中，公众的环境意识觉醒程度更高、对环境质量的要求更高、传递公众声音的信息平台更发达。在同样的大气污染程度下，社会舆论的反响更为强烈，给有关部门造成的压力更大。

表 1　2013 年 3 月 $PM_{2.5}$ 污染城市舆情排行榜

序号	城市	$PM_{2.5}$ 污染度	微博关注度	网友批评度
1	北　京	126.2	2789889	★★★★★
2	上　海	108.4	716222	★★★★
3	郑　州	147.6	14929	★★★
4	唐　山	143.8	5679	★★
5	天　津	122.6	1813	★★
6	石家庄	159.4	1164	★★
7	济　南	145.6	935	★
8	潍　坊	138	357	★
9	保　定	161.4	316	★
10	邯　郸	133.2	314	★

说明：（1）$PM_{2.5}$ 平均污染度根据网络上 2013 年 3 月 9 日至 12 日各监测 $PM_{2.5}$ 网站的数据综合计算得出；微博关注度为同一时期新浪、搜狐、网易、腾讯微博上关注 $PM_{2.5}$ 污染的帖文条数；（2）本榜单按照微博关注度排名。

资料来源：人民网舆情监测室 2013 年 3 月 15 日发布的“$PM_{2.5}$ 污染城市舆情综合排行榜”。

（三）公众的双重身份：受害者与污染者

公众对大气环境质量表达不满情绪给有关部门带来了较大压力，然而，在很多情况下，公众自身和社会舆论都忽略了公众具有双重身份：既是环境污染的受害者，也是环境的污染者。

以雾霾为例，一方面公众健康受到雾霾的损害，另一方面公众本身也在一定程度上制造雾霾。根据伏晴艳和王茜（2012 年）的研究，[①] 在上海本地排放的细颗粒物中，机动车贡献了 18%，许多市民购买或使用私家车，在一定程度上加剧了雾霾。2012 年，上海市个人民用轿车保有量达到 114.58 万辆，比 2002 年的 10.79 万辆增长 961.91%，十年来年均增长 26.65%。[②] 而且，细颗粒物等交通污染并不是随着汽车数量的增长而等比例增加的，而是要高于后者的增长率。因为，汽车数量增加会带来更多交通拥堵，而堵车时的细颗粒物排放量是不堵车时的数倍。根据《新京报》记者 2013 年 7 月 28 日在北京西二环实测的数据，不堵车时空气中细颗粒物浓度为 0.025～0.030 毫克/立方米，堵车时数据为 0.090～0.100 毫克/立方米。[③]

再以恶臭为例，一部分公众深受恶臭之害，而公众同时在制造着恶臭的源头——垃圾。如 2012 年上海产生城市生活垃圾 716 万吨，平均每天 1.96 万吨[④]，大量垃圾不断产生迫使上海市有关部门建设更多垃圾处置设施，再加上上海土地资源非常有限，有些垃圾处置设施被建在距离居民区较近的地方，此类设施产生的恶臭就会对周边居民生活带来较大影响。

（四）公众应承担参与的责任

正因为公众在大气环境问题上具有受害者和污染者双重身份，他们在主张自己正当环境权益的同时，更应当承担起参与的责任，诸如通过践行低碳出行或绿色出行减少机动车污染，通过践行简单朴素的生活方式来减少垃圾（恶臭的源头之一）产生量。此外，对于各种大气环境问题，公众还应承担理性思考与理性表达意见的责任，不应发表过激言论，更不应采取“集体散步”之类的过激行动来宣泄不满情绪。

---

① 伏晴艳、王茜：《上海灰霾污染与 $PM_{2.5}$ 监测现状》，上海市环境监测中心，2012。

② 上海市统计局：2013 年和 2003 年《上海统计年鉴》，中国统计出版社，2013、2003。

③ 邓琦、温薷：《车辆拥堵路段 $PM_{2.5}$ 超标两倍》，2013 年 7 月 29 日《新京报》。

④ 上海市统计局：《2013 上海统计年鉴》，中国统计出版社，2013。

同时，有关部门也应当为公众履行参与责任完善机制、创造条件，包括更好地保障其知情权、决策权、监督权，使之全过程地参与相关政策的制定和执行，为上海的大气环境治理贡献自己的智慧和力量。

二 上海大气环境治理中的公众参与现状

对于上海大气环境治理中的公众参与评价，本报告将首先对民众个体、企业、社会组织、媒体等的作用展开分主体评价，对政府为这些主体发挥作用所创造的条件加以分析，然后再借用 Rowe 和 Frewer（2000 年）构建的标准体系进行总体评价。

（一）分主体评价

在治理上海大气环境的公众参与中，不同社会主体都发挥了一定积极作用，在一定程度上承担了自己的责任：民众个体既有表达意见的言论，也有践行低碳生活的行动；企业既履行减少大气污染排放的社会责任，也在大气污染防治政策的制定过程中向政府表达诉求，在执行过程中配合政府行动；社会组织向一般民众提供专业支持，引导他们走理性维护权利的道路，并教育他们承担起自身的环境责任；媒体既有监督相关企业和政府部门的责任，也发挥着教育民众的作用。

1. 民众个体：表达意见，践行低碳生活

在上海，民众个体对大气环境治理的参与主要包括表达意见和践行低碳生活方式两部分。

关于上海大气环境治理，普通民众可以从以下几种渠道表达意见：其一，通过上海市人民政府网站、上海市环境保护局网站等提供的端口进行投诉、举报或发表咨询意见。如 2012 年，上海市环保系统总共受理环境污染投诉 20563 件，其中，涉及大气污染 8666 件，油烟气污染 1939 件，分别占总量的 42.1% 和 9.4%。[①] 其二，在有关大气环境治理立法的公众意见征求过程中，

---

① 上海市环境保护局：《2012 年度上海市环境状况公报》，2013。

向市人大、市政府等机构表达意见。如 2013 年，上海市人大常委会法制工作委员会两次就《市十四届人大常委会五年立法规划》向市民征求意见，在微博上有 14.8 万人次评论、转发，其中就包括关于修订《上海市实施〈中华人民共和国大气污染防治法〉办法》的咨询意见。其三，根据环保总局《环境影响评价公众参与暂行办法》《上海市实施〈中华人民共和国环境影响评价法〉办法》等法规要求，在规划和项目环评中参与意见。例如，在上海化工研究院为上海焦化有限公司产品结构调整多联产项目编制环评报告的过程中，就在多个环节反复征求公众意见（如表 2 所示）。[①] 其四，通过微博等自媒体平台表达意见，包括各种诉求和不满情绪。如前文所提，在 2013 年 3 月中上旬的上海雾霾期间，上海网民发表了 716222 条关注细颗粒物污染的帖文。

表 2　上海焦化产品结构调整多联产项目环评过程多环节征求公众意见

序号	工作方式	实施时间
1	第一次信息发布	2013 年 1 月 29 日至 2 月 21 日
2	第二次信息发布	2013 年 3 月 13 ~ 27 日
3	第三次信息发布	2013 年 8 月 7 ~ 20 日
4	当地报纸刊登项目环评信息	2013 年 4 月 26 日闵行报刊登公示，2013 年 8 月 16 日闵行报、2013 年 8 月 12 日徐汇报、2013 年 8 月 13 日浦东时报重新刊登公示
5	基层组织宣传栏张贴信息公告	2013 年 3 月 15 ~ 25 日进行基层组织宣传栏信息公告张贴，2013 年 8 月 14 ~ 16 日对基层组织宣传栏信息公告进行补充张贴
6	书面问卷调查（含团体问卷）	2013 年 3 月 28 日进行了问卷发放，2013 年 8 月 14 ~ 16 日进行了问卷补充发放，并对敏感企事业单位进行了团体问卷发放
7	公众反对意见回访	2013 年 8 月 14 ~ 16 日进行当面回访

资料来源：上海化工研究院：《上海焦化有限公司产品结构调整多联产项目环境影响报告书调整报告》，2013 年 9 月。

上海市民还在政府部门、环保组织或先进企业的组织或引导下，投身于有利于减少大气污染的公益活动，如践行各种低碳生活方式。2013 年 3 月 23

① 上海化工研究院：《上海焦化有限公司产品结构调整多联产项目环境影响报告书调整报告》，2013 年 9 月。

日，在上海市发改委、市委宣传部、市文明办、市教委、市总工会、团市委、市妇联等的共同倡导下，“上海市2013年市民低碳行动”启动，有关部门还开通了“上海市民低碳行动官网”和“上海市民低碳行动”官方新浪微博，作为低碳生活践行者的交流平台。截至2013年6月中旬，上海已经有60余家企业自愿成为首批践行低碳行动的“先行者”，近5万多人知晓、践行低碳行动。[①]“市民低碳行动”在市民家庭、商家、办公楼宇、企事业单位、校园等场合中开展，涵盖了“衣、食、住、行、用”等方面中各种“简单、易行、实践性强”的低碳行为。如2013年9月22日是第7个中国城市无车日，南上海单车俱乐部等当天在上海市奉贤区组织了自行车骑游活动。

2. 企业：履行社会责任，与政府积极互动

在上海大气环境治理中，企业的参与一方面表现为履行社会责任，包括切实遵守大气污染防治法规，采取有效措施减少大气污染排放；另一方面表现为积极与政府互动，既包括在相关政策制定环节向政府表达诉求，也包括配合政府采取治理大气环境的行动。

上海的企业在履行社会责任方面居于全国前列，如图3所示，在《财富》杂志评出的2013中国企业社会责任排行榜本土企业50强中，上海企业占到16%，仅次于北京（北京占比之大有其特殊原因，作为首都，众多大型企业将总部设在那里）。[②]上海的宝钢集团、上海石化等大型企业都采取积极主动的措施减少大气污染物排放。如宝钢集团利用钢铁低温余热向上海市宝山、闸北、普陀等区的20多家宾馆、学校、浴场等单位供应热水，平均每天达到1000多吨。以这种方式供应生活热水，可以每年节约锅炉燃煤2800多吨，减少二氧化碳排放7800多吨，并减少二氧化硫、细颗粒物等其他因燃煤而产生的大气污染物。[③]上海石化也配合市环保局持续开展大气污染源核查工作，对公司范围内的二氧化硫、氮氧化物、烟尘等常规污染因子和企业特征污染因子进行重点排查，为下一步治理工作提供依据。同时，在2012年开展了燃煤电

---

① 上海市发改委官网、上海市民低碳行动官网。

② 《2013中国企业社会责任100强排行榜》，《财富》2013年3月。

③ 《宝钢集团2012年度社会责任报告》。

站锅炉烟气脱硫、污水处理装置恶臭气体治理、火炬气回收系统等大气治理项目。①

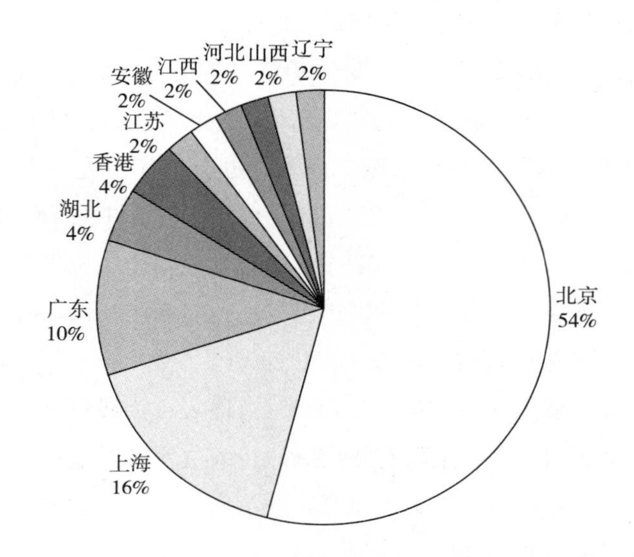

图3　2013中国企业社会责任排行榜本土企业50强区域分布

数据来源：《2013中国企业社会责任100强排行榜》，《财富》2013年3月。

相对于民众个体，企业——尤其是大型企业——与政府互动的机会或渠道更多；在上海大气环境治理中，它们既在相关政策制定阶段向政府表达自己的诉求，也积极配合政府推行此类政策。以上海碳交易试点为例，在研究起草《上海市人民政府关于本市开展碳排放交易试点工作的实施意见》（2012年）、《上海市碳排放交易管理办法》（2013年）以及配额分配、交易、碳排放报告、核查、交易体系监管等具体规则过程中，上海市发改委等负责部门注意认真倾听企业意见，企业也积极配合负责部门做好历史碳排放盘查等前期准备工作，为上海碳交易试点的顺利启动作出自己的贡献。

3. 社会组织：为民众提供专业支持，促进理性参与和培育责任意识

民众在环境技术、法律知识、谈判技巧等方面都缺乏专业知识或专业技

① 《上海石化2012年度社会责任报告》。

能，而许多社会组织（尤其是专业的环保组织）能够在这些方面提供支持以弥补其不足。除了在前述专业知识或专业技能方面处于弱势，民众在经济实力、社会关系等方面也无法与企业抗衡，当他们受到企业污染的侵害，常规、理性的维护权利方式在很多时候对他们而言行不通。在这种情况下，他们中的不少人就容易失去冷静心态，而选择采取过激行动来维护权利。而各种社会组织就能在以上几方面帮助民众以常规、理性的方式来维护权利，引导他们拒绝过激言行。此外，不少社会组织还能起到教育作用，引导各种社会主体承担应尽的环境责任，而不是一味地、片面地主张权利。

社会组织为民众提供技术、法律等专业支持，并引导民众理性参与、理性维护环境权利在上海已经有成功案例。上海曾经有一家皮革厂产生恶臭污染，使周边居民难以忍受。然而，由于在专业知识（技能）和社会关系网络上居民都处于劣势地位，通过与工厂交涉、向有关部门反映、诉诸法律手段等常规方式都无法使问题得到解决。在这种情况下，部分居民在忍无可忍之下计划采取过激行动来主张权利。这时，有多个环保组织介入，他们首先展开细致的现场调查，为进一步的交涉行动提供足够的技术依据。然后，借助美国环保组织的力量向接受这家工厂供货的一家美国知名企业施压，再由该美国企业向该上海工厂施压，最终迫使其正面回应居民诉求，并开始采取一些积极措施。虽然该事件未能借助当地有关行政部门和司法机关的力量加以解决，不能不说是一种遗憾。然而，中国的环保组织采取借助外国环保组织跨国施力的方式，至少成功地劝说居民放弃过激行动，引导民众走上一条正常的、理性的维护权利轨道。在这一事件中，环保组织至少体现了两方面优势：其一，环境技术优势。环保组织对恶臭污染及其来源进行专业评估，使居民主张或维护自己的权利有理有据。其二，社会关系优势。之所以居民向有关部门反映、诉诸法律手段都无法解决问题，是因为该皮革厂的社会关系网络发挥了一定作用。而当环保组织动用了另外一个社会关系网络，让美国环保组织对接受该工厂供货的美国企业施压，则有效克服了居民在社会关系网络上的劣势。

此外，在上海，世界自然基金会、地球之友等国际环保组织，公众环境研究中心、自然之友、中华环境保护基金会等全国性环保组织，以及上海绿洲生态保护交流中心、上海大学生环保社团联盟等本土环保组织都比较活跃，积极通过组织各类公益项目来引导社会主体承担他们的环境责任。如世界自然基金会就组织了低碳城市发展项目、低碳工商业项目、企业低碳领导力项目等有助于减少大气污染的公益项目，吸引企业和民众等主体参加。近年来，该基金会在上海开展的有利于减少大气污染的公益活动主要有：启动国内首个低碳教育综合活动基地——上海科学节能展示馆，和华东师范大学共同发起成立低碳教育推进专家委员会，2012 年发布了上海低碳行动地图（建筑篇）。

4. 媒体：监督和教育作用

在大气环境治理中，媒体既有帮助民众监督企业是否切实遵守环境法规和有关部门是否较好履行职责的作用，也有通过广泛宣传，教育民众承担自身环境责任的作用。

媒体监督既要敢于曝光大气环境方面的负面事件，又要过滤掉民众中出现的过激言论，将围绕此类事件的讨论引向理性分析。2013 年 1 ~4 月，上海媒体组织了多篇关于雾霾的报道。2013 年 8 月 31 日宝山区液氨泄漏事故发生后，上海媒体也在第一时间予以报道，这些都反映出上海媒体较好地履行了舆论监督的职责。而且，上海媒体还注意将大气环境热点问题的讨论引向深度分析和理性思考。如东方网、《文汇报》、《上海证券报》、《东方早报》、《新闻晨报》、《新闻晚报》等上海知名媒体以及人民网、新华网等全国性媒体在沪机构于 2013 年 1 ~4 月组织了多篇关于雾霾成因和治理对策的深度报道，包括“上海政协委员建议从查、报、防、治四方面治霾”“工业和汽车尾气排放是雾霾主因”“雾霾肆虐激化油品质量争议”“关厂不是解决雾霾的唯一途径”“人大代表建议发放一次性雾霾补贴”等。

上海媒体教育公众承担环境责任的作用主要体现在借各种主题日活动和大型主题实践活动的契机开展宣传攻势，灌输环保理念。如东方网、上海新闻综合频道等媒体报道了上海连续第五年参加地球一小时活动（2013 年 3 月 23 日）；在首个全国低碳日（2013 年 6 月 17 日），东方网、东方卫视等媒体密集报道了全市以“城市生活，乐享低碳”为主题开展的各种宣传和实践活动，包括推介商务楼宇能耗监测平台，鼓励私人购买电动汽车；2013 年 9 月 22 日又逢“世界无车日”，上海各知名媒体借此机会大力宣传“绿色交通·清新空气”的主题和“享公交，享健康；爱步行，爱上海”的口号以劝勉上海市民，要减少雾霾等严重大气污染，不能仅仅指责企业、指责他人或向政府施加压力，自己也要担当起减少污染的责任，如选择低污染的出行方式。

（二）政府：积极为公众参与创造条件

上海市有关部门通过公开信息、开放投诉举报通道、实行环评公众参与制度、在立法阶段征求公众意见等举措，保障了公众在上海大气环境治理中的知情权、决策权、监督权，为其更好地参与本市大气环境治理创造了较好条件。

1. 公开信息：让民众及时知晓大气环境重要信息和重要事件

上海市人民政府及其有关部门从制度到实践都努力做好大气环境信息公开工作，以保障民众及时了解有关大气环境的重要信息和重要事件，以作为其积极参与大气环境治理事业的基础。

上海的相关法规对大气环境信息公开作出了具体规定。根据《上海市实施〈中华人民共和国大气污染防治法〉办法》（2007 修订）规定，“市环保部门应当定期发布本市大气环境质量状况公报，并发布大气环境质量日报和预报”；“在本市大气受到严重污染，危害人体健康和安全的紧急情况下，市或者区、县人民政府应当及时向当地居民公告，采取强制性应急措施，包括……疏散受到或者可能受到污染危害的人员”。《上海市环境保护条例》（2005 年修订）也规定，“各级人民政府应当采取有效措施，保障市民的环境信息知情权……市环保局应当每年发布本市年度环境状况公报”；“对于违反环境保护法律、法规、规章的排污单位，环保部门可以公布违法排污单位名单”；“发生环境污染事故时……可能危及市民生命健康和财产安全的，（有关单位）应当立即通知周边单位和居民”。

根据这些法规规定，上海市环保局从 1990 年开始每年公布《环境状况公报》，发布的大气环境信息包括环境空气质量指数、大气中二氧化硫浓度、二氧化氮浓度、可吸入颗粒物浓度、一氧化碳浓度、降水 pH 值、酸雨频率、单位面积降尘量等。根据新的国家环境空气质量标准的要求，从《2012 年度上海市环境状况公报》（2013 年发布）开始公布细颗粒物浓度和臭氧浓度数据。

上海市环保部门通过多个渠道公布空气质量实时和预报信息。2012 年 3 月，市环保局在新浪、腾讯、新民、东方四大网站同时开通了“上海环境”

微博。截至当年底，“上海环境”微博在四大网站上共有粉丝18余万，共发布微博2400余条。2012年12月1日，上海市发布空气质量指数（AQI），除发布指数数值和实时浓度数据，还引入空气宝宝和外滩实时照片，通过空气宝宝的颜色、表情和外滩实时照片，民众可大致判断实时空气质量。此外，为最大限度地发挥最新信息传播工具的作用，有关部门同步推出了“上海空气质量”手机软件（App，包括苹果版和安卓版两个版本）。目前，上海市环保部门同时在四大网站的“上海环境”微博、手机软件（App）和上海市环保局、上海环境热线、上海市环境监测中心等网站上发布空气质量实时和预报信息。

对于重大大气污染事故，上海市有关部门在第一时间向社会通报情况。如2013年8月31日上午11时许，宝山区发生液氨泄漏事故，上海市政府新闻办公室官方微博“上海发布”在当天下午2点半左右就发布了消息，并在其后对网民进行“点对点”澄清，回复网友留言达200条。

2. 开放投诉举报通道：方便民众表达意见建议

《上海市环境保护条例》（2005年修订）规定：“环保部门应当建立检举、控告制度，公布投诉电话。对属于环保部门职责范围的检举和控告，应当依法处理；对属于其他管理部门职责范围的检举和控告，应当按照规定转送相关管理部门处理，并告知当事人”。根据该项规定，上海市环保部门开放了多条投诉、举报通道，为民众寻求帮助、表达意见、提出建议提供了便利。上海市环保局在其网站上开设了“网上投诉”“网上举报”“领导之窗”“网上咨询”等栏目；上海环境热线网站公布了上海市环保投诉热线（12369）以及上海市环保局和各区县环保局的监督电话、电子信箱。民众还可以通过上海市政府官方网站的“市委领导信箱”“市长之窗”“市委、市政府网上信访受理（投诉）中心”等窗口进行投诉、举报等。如，有市民在2012年10月8日向“市长之窗”反映松江大学城居民被垃圾臭味熏扰，投诉件被批转松江区绿化和市容管理局，10月16日就得到了其回复。

3. 在环境影响评价过程中实行公众参与制度

在环境影响评价过程中引入公众参与方面，根据《环境影响评价法》（2002年）和《环境影响评价公众参与暂行办法》（2006年）等国家层面相关法规，上海市人大和上海市环保局等完善了上海层面的相关规定并切实执行。

《上海市实施〈中华人民共和国环境影响评价法〉办法》（2004 年）规定，“除国家规定需要保密的情形外，建设单位应当在报批建设项目环境影响报告书前，举行论证会、听证会，或者采取社会调查、在媒体上公开征集意见等方式，征求有关单位、专家和公众的意见”；“建设单位报批的建设项目环境影响报告书，应当附具对有关单位、专家和公众的意见采纳或者不采纳的说明；未附具的，环保部门不予受理”；环保部门作出的批准建设项目环境影响评价文件的决定，应当在政府网站上公布，在环保部门办公地点设立的公众查阅室供公众查阅，并采取其他方式方便公众查阅。上海市环保局《关于开展环境影响评价公众参与活动的指导意见》（2013 年）更是对书面问卷发放数量，有效问卷回收比例，敏感目标覆盖率，座谈会、论证会、听证会的参加人数和敏感目标占比，以及环境影响报告书中公众参与篇章的撰写格式等细节问题作了详尽规定。在上海市环保局网站和上海环境热线网站上，都有环境影响报告书的公示窗口，可以供公众查阅相关信息。

4. 在立法阶段征求公众意见

上海市人大和上海市环保局等注意在立法阶段征求公众意见，汲取公众智慧，从源头上保证大气环境相关法规和政策的质量，使之能更好地服务于人民，满足人民对大气环境改善的要求。如上海市环保局 2013 年 7 月 4 日在其网站上公布了《生活垃圾焚烧大气污染物排放标准》和《危险废物焚烧大气污染物排放标准》的征求意见稿，并公布该局科技标准处和同济大学环境学院（标准编制单位）的详细联系方式，邀请公众提出修改意见。

（三）总体评价

本报告借用 Rowe 和 Frewer（2000 年）建立的标准体系对上海大气环境治理中的公众参与绩效进行了总体评价，发现其在“早期介入”和“透明度”方面做得较好；在“代表性”和“独立性”方面有相关法规加以规定，形式上符合要求；而在“影响力”“资源可得性”和“责任意识”等方面都还有待改进。

1. 评价标准的选取

对于上海大气环境治理中公众参与现状的总体评价，本报告借用了 Rowe

和 Frewer（2000 年）[①] 建立的标准体系，并根据本报告的需要加以增删，形成了以下标准体系。

代表性标准：公众参与者应当是从受到相关政策或项目影响的群体中选取的具有广泛代表性的样本。

独立性标准：参与程序的组织者和参加者（公众代表）都应当独立于制定政策或实施项目的部门。比如说，可以任命一个中立的组织委员会，其成员来自多样化机构或中立组织，如学术界人士。

早期介入标准：应当在制定相关政策或相关项目计划过程中尽可能早地引入公众参与，以避免当公众介入时，要改变某些错误决定或消除其不良后果为时已晚（即要付出很大的代价才能做到这一点）。例如，当公众需要从几个建设高污染设施的备选地点中作出选择时，公众的参与就过晚了；他们失去了就是否需要建设此类设施作出判断的机会。

影响力标准：公众意见要对政策或项目计划的决定产生切实影响。

透明度标准：参与程序应当是透明的，从而让公众清楚了解事件的进展以及决策的制定过程。

资源可得性标准：公众参与者应当获取必要的资源以支持其成功了解信息、表达意见。必要的资源包括：①信息资源（与所制定政策或项目计划相关的关键信息，如污染物种类、性质、排放量、危害等）；②人力资源（例如，能够得到科学研究者或专业分析师的帮助）；③物质资源（如召开会议所需要的设备、材料）；④时间资源（参与者应当有充足的时间作出决定）。

责任意识标准：这一标准是本报告特意加上的，公众尤其是民众个体不能只知道主张环境权利，更需要承担起自己的环境责任，与政府有关部门共同努力，才能取得较好的大气环境治理绩效。

接下来，本报告将借用上述标准体系对上海大气环境治理中公众参与的现状展开总体评价。

---

① Gene Rowe，Lynn J. Frewer. "Public Participation Methods：A Framework for Evaluation". *Science，Technology，& Human Values*. 2000. 25（1）.

2. 总体评价的结果及其分析

本报告以2012年12月至2013年9月在上海市环保局网站上公示的四份环境影响报告为案例展开分析，并结合前文所述信息，以上述标准体系对上海大气环境治理中公众参与的现状加以总体评价。

就“代表性”和“独立性”而言，上海市环保局《关于开展环境影响评价公众参与活动的指导意见》（2013年）等对书面问卷发放数量、有效问卷回收比例、敏感目标覆盖率，座谈会、论证会、听证会的参加人数和敏感目标占比，以及环境影响报告书中关于公众参与篇章的撰写格式等细节问题作了详尽规定；《环境影响评价法》（2002年）和《上海市实施〈中华人民共和国环境影响评价法〉办法》（2004年）都要求聘请独立的环评机构（独立于委托方、独立于环保部门）来编制环评报告，如前者规定，“为建设项目环境影响评价提供技术服务的机构，不得与负责审批建设项目环境影响评价文件的环境保护行政主管部门或者其他有关审批部门存在任何利益关系”。本报告分析的四份环评报告都较好地执行了这些规定，在形式上保证了公众参与的代表性和独立性。然而，目前还难以从制度上保障其实质上的代表性和独立性。例如，环评编制机构在选取调查问卷发放对象或座谈会、论证会、听证会参加代表时，是随机抽取还是有意识地选取立场倾向于拟建项目的人士？又如，虽然环评编制机构独立于项目建设单位，但是在前者受雇于后者的情况下，是否有强有力的机制保证环评编制机构客观公正地提供信息、作出判断？

就“早期介入”和“透明度”而言，上海市环保局《关于开展环境影响评价公众参与活动的指导意见》（2013年）规定，项目建设单位在确定环评编制机构7个工作日内，就要会同环评机构在上海环境热线网站上进行第一次信息发布，披露建设项目概要（名称、地点、所属行业、项目内容）、建设单位概要和环评机构概要（包括联系方式）等信息；环评报告基本完成后，建设单位要会同环评机构在上海环境热线网站上进行第二次信息发布，披露建设项目所采取工艺、排放污染物情况和污染防治措施等关键信息，同时要在项目环境影响评价范围所涉及区县的报纸等公共媒体上发布信息公告，披露项目概况、环评初步结论等信息，并提供向建设单位、环评机构反馈意见的途径，有重大环境影响的还要在评价范围内各种敏感目标处以张贴布告的形式发布信息公告，并在张贴布告处提供环评文件第二次公示文本。加上环保部门在上海市环保局网站、上海环境热线网站上公示最终的环评报告文本，一个项目的环评过程至少要有三次向公众披露相关信息。从本报告分析的四份环评报告来看，各项目建设单位和环评机构都较好地执行了上述规定，使公众得以较早了解相关信息（项目建设单位确定环评机构7个工作日内）并经由一定渠道发表意见，而且能在环评全过程中了解项目关键环境信息（三次网上公示，周边居民还可从报纸、宣传栏、问卷调查等渠道了解信息），由此较好地满足了“早期介入”和“透明度”标准。

就“影响力”而言，国家环保总局《环境影响评价公众参与暂行办法》（2006年）（以下简称《暂行办法》）和《上海市实施〈中华人民共和国环境影响评价法〉办法》（2004年）只是规定，建设项目环评报告必须包含公众参与篇章，附具对有关单位、专家和公众的意见采纳或者不采纳的说明，否则环保部门不予受理。《暂行办法》虽也规定如公众意见未被采纳且未附具说明的，或者对公众意见未采纳的理由说明不成立的，公众可以向环保部门书面反映意见，但是对于在何种情况下，环保部门将根据公众的意见否决项目，并没有相关法规规定，公众意见对最终结果的影响力仍然较弱。有些项目建成后造成严重污染，引起周边居民的强烈抗议甚至过激行动，在一定程度上是由于未能在环评阶段就根据公众的合理意见进行决策。当负面后果已经形成，消除影响的代价就变得极为高昂，于是，一边是有关部门的迁延，一边是民众愤怒情绪的累积。

就“资源可得性”而言，虽然项目建设单位和环评编制机构在环评报告中向民众提供了大量信息，但其中相当一部分是专业信息，民众需要在专业人士的指导或辅助下方能解读并作出正确判断。然而，目前项目建设单位、环评编制机构和相关政府部门都未能向民众提供此类专业技术支持。一些社会组织有能力在技术、法律等方面向民众提供专业支持，但它们的作用目前未能得到较好发挥。在物质资源方面，向公众征求意见的项目建设单位、环评编制机构或有关政府部门会提供必要的物质资料用于问卷调查或召开会议。在时间资源方面，环评材料公示和立法征求意见都会为民众留出足够时间研读材料、提出意见（环评公示会留出10个工作日时间，立法征求意见则会留出两个月左右时间）。不过，由于民众难以解读专业信息，又较少获得专业人士提供的技术支持，总体而言，上海大气环境治理中，公众参与的资源可得性较差。

就“责任意识”而言，在民众一方，他们对于上海大气环境质量改善的诉求较多，而往往忽略了自己对改善上海大气环境质量应尽的责任。例如，当前民众多通过微博等自媒体平台表达意见，对于雾霾等大气环境热点问题，他们多数时候倾向于指责政府、指责企业、指责他人，而较少提及自己对于减少细颗粒物污染或雾霾污染该做些什么（比如多选择公共交通、少使用小汽车等）。

作为小结，本报告将上海大气环境治理中公众参与在若干指标上的绩效汇总如下，如表 3 所示。

表 3　上海大气环境治理中的公众参与绩效

指标	绩效
代表性	有法规加以规定，形式上达标
独立性	有法规加以规定，形式上达标
早期介入	较好
影响力	较差
透明度	较好
资源可得性	较差
责任意识	较差

三　完善上海大气环境治理中公众参与机制的建议

针对上海大气环境治理中公众参与的“代表性”和“独立性”在形式上符合要求、在实质上缺乏保障，以及“影响力”、“资源可得性”、“责任意识”等方面表现欠佳等问题，本报告提出以下若干改进建议：通过细化相关规则来更好地保障公众参与的代表性、独立性和影响力；善用社会组织的力量来为公众参与提供必要的资源；在宣传之外，要更多借助政策来引导或激励民众承担责任。

（一）细化规则以保障公众参与的代表性、独立性和影响力

为了使上海大气环境治理中公众参与的代表性和独立性不仅在形式上符合

要求，而且在实质上得到保障，以及让公众意见对最终决策结果有适当的影响力，建议修改《上海市实施〈中华人民共和国环境影响评价法〉办法》、上海市环保局《关于开展环境影响评价公众参与活动的指导意见》以及国家层面《环境影响评价法》等法规，对此作出更细致的规定。对于相关问卷调查、座谈会、论证会、听证会中的公众代表性和独立性问题，建议修改上海市环保局《关于开展环境影响评价公众参与活动的指导意见》等法规，就公众代表的遴选办法作出详细规定，以避免项目建设单位或环评编制机构等根据自己的利益选择公众参与者。对于公众参与程序组织者的独立性问题，建议修改《环境影响评价法》等法规，对环评编制机构出具不实信息或隐瞒关键信息等行为加重惩处力度，以保证其作为独立第三方能切实做到客观公正，不会轻易被项目建设单位等的利益所左右。对于公众意见的影响力问题，建议修改《环境影响评价法》和《上海市实施〈中华人民共和国环境影响评价法〉办法》等法规，就何种情况下环保部门应根据公众意见否决规划或项目作出具体规定。

（二）培育社会组织为公众参与提供必要资源

在上海大气环境治理的公众参与中，社会组织可以在技术、法律、资金、社会关系等方面向民众提供支持，以帮助他们更有效地获取信息、表达意见、维护权利。而且，当民众可以通过正常、理性的途径来实现自己的环境权利时，选择以过激或非理性方式来维护权利的人就会越来越少。因此，建议上海市有关部门善于利用社会组织的作用来向有意参与上海大气环境治理的民众提供必要资源。建议上海市环保局设立或指定专门处室，各区县环保局设立或指定专门科室，负责与环保组织合作事宜。除了与比较成熟的世界自然基金会、公众环境研究中心、自然之友、上海绿洲生态保护交流中心等国际性、全国性和本土环保组织合作，还建议上海市有关部门利用现有的社会组织孵化基地（至2013年9月29日已经有17家）定期（如3年或5年）培育一批中小型本土环保组织，使之在区县或街镇层面成为政府推进环保事业的得力助手。在围绕恶臭等较严重大气污染问题的社会冲突中，这些环保组织能够以专业而客观的视角分析问题，发布研究结果，提出解决方案。一方面，可以弥补政府自身人力资源的不足（环保部门可尝试以购买有偿服务的形式将一些非核心环保事务交由环保组织办理，此举既减轻政府人力负担，又提供了环保组织成长所需要的资源，还给环保组织提供了锻炼机会，可谓一举三得）；同时，又可以指导民众理性参与，理性主张权利，践行环保行动，承担环境责任。当然，有关部门也要注意将环保组织（社会组织）参与纳入可控、良性的轨道，可行的方法是以在党领导下、根据《宪法》和《居委会组织法》等运行的社区组织作为基本载体，授权或允许其在某些（大气）环境问题上为居民代言，成为居民和政府、企业之间的沟通桥梁；其他社会组织的参与也需要有社区组织同时介入，以社区组织的力量和知识引导后者更好地与现有体制磨合，采用和现有体制兼容的方式发挥作用、解决问题。

（三）更多利用政策激励民众承担环境责任

为了增强民众为大气环境治理承担责任的意识，有关部门、社会组织和媒体利用各种主题日活动和大型主题实践活动展开大力宣传。但结果表明，光有宣传是不够的，上海市有关部门还需要出台相应的政策，来更有效地激励民众承担责任。近中期能够施行的相关政策主要有以下三方面：其一，通过增加私家车使用成本、提高公交便利性、适度降低公交票价来引导民众减少汽车尾气污染（如细颗粒物污染）。2013 年 9 月 22 日“世界无车日”之际，上海市有关部门组织了公交卡抽奖活动，在以政策引导民众承担责任方面迈出了良好的一步。就增加私家车使用成本而言，可选择的政策工具包括征收中心城区拥堵费、提高中心城区停车费等。就提高公交便利性而言，上海市政府正在努力建设更多轨道交通线及其与地面交通的接驳点，方便居民公交出行，尤其有利于减少市区—郊区或郊区—郊区之间交通对私家车的依赖。就降低公交票价而言，建议发售在上海全公交系统范围内（不仅限于轨交系统）通行的、价格更为便宜的公交月票、季票、年票等；可以将上海划分为若干区域（如中心城区、北部郊区、南部郊区、东部郊区、西部郊区），发售区域和跨区两种月票、季票、年票。其二，为民众使用清洁能源提供更多补贴，并在安装申请、电网接入、电价支付等方面提供便利。煤炭等传统能源的燃烧是当前雾霾等大气污染的主要来源之一，让民众更多使用清洁能源是减少此类污染的有效措施之一。2013 年，国家层面出台了支持用户侧应用、完善电价和补贴政策、改进补贴资金管理、加大财税政策支持力度、豁免分布式系统发电业务许可等一系列鼓励民众使用清洁能源的政策，如国家电网2013年2月发布的《关于做好分布式电源并网服务工作的意见》，国务院2013年7月出台的《关于促进光伏产业健康发展的若干意见》等。如上海市有关部门能促使此类政策落到实处，并辅之以本市层面的配套补贴政策，就能较好推动民众减少化石能源电力的使用量，并缓解由此衍生的大气污染。其三，建议适时推出居民垃圾收费制度，促使居民减少垃圾排放量，从而使本市避免建设更多垃圾处置设施，以减少此类设施对周边居民区带来的污染。

参考文献

Gene Rowe, Lynn J. Frewer. "Public Participation Methods: A Framework for Evaluation". *Science, Technology, & Human Values*. 2000. 25 (1).

张小曳等：《我国雾-霾成因及其治理的思考》，《科学通报》2013年第58卷第13期。

伏晴艳、王茜：《上海灰霾污染与$PM_{2.5}$监测现状》，上海市环境监测中心，2012。

上海化工研究院：《上海焦化有限公司产品结构调整多联产项目环境影响报告书调整报告》，2013年9月。

《2013中国企业社会责任100强排行榜》，《财富》2013年3月。

《宝钢集团2012年度社会责任报告》。

《上海石化2012年度社会责任报告》。

上海市统计局：2013年和2003年《上海统计年鉴》，中国统计出版社，2013、2003。

历年《上海市环境状况公报》。

B.8

水环境保护的公众参与

陈 宁*

摘 要：

积极参与水环境保护，既是社会公众肩负的不可推卸的责任与义务，又是以低成本推进水环境保护工作的有效手段。现阶段社会公众参与水环境保护已经非常迫切，是大势所趋。水环境保护社会公众参与主要表现为：主动获取政府及企业公开的水环境相关信息，参与政府水环境决策制定过程，履行水环境保护的法定义务及参与各种形式的水环境保护行动。上海水环境保护社会参与还存在以下不足：水环境信息公开数据不够翔实，时间节点相对滞后，实时监测数据公开的力度及时效较弱；环境影响评价中，对公众意见不够重视，反馈不足，公众意见未能得到制度内的充分表达；在水环境决策层面，公众意见对政府水环境决策尚未形成约束力。鉴于此，上海应着手研究发布水源地水质指数，推进污染源实时监测数据公开；完善环境影响评价机制设计，有效组织征求公众意见过程，充分重视公众意见的表达和反馈，使公众意见具备限制项目实施的效力；优化听证程序，将听证会作为一种做出最终环境行政决策前的征求意见的形式，听证代表由社会“推选”，使环境决策更好地体现公众意见。

关键词：

社会参与 水环境保护 水源地保护 公众意见 上海

* 陈宁，博士。

一　上海水环境保护的现状与趋势

城市水环境不仅提供了居民赖以生存的水资源，而且维系和影响着整个城市生态系统的物质和能量循环。然而，在城市发展过程中，由于人类活动的结果，许多河道被污染、被废弃、被填埋，城市水体的素质、分配、功能和生态系统都不同程度地发生了变化。特别是由于近代工业的发展，人口的过度集中，城市水环境普遍遭受污染，致使城市河网的生态系统服务功能日趋减弱，已成为当前突出的城市环境问题。① 未来随着上海水环境保护的艰巨性和复杂性进一步凸显，推动全社会参与水环境保护将是大势所趋。

（一）水环境的内涵界定

水环境的概念有狭义和广义两种理解，狭义的“水环境”指的是水质，它标志着水体的物理（如色度、浊度、臭味等）、化学（无机物和有机物的含量）和生物（细菌、微生物、浮游生物、底栖生物）的特性及其组成的状况。为评价水体质量的状况，国家规定了一系列水质参数和水质标准。②

广义的水环境有多种释义，《中国水利百科全书》这样定义水环境：“通常指江、河、湖、海、地下水等自然环境，以及水库、运河、渠系等人工环境”。可见这一定义既包括自然状态下的水资源条件，如水资源量、水资源时空分布及其特征、水质状况等，又包括采用各种人工手段对水体进行控制、调节、治导、开发、利用、管理和保护的设施。《中华人民共和国国家标准GB/T50095－98》将水环境定义为“围绕人群空间及可直接或间接影响人类生活和发展的水体，其正常功能的各种自然因素和有关的社会因素的总体”。因此，本文研究的水环境主要包括城市赖以生存的水体环境，水资源供给程度，水体质量等内容。

---

① 张志方：《论城市水环境的综合治理》，《黑龙江水利科技》2010 年第 1 期。

② 陈大友：《昭通市水功能区水质现状及变化趋势分析》，《水资源研究》2012 年第 9 期。

（二）上海水环境的现状

根据上文对于水环境的界定，本部分内容主要包括上海水资源状况、水环境质量状况、水源地保护状况等。

1. 上海水资源状况

上海市河、湖、沟、塘等地表水体纵横，中小河道众多，构成密集的河、湖网状结构。根据2013年上海市统计局、上海市水务局共同发布的《上海市第一次水利普查暨第二次水资源普查公报》数据显示，上海市共有河流26603条，总长度25348.48千米，总面积527.84平方千米。其中镇（乡）级、村级管辖的河道长度占全市河道的87.18%，河道面积占全市的66.85%。郊区村镇级河道是水利分片系统内一至三级骨干河道的附属河道，起到了毛细血管的作用，河道的畅通和水质直接影响两岸居民的生活。除河道外，全市共有湖泊（含人工水体）692个，总面积91.36平方千米。

表1　不同管理级别河道汇总表

级别	数量(条)	长度(千米)	面积(平方千米)
市管	31	856.34	93.8
区(县)管	272	2392.74	81.16
镇(乡)管	2092	5577.2	91.88
村级	24208	16522.2	261
合　计	26603	25348.48	527.84

资料来源：上海市统计局、上海市水务局，《上海市第一次水利普查暨第二次水资源普查公报》，2013。

上海的水资源由本地水资源和过境水资源两部分组成。本地水资源量由地表径流量和地下水开采控制量加总而得；过境水资源则包括太湖流域来水和长江干流来水。上海水资源总量中，长江干流来水占绝大部分，达97.85%。而本市地表水径流量仅占水资源总量的0.22%，可采地下水控制量更是微乎其微。

表 2　上海水资源数量及类别

单位：亿立方米，%

水资源种类	细分类别	水资源数量	占比
本地水资源	地表水径流量	16.2	0.22
	地下水可开采量	0.18	0.00
过境水资源	长江干流来水	7127	97.85
	太湖来水	140.3	1.93
水资源总量		7283.68	100

资料来源：上海市统计局、上海市水务局，《上海市第一次水利普查暨第二次水资源普查公报》，2013。

上海地处长江流域和太湖流域的下游河口，海、江、河、湖各种水体兼有，水资源数量受到气候、降雨、潮汐及人类活动影响，时空分布很不均衡。在时间分布上，上海水资源量总体呈明显的自然特性，一般有丰、平、枯年的变化（详见图 1）。

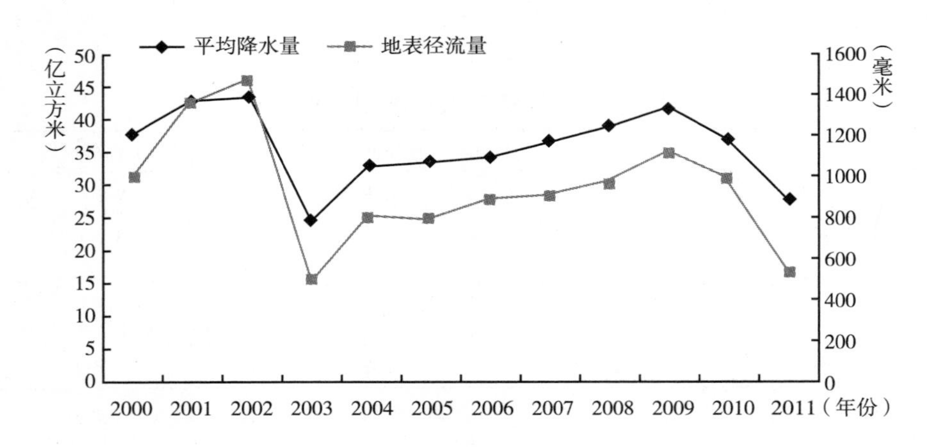

图 1　2000～2011 年上海地表径流量和平均降水量

资料来源：上海市水务局，2000～2011 年《上海水资源公报》。

上海降雨量的年际变化较大，受其影响，上海地表径流量的年际变化也较大。2000 年以来，雨量最丰沛的年份为 2002 年，年降雨量达到 1388.2 毫米，同年地表径流量为 46.28 亿立方米；雨量最稀少的年份是 2003 年，年降雨量只有 776.1 毫米，同年地表径流量 15.12 亿立方米。这两年间上海地表径流量的差异巨大，2003年是2002年的3倍多。水资源总量的剧烈波动为城市水环境保护及城市防洪防汛工作带来挑战。

2. 上海水质状况

据上海水资源公报显示，2011年上海市城镇污水产生总量为22.79亿立方米，其中工业废水量为6.80亿立方米，生活污水量为15.99亿立方米。折合日均城镇污水量为624.44万立方米，其中中心城区427.80万立方米/日，郊区196.64万立方米/日（见图2）。

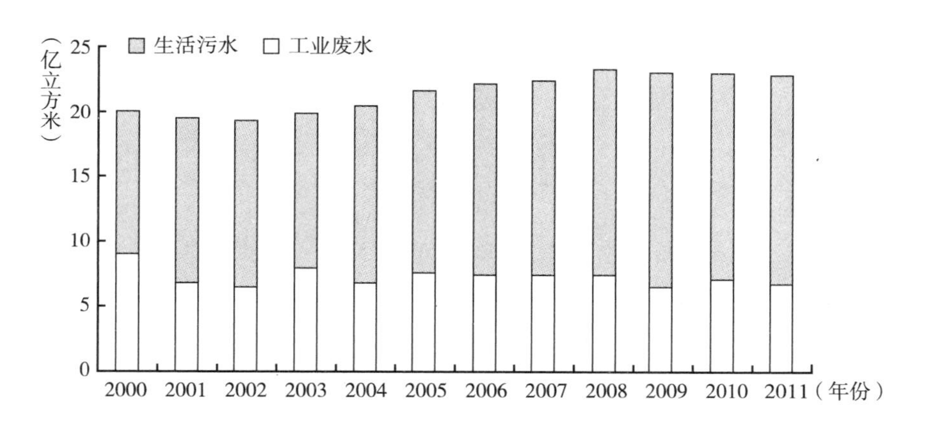

图2　2000~2011年上海生活污水及工业废水排放量

资料来源：上海市水务局，2000~2011年《上海水资源公报》。

到2011年底，上海市共有城镇污水处理厂53座，总污水处理能力为694.05万立方米/日。2011年全市城镇污水处理厂污水处理量为529.10万立方米/日，全市城镇污水处理率为84.7%。其中中心城区污水处理率已达到90.8%，郊区城镇污水处理率为71.1%。

上海水域水质既受到上游来水水质的影响，又有本地污染源排放的污染；既有人类活动带来的不良后果，又有降水、河势、潮流等自然因素造成的危害，形势非常复杂。近几年来，上海持续不断进行水环境建设，以苏州河、杨树浦、龙华港等中心城区骨干河道整治为重点，上海骨干河道水质开始好转。《上海水资源公报》数据显示，2011年上海市719.8千米骨干河道评价中，优于Ⅲ类（含Ⅲ类）水河长占29.4%、Ⅳ类水河长占31.8%、Ⅴ类水河长占

图3　上海污水处理厂分布图

资料来源：上海市水务局，2000～2011年《上海水资源公报》。

6.9%、劣V类水河长占31.9%。相比2007年，III类水质的河道比重提升了近17个百分点，而劣V类水质河道的比重则下降了20个百分点，V类水质河道也下降了6个百分点。详见图4。

尽管上海骨干河道的水质有了显著提升，但上海总体水环境质量仍不容乐观。《上海市第一次水利普查暨第二次水资源普查公报》数据显示，根据《地表

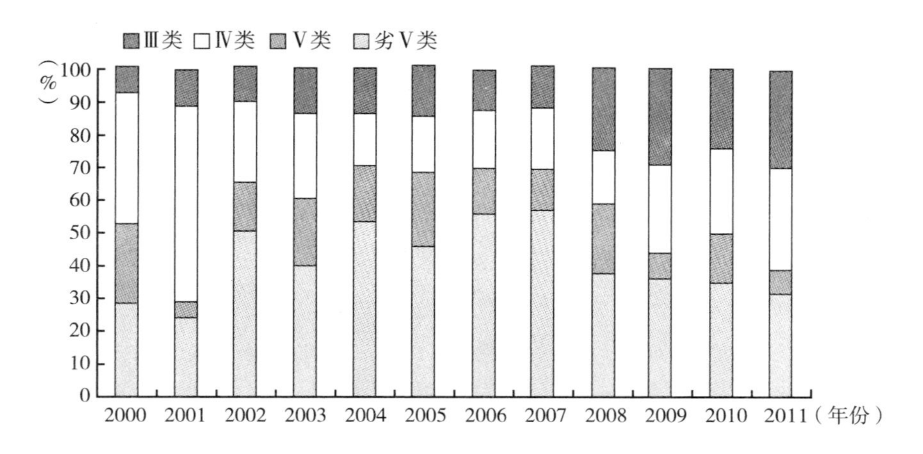

图4　上海骨干河道水质变化

资料来源：上海市水务局，2000~2011年《上海水资源公报》。

水环境质量标准》（GB3838－2002），监测的2545条（个）河湖的3446个断面的水质，全年优于Ⅲ类（含Ⅲ类）断面占3.4%，Ⅳ类断面占23.7%，Ⅴ类断面占20.0%，劣Ⅴ类断面占52.9%。这也表明，骨干河道之外的中小河道水质没有改善，地表水量中能够满足人们生活要求的水体仅占3.4%。

3. 上海水源地状况

上海依江傍海，因水而兴。水是城市的生命，水源地是为城市生存发展提供清洁、优质和充足水源的生态环境基础。从开埠至今，上海的主要水源地几经变迁。十九世纪初上海开埠时，全市取水口大致位置为苏州河下游，之后苏州河水质逐步恶化。1883年取水口由苏州河转向了黄浦江，位于黄浦江军工路段的杨树浦水厂建成，这是中国第一家自来水厂。到1978年，黄浦江下游的水质状况也不断变差，取水口不断顺流而上，1987年上移到临江段，1998年上移到了松浦大桥。同时开始向长江取水，建设陈行水库。2006年，上海正式拉开建设青草沙水源地的序幕。

由于青草沙水源地具有淡水资源丰沛、水质优良稳定、水源易保护、抗风险能力强、规模效应显著等综合优势，成为上海新水源地的首选方案。2010年青草沙水源地未完全投用时，上海市公共供水主要原水工程的取水量仅有1700万立方米，仅占原水工程取水量的不足1%。2011年，上海市公共供水主要原水工程在青草沙的取水量达到12.45亿立方米，占比达到44.27%。与此同时，黄浦江上游水源地的取水量则大幅下降（详见表3）。

表3 2010～2011年上海市公共供水主要原水工程取水情况

单位：亿立方米，%

项目	2010年		2011年	
	取水量	占比	取水量	占比
青草沙	0.17	0.63	12.45	44.27
陈行水库	5.99	22.13	5.22	18.56
黄浦江上游	19.3	71.30	8.78	31.22
嘉定墅沟	1.61	5.95	1.67	5.94
合　计	27.07	100	28.12	100

资料来源：上海市水务局，2010年、2011年《上海水资源公报》。

上海目前共有集中式河流型地表水水源地3处，分别是黄浦江上游水源地、陈行水库水源地、青草沙水源地。此外，目前上海正在兴建位于上海长江口南支上段的北侧、崇明岛西南部的东风西沙水库。工程设计近期供水规模为21.5万立方米/日，远期供水规模为40万立方米/日。东风西沙水库已于2011年11月29日开工，预计2014年1月17日完工。项目建成后，将成为上海第二大饮用水水源地。

根据规划，到“十二五”期末，上海将建成黄浦江上游、长江口陈行、青草沙、东风西沙四大饮用水水源地，长江原水和黄浦江原水的比例将由原来的3∶7调整为7∶3。

（三）社会公众参与水环境保护是大势所趋

积极参与水环境保护，既是社会公众肩负的不可推卸的责任与义务，又是以低成本推进水环境保护工作的有效手段。现阶段社会公众参与水环境保护已经非常迫切，是大势所趋。

1. 社会公众参与有利于以最低的成本推动水环境保护

社会公众参与水环境保护有助于形成水环境保护的社会需求。虽然水环境质量不像大气环境质量那样能够被社会公众直观地感知，水环境保护的呼声和需求暂时不像大气环境保护那样直接和迫切。但水是生命之源，是人类生产生活活动的基本保障，水环境保护已迫在眉睫。社会公众参与水环境保护能够形成全社会对良好水环境质量的基本需求和价值理念，有助于在全社会形成水环境保护的社会氛围和舆论声势，对政府和企业的行为形成一种无形的压力，促使其认识到自己保护环境的权利和义务，从而加强对水污染问题治理和解决，推动整个环境保护事业的发展。

社会公众参与水环境保护有助于实现政府环境决策的科学化，降低水环境保护的行政成本。水环境保护涉及多方面的利益，需要统筹考虑多方面因素，单方决策容易出现决策失误，从而产生较大的社会成本。在有关水环境决策的过程中，通过召开听证会、座谈会、问卷调查等形式，广泛征求、听取社会公众的意见和建议，使政府决策部门能够比较全面地了解不同利益群体的情况和意见，做到科学、合理决策。

社会公众参与水环境保护能够起到有效地监督作用。一些水污染防治的法律法规往往因为缺乏有效的监督和严格的环境执法而无法达到预期的成效，增加了流域水污染控制的难度。同时，水污染监督执法也存在客观上的难度，如上海地处长江三角洲冲积平原，是典型的平原感潮河网地区，河道星罗棋布。据上海市第一次水利普查暨第二次水资源普查公报，全市范围内共有河流26603条，河道总长度达到25348.48公里，现有的环境行政执法力量存在明显不足。形成全社会共同监督的良性机制，既能够对环境违法企业构成有效的威慑，也可以对政府的环境管理行为构成有效的约束机制，从而为水污染防治提供一个广阔的实践平台。

社会公众参与水环境保护是水环境保护活动持续进行的内在动力。水环境是每一个公民赖以生存和发展的基本条件，每个人都有获得安全、美好水环境的权利。但在现实生活中不断出现的水污染和水资源破坏的行为和现象，却侵犯了公民在环境方面应当享有的权利。因此，社会公众参与水环境保护活动既是依法维护自身在环境问题上应当享有的权益的需要，也是环保运动得以持续进行的内在动力基础。①

---

① 徐莺：《公众参与：我国水资源管理的发展趋势》，《理论月刊》2012年第1期。

2. 社会公众负有水环境保护的责任与义务

随着经济发展及城市化进程的深入，生活污水已经成为城镇污水的主要来源。2011 年上海生活污水占城镇污水排放总量的 70% 以上。城市生活污水包括了冲厕用水、生活洗涤用水、厨房污水等。这些生活用水消耗量大、处理费用高、成分复杂（水中含洗涤用剂、汗液与化学品成分、脂肪、米糠菜屑等），而且由于我国生活区、商业区、办公区混杂，餐饮洗浴业遍布，生活污水排泄与城市排渍共用下水道系统，居民楼、宾馆等生活污水预处理以小片为单位，因此城市生活污水具有源多、面广、量大，杂、散、乱的特点。①

郊区及城乡结合部也是水环境保护的重点区域。有数据显示，紧邻中心城区、城市化水平高的水利片区，是上海水面率最小、平均分枝比最小、单位面积槽蓄容量最低、单位面积可调蓄容量和河网复杂度最低的区域。② 也就是说，广大城市化程度较低的郊区河道总面积较大、河网复杂度也较高。同时郊区及城乡结合部也是上海水环境保护的难点区域。小型河道一般都有水系相对静止，小河浜、断头浜较多，自净能力弱，河床淤积严重等特点。特别是村镇级河道的两岸主要为农田、镇域居民生活区或是农村宅基地。农田中化肥、农药的大量使用，导致周边水体中有机碳污染物、有机氮污染物以及含磷化合物负荷不断加大。同时由于污水处理设施相对滞后，各类生活污水、生活垃圾等直接排入河道，加重河道负担。未来随着工业进一步向郊区、园区集中，以及城市化的持续推进，郊区的人口导入也在不断规划进行中。郊区生产生活用水需求不断加大、污水排放量不断增加与相对滞后的环境基础设施、相对脆弱的河道水体环境的矛盾更加突出，郊区的水环境状况将更加严峻。

2013 年年初发生的“黄浦江死猪事件”更是深刻诠释了全社会参与水环境治理与保护的紧迫性。3 月 8 日，上海松江网友“@少林寺的豬 1986”发布一条图文微博，显示大量死猪伴随着垃圾漂浮在黄浦江上游水源地，引起了社会广泛关注。死猪集中出现的水域，是上海重要的饮用水水源地之一——黄浦江的上游水源地。主要供应松江、金山、闵行、奉贤 4 个区县的用水，涉及

① 唐文东等：《探析城市节约用水的问题与措施》，《科技信息》2012 年第 3 期。

② 袁雯、杨凯、徐启新：《城市化对上海河网结构和功能的发育影响》，《长江流域资源与环境》2005 年第 3 期。

4个区供水企业的6个取水口和9个水厂，供水规模合计为241万吨/天，约占全市供水规模的22%。从某种程度上，“黄浦江死猪事件”是一起重大的公共水源地安全事件。这一事件的起因和处置，充分体现了社会公众对水环境保护的作用和责任。公众个体通过自媒体等手段曝光水环境问题，此后各级政府部门迅速跟进，打捞死猪进行无害化处理，并在供水、区域协防等方面做出响应。社会公众的充分关注推动了事件的有效解决。而反思这一事件的起源，从环境保护的角度来看，我国以单个农户为主要组织形式的农业面源污染已经是水污染的主要来源之一，尤其是在江南地区，水系分布密集，种植业、养殖业农户的生产及生活都直接接触到水体。在形成大规模农业产业集群的区域，单独农户个体自发的环境无意识行为汇聚在一起，足以对水环境造成重大影响。这一事件充分说明，社会公众是水环境的污染者，也是水环境污染的受害者，更是水环境保护的责任人。

二　上海水环境保护社会参与的现状

我们说水环境保护是全社会的事业和责任。从广义来说，全社会应该包括水环境保护的三大行为主体——政府、企业和社会公众。本文所研究的社会参与更着眼于狭义的社会概念，即社会公众。具体而言，社会公众包括个人和社会组织。个人主要指以个体形式参与水环境保护的居民，社会组织是指各类以推动水环境保护为宗旨的社会团体。

上海水环境保护的社会公众参与可以分为三个层面：首先是政府部门公开水环境相关信息，这是公众参与水环境保护的基础；其次是通过环境影响评价、水听证等制度安排，使社会公众有各种渠道表达自身的意见和诉求，参与政府水环境决策制定过程；最后，社会公众通过履行水环境保护的法定义务及参与各种形式的水环境保护行动，实现自为层面的公众参与。

（一）水环境信息公开

本文的水环境信息既包括环境保护层面的水质及水环境监管信息，也包括水资源层面的饮用水水源及供水相关信息。

1. 水环境信息公开的现状

（1）水环境质量信息

上海市环境保护局月度发布上海主要水域水质状况，社会公众可以通过“上海环境”网站首页右边栏直接查阅“水质”状况，也进入“上海环境”网站“环境质量”栏目中“水环境质量”子栏目（http://www.sepb.gov.cn/fa/cms/shhj/shhj2143/index.shtml）获取上海上月主要水域水质状况。水质信息覆盖的范围包括淀山湖13个监测断面，黄浦江6个监测断面，苏州河7个监测断面，上游来水河道7条河流7个监测断面，重点整治河道30条河流30个监测断面的监测水质。水质数据为各监测断面根据溶解氧、高锰酸盐指数、五日生化需氧量、氨氮、总磷五项评价指标综合评价的水质类别。数据发布时间是每月下旬发布上月监测水质类别，遇到法定假日等原因，则隔月上旬发布。

有关地表水水质实时监测数据，目前仅有中国环境监测总站发布的“国家地表水水质自动监测实时数据发布系统”（http://58.68.130.147/）可供查询。该系统于2009年7月1日上线，可查阅全国10个主要流域及东南诸河、内陆河、西南诸河100个地表水水质自动监测站的水质实时监测数据。位于上海区域内的水质自动监测站仅有“上海青浦急水港水质监测站”，主要用于实时监测苏沪省界断面的水质状况。

（2）水污染源监管信息

上海市环境保护局在“上海环境”网站对水污染源监管的信息进行公开（http://www.sepb.gov.cn/hb/fa/cms/shhj/page.jsp），信息公开的主要内容包括重点污染源基本信息、污染源监督性监测信息、污染源总量控制信息、排污费征收信息等。其中重点水污染源基本信息为年度46家废水国家重点监控企业名单及主要污染物，年度46家国家重点监控污水处理厂名单。2013年国家重点监控废水企业名单于2013年9月26日发布，2013年国家重点监控污水处理厂的相关信息于2013年9月29日发布。

污染源监督性监测数据为季度公开，其中国控企业废水监督性数据公开的内容包括监测项目名称、污染物浓度、标准限值及单位、是否达标及超标倍数。2013年二季度国控企业污染源废水监测数据于2013年9月29日发布。在9家国控企业中，只有位于崇明县的中海工业（上海长兴）有限公司排放的氨氮超标1

倍，其余企业的各项指标均达到上海市污水综合排放标准。2013 年第二季度污水处理厂监督性监测数据于 2013 年 9 月 30 日发布。其中徐汇区上海阳晨排水运营有限公司长桥水质净化厂氨氮排放超标，浦东新区上海南汇周浦水质净化有限公司的氨氮、总氮排放超标，金山区上海金山排海工程有限公司总氮排放超标。

国控重点企业排污费征收信息季度公开，主要内容包括企业名称、排污费开单金额及入库金额。缴纳排污费的主体是未向城市污水集中处理设施排放污水、未缴纳污水处理费用的排污企业。2013 年第二季度国控重点企业排污费征收公告于 2013 年 9 月 30 日发布。

除“上海环境”网站平台外，上海市环境保护局、上海市环境监测中心联合建立了“上海市水污染源监测数据发布平台”。在笔者试图搜索水污染源企业的监测数据时，结果或是“没有数据”，或是“COD：故障”“氨氮：无设备”（详见图 5）。

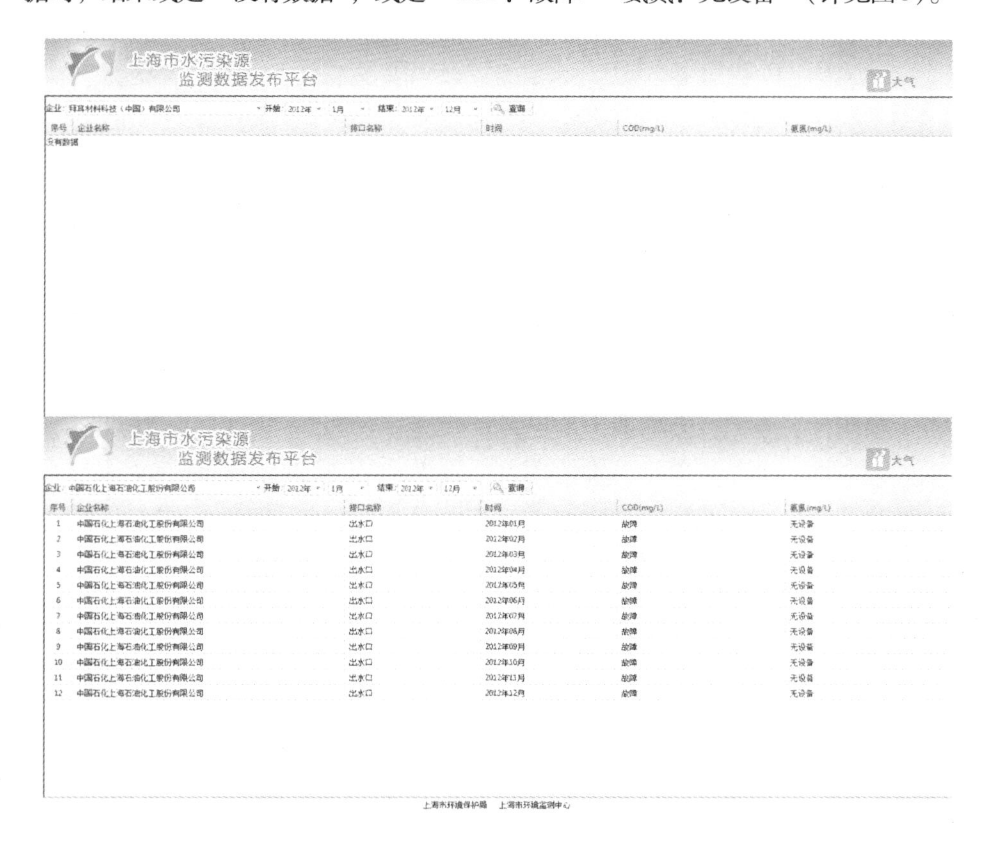

序号	企业名称	排口名称	时间	COD(mg/l)	氨氮(mg/L)
1	中国石化上海石油化工股份有限公司	出水口	2012年01月	故障	无设备
2	中国石化上海石油化工股份有限公司	出水口	2012年02月	故障	无设备
3	中国石化上海石油化工股份有限公司	出水口	2012年03月	故障	无设备
4	中国石化上海石油化工股份有限公司	出水口	2012年04月	故障	无设备
5	中国石化上海石油化工股份有限公司	出水口	2012年05月	故障	无设备
6	中国石化上海石油化工股份有限公司	出水口	2012年06月	故障	无设备
7	中国石化上海石油化工股份有限公司	出水口	2012年07月	故障	无设备
8	中国石化上海石油化工股份有限公司	出水口	2012年08月	故障	无设备
9	中国石化上海石油化工股份有限公司	出水口	2012年09月	故障	无设备
10	中国石化上海石油化工股份有限公司	出水口	2012年10月	故障	无设备
11	中国石化上海石油化工股份有限公司	出水口	2012年11月	故障	无设备
12	中国石化上海石油化工股份有限公司	出水口	2012年12月	故障	无设备

图 5 上海市水污染源监测数据发布平台

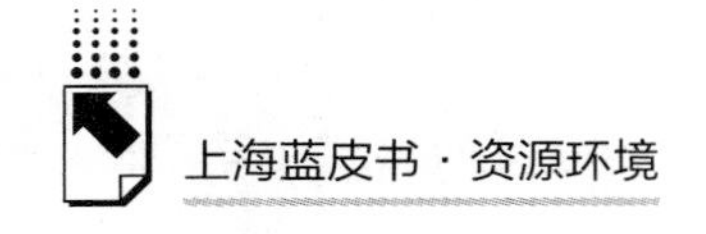

（3）饮用水供水信息

上海市水务局作为供水行政主管部门，通过其官方网站“上海水务”向公众公开供水信息。水务局公开的供水信息内容包括供水水质、供水水量和供水水压。公众可通过“上海水务”网站左栏“供水”查阅相关供水信息（http：//www. shanghaiwater. gov. cn/indexZh. html），也可以通过上海供水热线网站（http：//www. 962740. com/Default. aspx）直接查询水情公告。

供水水质分为三大类，分别是管网水 4 项指标（浑浊度、余氯、细菌总数、大肠菌群），报告周期为日报；常规 42 项指标，按照国标规定的检测频率，报告周期为月报；非常规 64 项指标，按照国标规定的检测频率，报告周期为半年一次。供水水量为日报，即“日供水量”。供水水压名义为月报，即“月管网综合服务压力合格率”，但笔者 9 月末查询该栏数据时，网站显示数据仍为“6 月中心城区自来水管网服务，压力合格率 99. 23%”，信息公开稍显滞后。“上海水务”网站的数据材料均来自于上海供水调度监测中心。

2013 年，上海市供水管理处推出手机查询自来水水质服务，市民只需用手机下载并安装 APP“阿拉自来水”，即可查询上海市每天自来水供应水量、水质状况。该系统包括中心城区威立雅、市南、市北三大供水公司，及金山、青浦、南汇、嘉定、奉贤、松江、浦东新区、崇明、临港 9 个区县供水公司的供水数据。水量数据为日供水量，水质数据为浑浊度、余氯、细菌总数、大肠菌群 4 项指标，数据发布周期为日报。

除政府部门外，上海市 3 家市级自来水供水公司，即上海市自来水市南、市北、浦东威立雅有限公司，也在其各自的网站上公布水质水量公告。其中市南、市北公司公开的内容包括日供水量、管网平均压力、出厂水平均浊度、上月管网平均浊度和上月管网水水质综合合格率五项；威立雅公司公开的内容包括日出水量、出厂水浊度和管网压力 3 项。这些供水公司公开的水质水量公告仅为工作日数据，并均与上海水务网链接。

（4）供水成本信息

2011 年下半年，上海市发改委印发了《上海市供水成本公开实施意见（试行）》（沪发改价管〔2011〕019 号），意见规定，从 2012 年 1 月 1 日起实

行供水企业成本公开。按照规定，供水企业成本公开的方式为调价前公开和年度公开相结合，成本公开的内容包括供水企业的资产、负债、所有者权益以及售水量、人员工资等基本情况，以及供水企业的成本、期间费用等。2013 年上海居民水价调整听证会之前，供水企业公开了 2010 ~2012 年的供水成本。数据显示，每立方米自来水的成本为 2. 13 元，每立方米自来水的缺口为 0. 7 元左右，2012 年市属供水企业亏损 2. 7 亿元。在年度公开方面，常规情况下应是在上海供水热线网站“信息公开”专栏中的“成本公开”子栏目中予以公开（http：//www. 962740. com/pages/xxgk_ cbgk. aspx）。但由于在听证会召开之前已公开了 2012 年的供水成本，因此截至 2013 年 10 月，该板块尚无内容。

（5）环境审批信息

环评审批信息通过两个渠道公布。社会公众可通过上海市环境保护局工程建设领域项目信息公开专栏（http：//www. sepb. gov. cn/gcjs/index. jsp）查阅环评文件审批结果及环境保护设施竣工验收审批结果等工程建设领域项目相关信息。或通过“上海环境”首页进入“环评审批”专栏（http：//www. sepb. gov. cn/fa/cms/shhj/shhj2067/index. shtml）查阅有关环评报告及环评审批管理文件。

（6）违法处罚信息

上海市环境保护局定期公布环保系统查处违法企业名单，社会公众可通过“上海环境”网站“处罚与环保核查”栏目（http：//www. sepb. gov. cn/fa/cms/shhj/shhj2060/index. shtml）进行浏览。环保违法单位信息公开的内容主要包括单位名称、处罚依据、违法行为类别、处罚决定做出时间、处罚措施、作出处罚决定的部门等相关信息。以 2013 年第一批环保违法名单为例，2013 年 1 ~2 月本市环保系统查处的 127 家环保违法单位中，有 13 家企业或单位由于“违反水污染防治管理制度”而受到处罚，占所有违法处罚企业的 10% 。

2. 水环境信息公开存在的问题

（1）公开数据不够翔实

总体来看，上海水环境信息公开的数据较为粗略。如在地表水环境信息中，水质数据为各监测断面根据溶解氧、高锰酸盐指数、五日生化需氧量、氨氮、总磷五项评价指标综合评价的水质类别，而无详细检测数据。在饮用水水质信息方面，“上海水务”上每日公开的供水水质只有出厂水浑浊度、余氯、细菌总数、大肠菌群4项指标的检测数据，指标非常有限。相对于现行的《生活饮用水卫生标准》（GB5749－2006）中规定检测的106项指标，目前日报的仅有4项指标，这4项指标是否能全面反映上海生活饮用水的水质，还缺乏相关的论证。同时也缺乏管网水、水源地水质信息的检测和公开。因而本文认为上海水环境信息公开既没有翔实的实时检测数据，又缺乏一个类似大气污染指数这样的水质指数，也没有对水质优劣的定性论证。

（2）水环境信息公开相对滞后

笔者在查阅总结上海水环境相关信息时，明显体会到水环境信息公开的时间节点较为滞后。例如年度发布的环境状况公告一般要在第二年的下半年发布，水资源公报则延迟更久，在2013年10月能查询到的仍然是2011年度水资源公报。当季度的水污染源监督性监测数据一般于下季度末发布，当月的地表水环境质量公告一般于下月或隔月发布。诚然，像水资源普查这种庞大的系统工程需要较长的发布周期是合理的，但水环境监测数据等有条件实时监测、实时公开的信息，相比空气质量信息的监测和发布则显得滞后很多。

（3）水环境实时监测数据较缺乏

上海水环境信息公开中突出的问题在于实时监测数据缺失，包括地表水水质、饮用水水源地水质的实时监测数据及重点污染水污染源企业排放情况的实时监测数据。实时发布水环境监测数据是公众了解水环境状况及企业排污状况，监督企业减排的最重要途径之一，也可以是政府加强环境管理的重要手段。目前上海水污染源监控企业的数据为季度公开，且信息公开存在时滞，公众无法了解水污染企业的排放数据。使得与此相关联的水污染源总量控制这一重要的手段失去了公众的监督和推动，成为上海水环境信息公开的短板。

3. 上海水环境信息公开的评价

本部分通过梳理国家及上海市相关法律法规对水环境信息公开的要求，并汇总笔者认为随着城市经济发展，还需要进一步公开的水环境信息事项，建立上海水环境信息公开的评价框架。详见表4。

表 4　上海水环境信息公开评价

项目	信息类别	具体内容	评价等级
环境核查和审批信息	行业环保核查信息	公开重点行业环保核查规章制度	●
		向社会公示初步通过核查的企业名单	●
		公开重点行业环保核查结果	●
	上市环保核查信息	上市环保核查规章制度	●
		核查工作信息	●
	建设项目环评信息	建设项目环境影响评价文件受理情况	●
		环境影响报告书简本	●
		环境影响评价文件审批结果	●
		建设项目竣工环境保护验收结果	●
环境监测信息	环境质量信息	重点流域水环境质量	●
		重点污染源监督性监测结果	●
		地表水水质自动监测数据每 4 小时实时公开	○
	违法企业名单	定期公布环保不达标生产企业名单	●
		重点行业环境整治信息	●
		督促企业公开环境信息	○
水源及供水信息	饮用水水源水质信息	饮用水水源水质监测信息	○
	供水信息	自来水出厂水水质	●
		管网水水质	○
		供水水量	●
	供水成本信息	调价前公开	●
		年度公开	○
重特大突发环境事件信息	及时启动应急预案并发布信息		●
	跨行政区域突发环境事件，要及时协调、建议相关人民政府联合发布信息		●
	定期发布突发环境事件应对情况		●

●表示已公开，○表示未公开。

资料来源：根据环保部办公厅《关于进一步加强环境保护信息公开工作的通知》、上海市人大常委会《上海市饮用水水源保护条例》修改。

根据对上海水环境信息公开的评价发现，上海在水环境审查和审批信息、重特大突发环境事件信息发布方面表现较好，没有不足项。在水环境监测信息、水源及供水信息方面存在缺失，主要表现为：地表水水质自动监测数据未按规定每4小时公开、饮用水水源地水质监测信息未公开、供水管网水质未公开。

（二）建设项目环境影响评价公众参与

环境影响评价制度的核心是倡导公众履行社会责任，提高环境科学决策水平。充分的公众参与既有助于公众获知真实的环境信息、理性表达意见，也有助于提高政府的环境管理效果，有助于企业与公众建立良好的关系，维护和稳定社区正常秩序。

1. 环境影响评价制度中公众参与的相关规定

环境影响评价制度在两个方面保障了社会公众参与履行水保护责任。

第一，建设项目信息公开。在确定委托环评机构承担报告书编制任务后7个工作日内，建设单位会同环评机构在上海环境热线网站（http：//www. envir. gov. cn）进行第一次信息发布，信息发布的期限不少于10个工作日。环评报告书编制完成后，建设单位会同环评机构编制第二次信息发布文本，并在上海环境热线网站（http：//www. envir. gov. cn）进行第二次信息发布，信息发布的期限不少于10个工作日。建设单位应会同环评机构在该项目评价范围所涉及区（县）报纸等公共媒体发布信息公告，公示项目名称、工程概况、环评初步结论等信息，并提供向建设单位、环评单位反馈意见的途径。

第二，征求公众意见。建设项目环境影响报告书第二次信息发布结束后，建设单位和环评机构通过开展问卷调查、座谈会、论证会、听证会等多种方式征求公众意见。

2. 上海水环境保护中环境影响评价公众参与存在的问题

本文结合2013年上海国轩新能源汽车动力电池基地建设项目的案例，对环境影响评价过程中存在的问题进行剖析。

（1）环评信息受质疑。此项目的基本情况和环境影响报告书简本，已分

别于2012年9月25日、2012年11月27日在上海环境热线进行了两次公示，公示期均为10天。项目环境影响评价信息公示的过程符合相关规定，但信息公示的内容却引发争议。《上海国轩新能源汽车动力电池基地建设项目环境影响报告书第二次信息发布文本》中提出，“根据上海地表水环境功能区划，国轩项目所在区域处于上海市准水源保护区”。而《上海市饮用水水源保护条例》规定，在饮用水水源准保护区内，实行污染物排放总量控制和浓度控制相结合的制度，禁止“新建、扩建污染水体的建设项目或者改建增加排污量的项目”。反观国轩项目主要环境影响及其预测评价结果指出，“本项目无生产废水排放”，“本项目生活废水经格栅检查井处理后纳入松江区污水管网，对周边环境影响较小。”也就是说，正是由于本项目无生产废水排放，才能够符合《上海市饮用水水源地保护条例》，项目建设才是合法的。但环评报告的结论与公众的认知常识之间存在着明显的距离，松江市民广泛质疑的正是该项目可能带来水源污染的风险。耐人寻味的是，在国轩公司和松江区政府的后续声明中，又宣称该项目每日产生废水5吨，但未详细说明这5吨废水是生产废水还是生活废水，或标明生产废水和生活废水的比重。

（2）公众意见未能得到制度内的充分表达。据国轩动力电池项目环评单位上海化工研究所环评工程师介绍，“项目环评报告两次网上公示期间均未收到反对意见。环评报告公示结束后，环评单位又开展了现场问卷调查，即在以项目为中心3公里范围内的环境敏感点内选取调查对象，共发放调查表150份，回收150份，回收率100%。其中，68%的被调查者支持本项目建设，14%的被调查者有条件地赞成，16%的被调查者持无所谓态度，2%的被调查者表示反对本项目的建设，符合环境影响评价相关规定。”① 调查问卷的多数支持与后来松江居民的广泛反对形成了鲜明的反差。究其原因，是环评征求公众意见的制度设计存在着不足。征求公众意见环节由建设单位或环评编制单位组织，参与征求意见的公众也是由建设单位或环评编制单位选择，而不是由利害关系人和一般公众推举代表参加。这样一来，导致选取的公众范围

① 蔡新华：《磷酸铁锂电池有没有污染？》，2013年4月26日《中国环境报》。

较窄且不具代表性，也使项目直接或间接影响的公众没有得到集中表达意见的机会。鉴于国轩项目环评单位未提供任何证据证明发放对象的真实身份，部分市民甚至怀疑调查问卷的发放对象为无关人员或是国轩内部人员。公众在意见表达不畅的情况下．往往通过过激的行动表达情绪。如 2013 年 5 月 1 日、5 月 11 日，松江市民两次在松江区政府门前集会，反对国轩动力电池项目落户。

（3）公众意见的反馈滞后。《环境影响评价法》只规定了在“报送审查的环境影响报告中附具对意见采纳或者不予采纳的说明”。而环评单位并没有对公众的意见反馈、在公众意见的基础上修正环境影响报告并公布的法定义务，负责审批的行政机关也没有反馈公众意见的法定义务。公众无法获知其意见是否得到采纳，在公众意见未得到采用时，公众也无法获知为什么未得到采用。落实到国轩项目中可以发现，建设项目尤其是可能对水源地造成潜在重大影响的项目，大范围公众意见的征询和反馈实际上是非常滞后的。在 2013 年 3 月松江区政府通过了该项目的审批后，公众反对意见此起彼伏。直至 2013 年 4 月 26 日，松江区政府新闻发言人才在《松江报》上对国轩项目予以回应，但在“项目到底是否会造成环境污染”的问题上未能平息公众质疑。随后，事件持续发酵，4 月 28 日，松江区宣布国轩项目生产环节取消，对企业需要保留的其他环节将进一步征求市民的意见。鉴于公众对企业需要保留的其他环节还存在不同观点，5 月 15 日，国轩公司发出通告，项目全部退出松江。反思这一事件，项目环评公示及征求公众意见的过程实际上是非常不到位的。如能在项目审批前认真研究和推演项目是否会造成水环境污染，并把征询公众特别是利益相关的公众意见做得更全面、更提前，事态就不会持续扩大。

3. 环境影响评价公众参与的评价

本部分以环保部《环境影响评价公众参与暂行办法》、上海市环保局《关于开展环境影响评价公众参与活动的指导意见（2013 版）》为依据，并参考国外环境影响评价中的相关做法，建立环境影响评价公众参与活动的评价框架。详见表 5。

表 5　环境影响评价公众参与活动评价

时间节点	工作流程	评价等级
确定环评编写单位	第一次信息发布	●
环评结论形成	第二次信息发布	●
征求公众意见	公布公众向建设单位、环评单位反馈意见的途径	●
	公布公众参与的实施过程	●
	征求公众意见名单	○
	公众意见全记录	○
反馈公众意见	公众意见是否采纳	○
	公众意见是否采纳的原因	○
	在公众意见基础上修正环评报告	○
环评审批	公布环评文件受理情况	●
	公布环境影响评价文件审批结果	●
	公布建设项目竣工环境保护验收结果	●

●表示已实行，○表示未见实行

资料来源：根据环保部《环境影响评价公众参与暂行办法》、上海市环保局《关于开展环境影响评价公众参与活动的指导意见（2013 版）》修改。

根据上海环境影响评价公众参与活动的评价，笔者认为，上海环评在第一次信息发布、第二次信息发布及环评审批信息发布等环节实施情况较好，但在征求公众意见及反馈公众意见方面存在较多的缺损项。

（三）水听证会

根据 1998 年 5 月颁布生效的《中华人民共和国价格法》及 2008 年 10 月颁布的《政府制定价格听证办法》规定，“关系群众切身利益的公用事业价格、公益性服务价格和自然垄断经营的商品价格”应当实行听证会制度。自 2001 年以来，上海市级政府层面已举办过 5 次水听证会。其中 4 次为水价调整听证会，1 次为立法听证会。详见表 6。

表 6　上海历次涉水听证会一览

听证会名称	日期	参加人数	听证议题
上海市居民用户水价调整听证会	2013 年 6 月 28 日	21	单一制水价方案。居民综合水价每立方米提高 0.85 元； 阶梯式水价方案

续表

听证会名称	日期	参加人数	听证议题
上海饮用水管理办法立法听证会	2013 年 6 月 20 日	14	现制现售饮用水设备的放置与每日巡查、水处理材料更换以及信息公示等方面予以规范； 二次供水设施中的储水设施的清洗、消毒频次由每季度一次调整为每半年不得少于一次
上海市居民用户水价调整听证会	2009 年 4 月 27 日	21	自来水供水价格将由每立方米 1.03 元调整为 1.63 元，排水价格将由现行的每立方米 0.9 元调整为 1.3 元； 实行三级定额阶梯式水价体系
上海市排水费调整听证会	2004 年 5 月 19 日	21	排水费由统一的 0.7 元/立方米，分别调整为：居民 1.0 元/立方米；非居民 1.2 元/立方米； 按排放污(废)水性质分类计价，调整为两类四档。一类为居民 1.0 元/立方米；二类为非居民，其中：机关事业单位 1.1 元/立方米，一般排水户 1.2 元/立方米，重点排水户 1.4 元/立方米
上海市自来水价格调整听证会	2001 年 11 月 12 日	23	居民生活用水由每立方米 0.88 元调整为 1.03 元、工业用水由每立方米 1.10 元调整为 1.30 元

资料来源：来自网络公开资料。

通过对上海历次水价调整听证会的听证议题及最后方案的盘点，发现上海水价调整听证会与国内许多城市的水价听证会一样，听证会变成“涨价会”或“听涨会”，每次水价调整听证的结果都是水价上涨。究其原因，水价听证会的程序及制度安排还存在一些问题。

1. 听证代表选择缺乏透明度

2008 年出台的《政府制定价格听证办法》规定，我国价格听证会中消费者代表的比例不得少于 2/5。消费者代表由公众自愿报名，政府部门随机遴选产生。但遴选的过程并不透明，公众仅能获得最终参加听证会的消费者代表名单，但以这样方式产生的代表能否胜任听证会上代表消费者发言的职责和作用尚未可知，其代表性也受到置疑。另外，参加水价听证的 3/5 的代表基本上由政府部门聘请，这无疑留给了政府部门较大的自由裁量权。政府聘请的专家会不会是“积极合作”的代表？此外，我国供排水企业多是国有企业，企业是

否会利用与政府之间的天然联系对参加听证的代表施加影响，也是需要警惕的问题。多种因素导致在水价听证会上，无论在人数上还是代表意见的表达上，消费者代表依然处于下风，在形式上仍然存在着不公平的可能。

2. 听证双方获取信息不对称

价格听证的过程是公众根据各自所掌握的有关价格形成过程中的各种信息，提出各自对政府听证方案的不同看法和主张，从而得到一个最大程度上各方共同接受的定价方案。在这一过程中，参与各方能够掌握充分的、真实的价格形成信息是首要的条件，包括城市供水工程投入、供水企业的财务数据等等。在 2013 年 6 月 28 日召开的水价听证会上，听证代表有些质疑“供排水企业的管理成本较高”，如南市水厂一共 119 名员工，其中 35 名是管理人员，超过 1/3；还有代表质疑“供水企业目前并没有市场化，不存在‘拉业务’的问题”，认为实际发生的招待费用过高；此外，供水企业薪酬结构未披露，这些企业的薪酬结构是否合理也无从考证。鉴于供排水企业的收入成本状况是水价调整的主要依据之一，供排水企业的财务数据是听证代表合理科学提出各自意见主张的前提，但目前听证双方对决策信息的掌握存在明显的不对称现象。

3. 听证意见对价格决策的约束力不足

水是具有自然垄断性质的公共产品，听证会是水价形成和调整决策过程中的必经环节。然而在听证会上公众提出的反对或质疑意见对价格决策没有形成约束力。如 2013 年 6 月 28 日举行的水价听证会上，有代表提出 2009 年水价上调至今，上海市民平均工资涨幅在 9.6% ~13.1%。而此次水价上调幅度在 25%左右，相对偏高，应适度下调涨幅到 10% ~15%之间。同时指出，阶梯式方案中第一档的年用水总量应从 240 立方米提高到 300 立方米。尽管有代表对调价幅度提出了质疑和建议，但最终仍然通过了初始的调价方案。在这一过程中，公众意见对水价最终决策的约束力显然无从体现。同时，水价听证会上公众提出的意见是否被充分考虑和采纳，不采纳的理由是什么，公众都无从知晓。若公众对最终水价决策不满或有异议，也没有正当申诉的途径。因而难免会使公众产生水价听证会成为“走形式”的质疑。

本文根据中华人民共和国国家发展和改革委员会令（2008 年 2 号令）发

布的《政府制定价格听证办法》，结合上海水价调整听证会实际情况，建立上海水价调整听证会公众参与评价框架并给出评价。详见表7。

表7　上海水价调整听证会公众参与评价

类别	工作流程	评价等级
听证会的组织	由政府价格主管部门组织	●
	听证会参加人员要求	●
	消费者人数不得少于听证会参加人总数的五分之二	●
听证会程序	听证会举行30日前,公布参加人、旁听人员、新闻媒体的名额、产生方式及具体报名办法	●
	听证会举行15日前,公布听证会举行的时间、地点,定价听证方案要点,听证会参加人和听证人名单	●
	听证会举行15日前,向听证会参加人送达所需材料	●
	根据听证会的意见,对定价听证方案作出修改	○
	公布定价决定和对听证会参加人主要意见采纳情况及理由	○

●表示已实行，○表示未见实行

资料来源：国家发改委，《政府制定价格听证办法》，2008。

根据评价结果，笔者认为，上海水价调整听证会的组织符合规定，听证会召开前的信息公开也基本到位。问题在于公众在听证会上的意见没有对定价方案产生影响，政府相关部门也没有公布对公众意见的采纳情况及理由。

（四）公众参与水保护公益活动

一般而言，公众参与水环境保护活动主要有三个渠道：一是由官方组织的水保护行动；二是由民间团体组织的水保护活动：三是公众个人根据自己的愿望和要求而实施的水保护行为。2013年上海主要水保护公益活动详见表8：

表8　2013年主要水保护公益活动一览

活动名称	活动时间	组织者
“关爱水资源,关爱我自己”——“世界水日”主题活动	2013年3月23～24日	上海市精神文明建设委员会办公室指导,上海水资源保护基金会,上海广播电视台、上海市城市建设投资开发总公司、上海市志愿者协会联合发起

续表

活动名称	活动时间	组织者
“2013 清洁节水中国行一家一年一万升”节水宣传行动	2013 年 4 月 20 日	环境保护部宣传教育中心和花王（中国）投资有限公司共同主办、上海市环境保护宣教中心、上海市普陀区环境保护局承办
“人水和谐生态美，城市发展须节水”——“全国城市节约用水宣传周”主题活动	2013 年 5 月 11 ~ 18 日	上海市水务局
保护黄浦江水源水源地保护活动	跨年度	WWF 联合上海市发改委、科委，青浦区政府、上海市绿化和市容管理局
“水源伙伴 1 + 1”	跨年度	上海市绿化与市容管理局、WWF、上海绿洲生态保护交流中心联合组织

梳理发现，上海水保护公益活动一般都由政府部门组织开展，而环保组织和社会团体独立组织的公益活动非常少。即使是如 WWF 这样有影响力的国际环保组织，也要通过与上海市发改委、上海市环保局、上海市绿化和市容管理局等政府职能部门联合组织环保公益行动。实力较弱的民间环保组织由于资金、人才等条件的制约，很难举办规模较大、较有影响力的水公益活动。实际上从国际经验来看，公众参与的最主要和最重要的渠道是民间团体和公民个人的环保行为，这两个渠道在我国还比较薄弱。

从环保公益行动的内容看，现有水公益行动主要集中于向公众宣传水源地保护、节约用水、保护水资源等水环境保护知识，提高公众的水环境保护意识。除了节水这一行动主题外，尚缺乏明确的公众可身体力行的水保护行动的倡导和践行。公众普遍提高的环境意识必须结合普遍实施的环境友好行动，才能取得公众参与的良好效果。如日本在治理琵琶湖污染的过程中，广泛开展了用肥皂代替合成洗涤剂的公民运动，以限制清洁剂中的磷含量，削减入湖污染负荷。加拿大在治理圣劳伦斯河的过程中，积极鼓励社区群众参与流域水污染治理。据统计，平均每年有 15200 人参加流域治理，参加义务工作时间达 16 万小时。①

① 晏翼琨：《公众参与水环境管理的现状、问题与对策》，浙江大学硕士学位论文，2007。

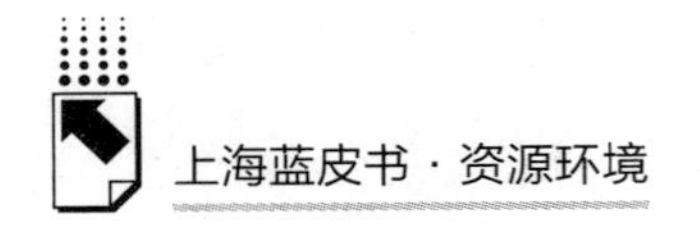

三　完善上海水环境保护社会参与的建议

针对上文归纳的上海水环境保护社会参与中存在的问题，在充分借鉴发达国家、国内其他地区水环境保护社会参与方面有益的制度安排基础上，提出如下完善上海水环境保护社会参与的建议。

（一）研究发布水源地水质指数

就像全面发布 $PM_{2.5}$数据，争取社会公众的关注和支持一样，第一时间公开水源地水质信息，接受公众的监督和质询，并在水质监测数据的信息通报、共享方面做出改进和完善，是进行水源地保护和有效应急管理的关键。鉴于上海水环境信息发布中存在着数据不够翔实、发布时间较为滞后、实时监测数据缺失等问题，建议借鉴空气质量指数监测及发布的做法，研究发布上海市水源地水质指数。首先由环境行政部门研究建立和完善水源地水质现场快速监测技术和方法，实现实时动态的监测与跟踪。进而，针对上海水源地水质的特点和主要问题，科学地制定全面反映上海水源地水质特点的水质评价指标体系。[①] 在上述监测、评价等相关技术准备成熟后，由环境行政部门发布上海市水源地水质指数。水质监测范围应涵盖上海四大饮用水水源地，科学选择监测地点。水源地水质指数发布的频次可梯度提高，如从每日发布提升到每4小时发布或每小时发布。

（二）落实水污染源实时监测信息公开

公开水污染源监测信息，可以将污染源的环境行为置于公众监督之下，也可将环境行政部门的执法行为置于公众监督之下，是公众参与环境决策和管理的重要手段。现阶段上海仅公开了污染源监督性监测信息，而没有公开水污染源实时监测信息。建议未来以上海市环境保护局、上海市环境监测中心联合建立的“上海市水污染源监测数据发布平台”为基础，逐步提高水污染源监测数据的可得性和时效性，直至实现污染源监测信息的全面实时公开。

---

① 毛洁：《上海市饮水水质信息公开的现状及建议》，《上海预防医学杂志》2008年第20期。

在污染源信息公开方面，江苏省和宁波市的做法可供借鉴。江苏省环保厅自2013年3月1日上线的“江苏省重点污染源自动监控系统”（http：//www. jshb. gov. cn：8080/pub/wryyxtb/sthjjk/），对国控840家重点污染源企业进行在线监督，每日依据在线监测数据，公布多家国控重点污染源的超标记录，列明超标次数。浙江省宁波市环保局自2013年开始，每小时报告其国控、省控、市控重点污染源在线监测数据，其中废水污染源包括pH，COD的浓度值以及废水的排放量。

（三）完善环境影响评价机制设计

我国环境影响评价制度中征求公众意见的阶段是由建设单位或环评机构自己组织的。建设项目由建设单位拟定，环评报告由环评单位编制，征求意见又由建设单位或环评单位来组织，这样的制度安排客观上有违公平原则，使征求公众意见的效果大打折扣，也是公众质疑的原因之一。鉴于此，征求公众意见的一系列行动，如发放调查问卷，召开座谈会、听证会等的组织者应有所改变，按职能分离原则，由中立的第三方来组织。公众参与方式采取多种形式，除调查问卷外，应注重可以平等交换意见的方式，如座谈会、论证会、听证会等。按照《环境影响评价公众参与暂行办法》，由规划编制机关、建设单位或环评单位发起听证程序。可以借鉴美国《联邦行政程序法》中的做法：当环境影响直接涉及申请人与他人之间重大利益关系时，申请人、利害关系人可以依法要求听证。

为保证公众参与环境影响评价的程序合法，参与对象具有代表性，结果真实有效，建议相关部门加强对公众参与全过程的监督、监管。如各级环境行政部门成立专门机构或明确专门人员对环境影响评价中的公众参与进行监督；留存调查公众参与座谈会、论证会、听证会等形式的会议音像资料；对问卷调查表及问卷调查对象进行抽样复核；对环境影响评价公众参与过程中出现的造假、瞒报等行为进行处罚。

在获得真实的公众意见基础上，要使公众参与真正发挥作用，就要认真对待公众意见的反馈。政府部门应当及时将所获得的公众意见分类统计并公布，在分析、反馈公众意见的基础上重新审视并修改报告，找到更好的解决办法或缓解措施。如果建设项目的投资建设有发生重大水环境污染或破坏水源地的可能，公众发表的意见应该有限制项目实施的效力，使公众意见对环境影响评价发挥决定性作用。

（四）优化水听证会程序

为了保证公众意见对水价决策具有约束力和影响力，水听证会的程序需要不断优化。首先，听证代表的选取应更加规范化和制度化，听证部门应将听证代表的产生途径、遴选标准等信息完全公开。听证代表的选择应从以往政府听证部门选择变为由社会“推选”，尤其是具有丰富的处理市场价格问题经验和一定的参政议政能力的社会组织推荐消费者代表。同时要禁止申请涨价的企业与听证代表直接接触。此外，听证参与人的选任还可以效仿美国听证会的做法，听证代表的选择范围不仅涵盖直接利害关系人，还应包括间接关系人，甚至是水务公司的竞争者。

第二，确保价格信息充分真实。由具备资质的独立的会计师事务所对供排水企业的营业收入、经营成本、利润等财务数据进行严格审计，并剔除不应纳入水价定价成本的开支项目，确保财务信息真实合理，并以法律形式将这一程序固定下来。①

第三，听证会不应成为最终的决策形式，而只是一个最终决策前的民主程序。建议水价调整听证会不预设价格调整方案，而是向听证列席人员解释说明水价调整的动因，公开财务成本信息，组织各个群体的听证代表进行质证，形成一个平衡各方利益的价格调整方案。价格行政主管部门对于听证代表的主张和意见，应有统一的记录、分析，并向社会公众公开。对于未能采纳的听证代表意见应给予回应，不能仅以少数服从多数的原则简单处理。②

（五）社会公众严格履行水环境保护法定义务

本部分的社会公众主要指城市个体居民、农业从业人员以及从事直接接触水体业务的个体经营者。

---

① 张朝霞：《价格听证现实困境与路径选择》，《东方论坛》2009 年第 1 期。

② 张翊萱等，《浅析价格听证制度在我国运行的缺陷及完善途径》，《网络财富》2010 年第 12 期。

1996年，上海市政府颁布《海港防止船舶污染水域管理办法》；1997年，上海市人大常务委员会发布了《上海市河道管理条例》，2003年第一次修正，2006年第二次修正；1999年，上海市政府颁布《上海市海塘管理办法》；2010年3月，上海市人大常务委员会通过《上海市饮用水水源保护条例》。这一系列的法律规章对社会公众在水环境保护的法定义务都有明确的规定（详见表9）。

表9　上海市水环境保护公众法定义务

领域	区域	法定义务
水源地保护	水源一级保护区	禁止从事网箱养殖、旅游、游泳、垂钓或者其他可能污染饮用水水体的一切活动； 黄浦江上游一级保护区内，除法定船只可通行外，禁止船舶停泊、装卸以及其他与保护饮用水水源无关的活动； 禁止使用化肥和农药
	水源二级保护区	禁止设置固体废物贮存、堆放场所； 禁止设置畜禽养殖场； 禁止在水体清洗车辆； 禁止在水体清洗装贮过油类或者有毒有害污染物的容器和包装器材； 禁止冲洗船舶甲板，向水体排放船舶洗舱水、压舱水和生活污水； 禁止向水体排放其他各类可能污染水体的有毒有害物质； 限制使用化肥和农药； 合理投饵和使用药物，防止污染水源
	水源准保护区	禁止设置危险废物、生活垃圾堆放场所和处置场所； 禁止在水体清洗装贮过油类或者有毒有害污染物的车辆、容器和包装器材； 禁止向水体排放含重金属、病原体、油类、酸碱类污水等有毒有害物质； 禁止新设规模化畜禽养殖场，现有畜禽养殖场应当实施粪便生态还田； 禁止堆放、倾倒和挖埋粉煤灰、废渣、放射性物品、有毒有害物品等各种固体废物； 应当合理投饵和使用药物，防止污染水源
	备用取水口周围半径100米水域内	禁止排放或者倾倒有毒有害物质； 禁止冲洗船舶甲板，向水体排放船舶洗舱水、压舱水和生活污水
河道保护	堤防安全保护区内	未经水务部门批准，禁止开采地下资源、进行考古发掘、堆放物料； 禁止设置渔簖、网箱及其他捕捞装置； 禁止爆破、取土、钻探、打桩、打井、挖筑鱼塘等影响河道堤防安全
	河道管理范围内	禁止倾倒工业、农业、建筑等废弃物以及生活垃圾、粪便； 禁止清洗装贮过油类或者有毒有害污染物的车辆、容器； 禁止搭建房屋、棚舍等建筑物或者构筑物； 禁止损毁河道堤防等水工程设施； 禁止放牧、垦殖、砍伐盗伐护堤护岸林木； 禁止水上水下作业影响河势稳定、危及河道堤防安全； 禁止其他妨碍河道行洪排涝活动

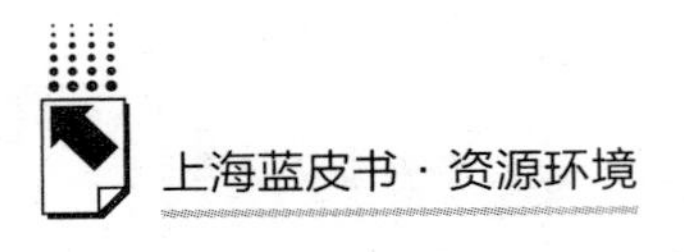

续表

领域	区域	法定义务
船舶污染防治	上海港或黄浦江航行范围	船舶的压舱水、洗舱水、舱底水和生活污水应当委托污染物接收处理单位接收处理,不得任意排放; 任何船舶不得向水域排放残油、废油、货物残渣和其他有毒有害物质; 禁止向水域倾倒船舶垃圾; 船舶在黄浦江航行时不得冲洗甲板,禁止油轮冲洗甲板
海塘保护	海塘范围	禁止爆破、打井、挖石、打桩、取土或者挖筑养殖塘; 禁止打靶; 禁止倾倒废液、废渣或者其他废弃物,但规划留作统一垃圾堆场的除外; 禁止损毁或者偷盗海塘测量标志、里程桩、界牌; 禁止削坡,挖低堤顶;毁损防浪作物;其他危害海塘安全的行为; 限制钻探,垦殖,搭建房屋,棚舍或者兴建墓穴,修筑道路,刈割防浪作物、放牧,堆放物料,铁轮车、履带车、超重车在堤上行驶

资料来源:《上海市饮用水水源保护条例》《上海市河道管理条例》《海港防止船舶污染水域管理办法》《上海市海塘管理办法》。

除社会公众必须遵守的法定义务外，相关法律法规规定，任何社会公众均有监督违法行为的义务，对污染饮用水水源，破坏饮用水水源保护设施、供水设施、河道等行为，可以通过市环保局监督举报电话 12369 向相关部门举报。

（六）社会公众践行水保护行动

如前文所述，在生活污水已经占据污水排放 70% 的背景下，社会公众的集体环境不友好行为会为水环境带来重大负面影响，反之，社会公众的集体环境友好行为能够极大地促进水环境改善。社会公众应在日常生产生活中，树立水环境保护意识，践行水保护行动。

第一，加强城市节水。节水不仅可以有效缓解供水压力，减少水资源消耗，且能够从源头减少污水排放，减轻污水处理压力。家庭节水以选用节水型的抽水马桶，节水型的水龙头、洗衣机等器具为主要途径，同时及时更换老化的漏水自来水管道，并且改变“长流水不断线”的不良用水习惯。机关、企事业、工厂等单位可以通过开展节水知识、水资源保护法律法规的培训，形成良好的节水风气。

第二，积极实施环境友好行动。如普通洗涤剂一般含有磷等污染物，磷是造成水体富营养化的污染源。社会公众主动消费无磷洗涤剂或纯植物洗涤剂，有利于生活污水中总磷、总氮污染的改善。农村居民应注意合理使用农药、化肥，化肥使用中尽量选用有机肥，而不使用氮肥。生活垃圾和生活污水集中处理，不随意倾倒。

B.9

土壤污染防治的公众参与

刘召峰*

摘　要：

近年来，一些与土壤污染相关的环境事件引发了人们的广泛关注。公众参与土壤环境保护的意愿越来越强。国内外案例表明，公众参与土壤污染防治，能够使该项工作以更加高效、规范和科学的方式开展，实现各利益相关方的共赢。当前，政府在引导公众参与土壤污染防治方面做了许多努力，但是也存在一些问题，如土壤污染信息公开程度不够、公众对土壤污染的严重性认识不足、公众不能有效参与到土壤污染监管和相关环境保护中等。上海已经初步建立了公众参与土壤污染防治的制度框架体系，通过对公众参与土壤污染防治的现状分析，发现存在以下四个方面的问题，即土壤环境污染信息公开有限致使公众参与流于形式、公众环境维权难、土壤保护意识薄弱、尚未形成完整的公众参与的法律保障体系。因此，建议从适度公开土壤污染信息、完善环境公众参与的法律保障体系、加强环境教育、拓展公众参与形式、保障公众的参与权与监督权等方面完善土壤污染防治公众参与机制。

关键词：

土壤污染防治　公众参与　上海

2013年初，“镉大米”“重金属蔬菜”等土壤污染事件，引发了公众对土壤污染防治的大关注与大讨论。上海在土壤污染防治领域走在全国前列，已经

* 刘召峰，研究助理。

成功实现了多个污染地块的修复。在土壤污染防治中，公众参与发挥了重要作用。

一　上海市土壤污染防治现状及公众参与的意义

受污染土壤修复周期长、资金需求巨大，使得政府在土壤污染治理上力不从心。而土壤污染能够对公众产生负面影响。因此，公众有必要参与，并在土壤污染防治中发挥自身作用和优势。

（一）上海土壤污染防治的发展现状

土壤污染的污染物种类多，包括重金属、持久性有机污染物、电子废弃物及石油、化工等有机物。造成土壤污染来源的行业很多，有工业生产、也有农业生产，还有服务业等。其中，与上海最为相关的是工业污染及农药化肥的使用导致的土壤污染，进而产生了“棕地”治理与农业产品质量的安全问题。“棕地”的出现使得该地块的土地价值大为下降，更对该地块上的公众健康带来威胁。而土壤污染会使农作物中的有害物质累积，并富集到农产品中，最终会影响人的健康。

1. 工业污染带来的土壤污染的防治现状

上海的工业发展历史悠久。上海工业空间布局经历了三个阶段：最初工业企业主要集中在苏州河沿线，之后形成浦江两岸为主的空间布局，而改革开放以来，各工业园区遍布全市。长期以来，上海的工业企业与居住区交错，不仅使得工业发展空间受到限制，而且更对所在区域造成了污染，影响着周边居民的生活。

随着上海产业发展战略的调整，产业结构升级，中心城区传统老工业企业外迁。工业企业向全市 104 个工业区块（见表 1）转移，而中心城区内仅保留 3 个工业地块。工业特别是一些重污染工业企业，如石油化工、冶金、橡胶、电镀等，搬迁后所遗留的土地都有着程度不同的土壤污染问题，属于土壤重污染区和高风险区。而腾出的土地，由“工（用）转民（用）”，并用于经济效益较好的第三产业，或者用于城市功能的提升。在开发这些土地的过程中，仅对区域内地表建筑物进行简单的整理，而未涉及到污染场地的土壤修复。由于

表 1　全市各区工业区块的分布表

区县	公告园区	产业基地	工业地块	总计
中心城区	—	—	3	3
浦东新区	12	4	5	21
奉贤区	5	2	10	17
金山区	7	2	4	13
嘉定区	5	2	4	11
闵行区	5	1	4	10
松江区	5	—	4	9
宝山区	5	2	—	7
青浦区	4	—	4	8
崇明县	2	3	—	5
全市总计	50	16	38	104

资料来源：上海开发区协会。

土壤污染的隐蔽性和滞后性等特点，再加上我国对土壤污染重视程度不够，国家法规在土壤污染防治上没有明确污染企业具体应承担的责任，使得土壤污染问题一直被忽视，致使土壤污染治理领域一直处于模糊的状态，且管理相对落后。

上海早在“七五”期间就意识到工业污染所导致的土壤污染问题，并开展了全市性的土壤环境背景调查，之后又组织开展了“菜篮子”基地土壤环境质量调查。随后，上海在经济发展中，通过产业结构升级，不断外迁污染企业，降低环境风险。2005 年，上海土壤修复中心成立，主要开展上海受污染土壤的调研和修复规划，截至 2013 年 4 月，共成功修复工程场地项目 30 多个。在 2010 年上海世博会的筹建过程中，实施了上海世博会污染土壤风险评估与场地修复项目，研究制定的《展览会用地土壤环境质量评价标准》是我国第一部应用于污染场地质量评价的标准，也是我国场地土壤污染控制和修复的典型成功案例。在第五轮的环保三年行动计划中，上海将“南大”地区受污染土壤的修复列入行动计划。2013 年上海正在排摸受污染土地，并通过建立不同行业、不同污染类别的土壤数据库，逐步实现动态跟踪管理和信息共享。截至 2013 年，上海对 3.9 平方公里的迪斯尼一期用地已经完成了土壤修复。

2013 年 3 月 12 日，国家环保部同意在上海建设国家环境保护城市土壤污染控制与修复工程技术中心，该中心以搭建“五大平台”为目标，即土壤环境

管理决策支持平台、土壤污染修复技术研发平台、工程技术装备研制平台、国际交流合作与人才培养平台、技术转化与工程应用服务平台。

由于政府未将土壤污染详细信息向公众公开，我们只能通过一些学术论文获取部分污染现状的信息。如上海市农业科学院、史贵涛、林啸等对上海土壤中重金属污染的调研发现，上海市的土壤中重金属的含量均比背景值偏高[①]。

上海正在以下三个方面开展土壤污染防治工作：一是研究制定土壤质量评估、修复技术标准，特别是污染场地，建立土壤信息数据库；二是研究出台土壤综合治理实施意见，即从政策、规范标准、资金保障、科技支撑和公众参与等维度初步构建起上海土壤环境保护工作体系；三是探索建立污染者付费机制，即按照污染者付费、土地开发受益者出资的资金投入机制，按照“谁污染、谁治理”的原则，督促企业落实土壤污染治理资金，按照“谁使用、谁负责、谁投资、谁受益”的原则，充分利用市场机制引导和鼓励社会资金投入土壤污染治理修复。[②]

2. 农业土壤污染防治现状

随着城市化与工业化的发展，农田面临的土壤污染的威胁越来越大。上海郊区的农田主要是为上海本地提供蔬菜等农产品。如果土壤污染会致使蔬菜等农产品受到污染，若被人们食用，将会影响人们的健康。然而，由于土壤污染信息公开程度不够，同样需要从一些学术论文中得到部分数据，以反映农业土壤面临的环境风险。如上海市组织开展“菜篮子”基地土壤环境质量调查发现，上海地区持久性有毒物质的污染状况不容忽视，苏州河底质、长江口潮滩、近郊蔬菜土壤和位于中心城区的工业用地都存在不同程度的污染。袁大伟等[③]对全市 80 个监测点的土壤进行分析得出，

---

① 上海市农业科学院：《上海市土壤质量调查及其典型污染剖析报告》，2003；林啸、刘敏等：《上海城市土壤和地表灰尘重金属污染现状及评价》，《中国环境科学》2007 年第 5 期；史贵涛、陈振楼等：《上海市区公园土壤重金属含量及其污染评价》，《土壤通报》2006 年第 3 期。

② 蔡新华、刘静：《上海土壤治理实施意见年内出台 污染场地未明修复主体前禁流转》，2013 年 5 月 14 日《中国环境报》。

③ 袁大伟、柯福源：《2002 年上海市基本农田蔬菜生产基地环境质量现状评价》，《中国地壤学会第十次全国会员代表大会暨第五届海峡两岸土壤肥料学术交流研讨会文集》，2004 年第 1 期。

在重要工矿用地周围及发达区域，土壤污染较为严重；而上海的中远郊区域，是土壤金属污染的一般污染区和混合污染类型区；上海的远郊区域是土壤重金属的一般污染区。孟飞等[①]对上海的2265个土壤样品进行分析，认为上海的农田质量尚好，土壤优良率为71.4%，合格率为94.9%，不及格率为5.1%。从空间分布上看，各等级土壤以城镇建设为中心，圈层分布特征明显，且锌（Zn）、镉（Cd）、汞（Hg）是引起上海区域土壤质量下降的主要原因。

随着未来城区建设面积的扩展与土地利用方式的变化，如不重视土壤污染问题，上海可能会出现新的土壤污染区域与土壤质量下降的状况。

（二）上海土壤污染防治中公众参与的意义

在国内外的土壤污染防治案例中，公众都发挥了积极作用。国内有关土壤污染防治的规章也特别强调公众参与，这表明公众参与土壤保护的作用已经得到社会各方的认可。

1. 国内外土壤污染防治中公众参与的案例

公众参与能够使利益相关方相互了解彼此诉求，更能以规范化、科学化的方式促进土壤污染治理。美国与日本的土壤污染治理中，公众参与都起到了非常重要的作用，所产生的促进效果值得借鉴。

美国十分重视土壤污染的防治，早在1935年4月就通过了《土壤保护法》。对工业污染和城市化造成“棕地”进行整治和修复的过程中，由美国联邦政府、州政府、地方政府和社区，以及非政府组织负责实施。在防治过程中，参与主体通过会议、座谈会等形式，平衡各方利益，最终实现多方共赢。每一个参与主体的职责十分明确（见表2）。同时对土壤污染整治过程中的环境信息的充分披露，也保证了多方共赢的实现。美国的超级基金信息系统收录的场地数量有1万多个，公众可以通过场地名称、编号、场地所在的街道地址等多种检索方式在线获取场地的污染信息。

① 孟飞，刘敏，史同广：《上海农田土壤重金属的环境质量评价》，《环境科学》2008年第2期。

表 2　美国城市土壤污染治理分级管理机构及职责

机构	主要职责
联邦政府	美国环境规划署是棕地治理的主导机构，负责对棕地进行评估、清洁和可持续的再开发利用
州政府	发起并监督志愿者清洁计划
地方政府与社区	推动联邦政府关注棕色地块问题并对此提供帮助；强调棕地治理是各级政府及私人机构、非政府组织和地方政府共同的任务
非政府组织	积极参与并投资棕地的治理，有效推进各类棕地治理进程

资料来源：赵沁娜、杨凯、徐启新：《中美城市土壤污染控制与管理体系的比较研究》，《土壤》2006 年第 1 期。

日本富山县的土壤曾经遭受过镉污染，镉在河水、大米和鱼虾体内富集，经食物链进入人体，引发了四大公害之一的骨痛病，使大量富山县民众遭受折磨。为了治理土壤镉污染，富山县从 1979 年开始了规模宏大的换土工程，历经 33 年，花费 407 亿日元，最终将神通川流域的 863 公顷农田全部恢复。三井金属矿业公司作为责任方承担换土经费的 40%，其余 60% 的费用由中央和地方政府承担[①]。在治理过程中，公众参与起到了很大作用。首先，当地居民和由镉污染引起的骨痛病患者组成公民社团“骨痛病居民协会”，向三井金属矿业公司提起诉讼，经过审理，三井金属矿业公司向受害者赔偿，并达成污染控制协议，避免了土壤污染进一步恶化及患者的增加。其次，大学教授、律师及公共机构的研究人员与当地居民合作，提出改善设施的合理建议，既帮助了当地居民，又赢得三井公司信任，进一步推动了土壤污染治理。再者，三井公司将环境污染信息公开，而当地居民每年监督当地矿山的镉污染情况。最终，当地水中的镉含量平均在亿分之八，远低于日本《食品卫生法》规定的亿分之四十的安全标准。

2013 年来，国内土壤污染事件屡有发生，如湖南的“镉大米”事件，珠三角“重金属蔬菜”事件等，让人们深刻意识到土壤污染就在身边，已经影响到人们的日常生活。而在这些事件处置过程中，也可以看到公众参与的“身影”。2013 年 2 月，“湖南问题大米流向广东餐桌”的消息在《南方日报》

① 史冀：《日本“痛痛”县 33 年大换土》，2012 年 3 月 26 日《深圳特区报》。

报道，称2009年深圳市粮食集团从湖南购入上万吨大米，经检查，该批次大米重金属镉超标。该消息对湖南的大米产业带来了恶劣的影响。镉大米的出现，主要是由于湖南的有色金属采选开发、农业化肥农药的滥用等导致土壤污染，进而使镉元素在大米中富集。然而，在问题出现之后，公众关心的该批次问题大米的流向及查货数量、厂家的信息却没有及时向外公布，这在一定程度上引发人们的担心。从该事件中，我们至少可以总结出以下两点：一是公众的广泛关注使得土壤污染现象受到了高度的重视，推动了土壤污染防治；二是土壤污染信息未充分公开，使得公众不能深入参与到土壤污染防治中。

2. 上海土壤污染防治中公众参与的意义

公众参与环境保护不仅有利于环境保护事业的发展，更有助于环境管理决策的科学性、民主性与规范性。在土壤污染防治方面，国家也非常重视公众参与。如国家环保部《关于加强土壤污染防治工作的意见》（环发〔2008〕48号）、《重金属污染综合防治“十二五”规划》（2011年）、《近期土壤环境保护和综合治理工作安排》（2013年）等。国家环保部《关于加强土壤污染防治工作的意见》（环发〔2008〕48号）要求，“加大土壤污染防治宣传、教育与培训力度。把土壤污染防治融入学校、工厂、农村、社区等的环境教育和干部培训当中，引导广大群众积极参与和支持土壤污染防治工作。”2013年1月，国务院办公厅发布的《近期土壤环境保护和综合治理工作安排》要求，“引导公众参与。完善土壤污染信息发布制度，通过热线电话、社会调查等多种方式了解公众意见和建议，鼓励和引导公众参与和支持土壤环境保护。制定实施土壤环境保护宣传教育行动计划，结合世界环境日、地球日等活动，广泛宣传土壤环境保护相关科学知识和法规政策。将土壤环境保护相关内容纳入各级领导干部培训工作。可能对土壤造成污染的企业要加强对所用土地土壤环境质量的评估，主动公开相关信息，接受社会监督。”

上海在土壤污染防治中取得了许多成绩，不仅成功修复了世博园区等棕地，还促进了国家环保部出台《展览会用地土壤环境质量评价标准（暂行）》（HJ350－2007）。在上海正在研究制定的土壤综合治理实施意见中，将引导公众参与作为重要的组成部分。同时，上海借助国际旅游度假区的建设，积极开展城市土壤标准的宣传贯彻和示范基地建设，提高公众参与土壤保护的积极性。

国内外土壤污染防治经验表明，公众参与不仅能够有效缓解土壤污染治理中各利益相关方之间的冲突，发挥各参与主体的作用和优势，形成合力，促进土壤污染得到科学化、规范化的治理，更能够使难以开展的土壤污染防治问题进入工作日程。上海市受到污染的土地多位于繁华区域，并对周边居民产生影响。而土壤污染治理周期长且缺乏经济性，仅凭政府自身治理污染难度非常大。因此，土壤防治中的公众参与，将有助于公众了解土壤污染防治情况，明确自身的权利和义务，提高公众保护土壤的意识，缓解公众与企业、公众与政府之间在土壤污染防治中不必要的利益冲突，防范环境风险，更能够使土壤污染防治更加科学化与规范化。

二　上海土壤污染防治中公众参与的现状及问题

土壤污染防治中的公众参与是系统化的体系，需要从参与形式、促进措施及保障机制三方面开展。上海已经初步建立了土壤污染防治公众参与体系框架，但是土壤污染信息未充分公开阻碍了公众参与。同时，公众参与环境监管、决策时很少会涉及土壤污染领域。

（一）土壤污染防治中公众参与的体系框架

欧美等发达国家早在20世纪60年代中后期，就开始建设环境公众参与体系建设，广泛开展环境教育、推进环境信息公开，让公众参与到环境政策制定中来，并从国家层面自上而下的推进环境公众参与工作。而我国在环境公众参与建设上起步较晚，环境公众参与的成熟度也低于发达国家。主要表现在整体的环境意识薄弱、环境公众参与法制保障建设滞后、公众参与渠道不畅与缺乏系统性、长效性机制。

1. 土壤污染防治中公众参与的体系框架构建

我们将环境公众参与的体系框架运用到土壤污染防治领域。该框架可以分为三个主要组成部分，即公众参与的形式、促进措施、保障机制（详见图3）。其中，公众参与的形式是该框架的核心内容，指公众参与土壤污染防治的主要内容、渠道与方式。公众参与的促进措施是指为实现公众参与的便利性和高效性，而采取的相关制度建设及活动。公众参与的保障机制是指保障公众参与的法制建设、资金支持与组织保障。

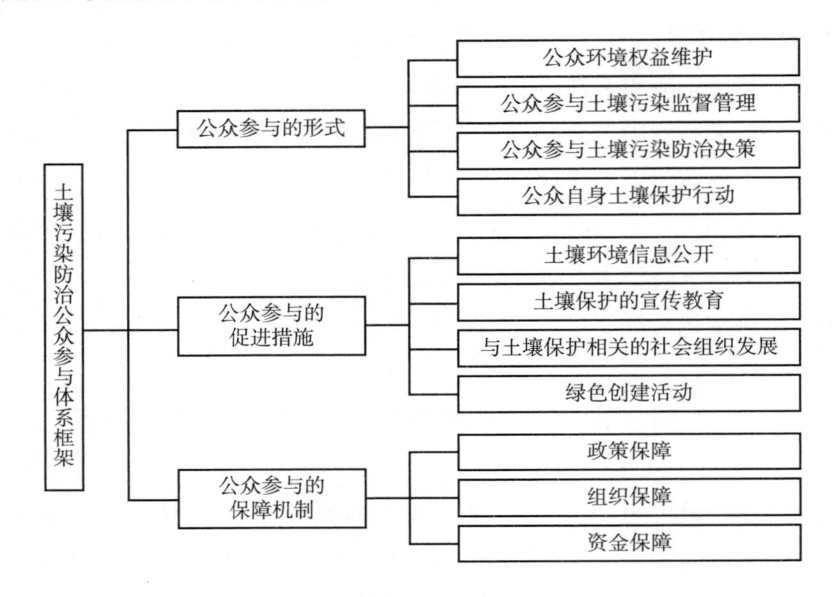

图3　土壤污染防治公众参与体系框架

公众参与形式又包括公众环境权益维护、公众参与土壤污染监督管理、公众参与土壤污染防治决策与公众自身土壤保护行动。公众环境权益的维护是指当公众自身的环境权益受到侵害时，通过协商对话、信访、行政调解、乃至诉讼等形式维护自身的行为。公众参与土壤污染监督管理是指公众参与对周边土壤环境质量、企业污染物排放与政府对土壤环境管理行为的监督管理。公众参与土壤污染防治决策包括公众参与到土壤污染保护法规制定以及项目、政策的环境影响评价等。公众自身土壤保护活动，指公众在生活中倡导保护土壤环境，提高环境意识，践行绿色生活，并积极参加各项保护土壤的公益行动。

公众参与的促进措施包括土壤污染信息的公开、土壤保护的宣传教育、与土壤保护相关的社会组织的发展与绿色创建活动。土壤污染信息的公开是公众参与土壤污染防治的前提保障，无论是在日常监督管理，还是在土壤污染防治决策上，能够减少政府、企业和社会之间在土壤污染防治上的利益冲突，需要

以立法的形式予以确立。宣传教育可以提升公众保护土壤的意识，促进公众履行环保义务。绿色创建不仅可以将学校、工厂与社区引导到土壤保护上来，同时为公众参与提供必要的硬件设施，创造良好的参与氛围，加速环境公众参与体系建设。社会组织具备一定环境专业知识，并有一定的资金支持，相比个人更有能力参与环境保护。社会组织履行环保责任主要体现在三大方面：一是向社会提供环保公益服务，宣传环境知识，提高全社会的环境意识；二是为国家与地方的环境事业发展建言献策，推动绿色经济发展；三是与企业合作，促进企业清洁生产与节能减排。

公众参与的保障机制包括政策、组织和资金保障。政策保障具体指公众参与体系的规划、保障公众参与的各项法规，包括公众参与程序和技术规范，公众参与的范围、环境信息获取范围与方式、公众参与的途径与形式、公众参与的奖惩等方面。组织支持是指政府部门建立部门间协调保障体系，引导公众合法参与土壤保护。资金支持是政府通过专项预算、基金设立等方式实现政府对环境公众参与领域的必要投入，降低公众参与的成本门槛，保证环境公众参与各项相关工作的顺利开展①。

2. 土壤污染防治中的利益相关者分析

利益相关方的共同参与是非常有效的土壤污染防治措施。棕地治理中的利益相关者主要包括政府、原企业、开发商与当地居民。如图 4 所示，原企业对土地造成污染，使其变为棕地，而棕地的产生会对地方发展及当地居民的健康和就业造成影响。为了消除这些影响，政府需要对棕地进行治理，当地居民作为受影响方也参与棕地的治理。原企业搬迁后，应对棕地造成的影响进行补偿，然后开发商对棕地进行开发，以获得相应的利润，并增加居民就业。

（二）上海市土壤污染防治中公共参与的现状及问题

上海已经初步建立起有关土壤污染防治的公众参与体系，但是在参与机制（公众很难参与到土壤污染环境监管中来）、促进措施（土壤污染信息未充分公开阻碍了公众参与）以及保障机制（缺乏系统的完整的公众参与保障体系）

① 常杪、杨亮、李冬溦：《环境公众参与发展体系研究》，《环境保护》2011 年 Z1 期。

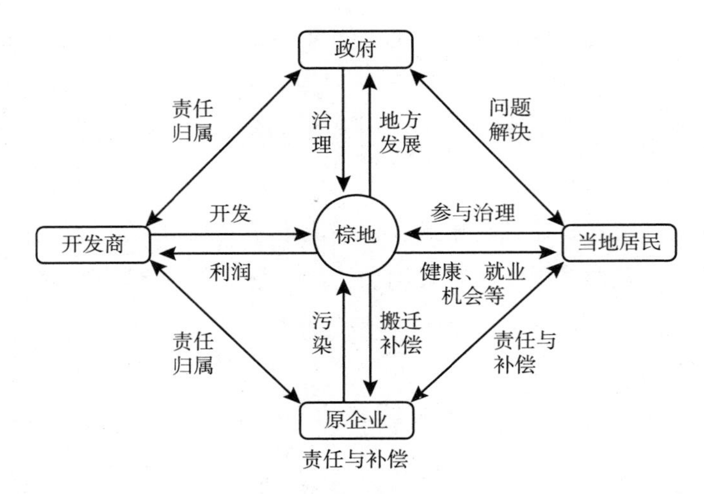

图4　棕地开发的各直接利益相关者关系图

资料来源：世界银行：《中国污染场地的修复与再开发的现状分析》，2010年9月。

等方面，该体系仍不完善。通过剖析世博园区土壤修复与多利农庄土壤改良两个案例可知，公众参与能发挥积极的作用，这两个案例能够为城市“棕地”治理与农村土壤改良提供借鉴。

1. 土壤污染防治中公众参与评价

按照土壤污染防治公众参与框架体系，上海在参与形式、促进措施和保障机制上都有所涉及，也可以说上海市在土壤污染防治中已经初步建立起公众参与机制体系。但是，公众参与体系不成熟，参与程度也不够深，仍需要进一步完善。如，由于土壤污染事件举证困难等因素，造成公众环境权益维护难；土壤信息未充分公开，使人们无法意识到土壤污染问题的严重性；公众参与资金支持得不到制度性的保障；等等。

表3　上海市土壤污染防治中公众参与评价

主要部分	内容	现状
	公众环境权益维护	上海至今还未出现针对土壤污染的公众环境权益维护事件。2012年4月，青浦区夏阳街道办事处诉顾某环境污染责任的案件（废油残液排入淀浦河，造成了重大环境污染事故），是上海首例环境污染案件督促起诉

续表

主要部分	内容	现状
参与形式	公众参与土壤污染监督管理	公众可以通过环保热线 12369 向环保部门举报企业环境违法行为
	公众参与土壤污染防治决策	建设项目环境影响评价为公众参与决策提供渠道。上海"十二五"环境规划将"南大"地区土壤修复列入,而在规划制定过程中,也充分听取了社会各界的意见
	公众自身土壤保护行动	倡导绿色生活,从身边做起;企业加入到土壤保护中来,如多利农庄的土壤改良,起到良好的示范作用
促进措施	土壤污染信息的公开	土壤污染信息公开程度不够;应通过多种媒体载体向社会适度发布土壤信息
	土壤保护的宣传教育	结合地球日、环境日、土地日开展土壤保护宣传活动;以市民参观、环保专题讲座、公益广告、市民调查、微博宣传、网站、世界环境日宣传画、电视访谈等多种形式向公众宣传土壤保护
	社会组织的发展	环保组织规模不断发展
	绿色创建活动	通过绿色社区、绿色学校、生态学校等活动开展
保障机制	政策保障	国家层面出台的许多环保法规,都涉及了公众参与,认为公众参与机制在环境保护中具有重要的作用,但是尚未形成一个完整的框架;上海在 2013 年 6 月 1 日开始实施《关于开展环境影响评价公众参与活动的指导意见(2013 年版)》
	资金保障	没有形成制度性的资金保障机制,仅靠公众自发的、暂时的资金支持,难以发挥公众参与的作用
	组织保障	上海环保局作为环境管理的主管机构,积极推动社会公众和社会组织参与环境保护

2. 土壤污染信息公开

由于土壤污染信息尚未列入环境信息公开目录，且土壤污染的基础数据不完善，环保部门并未向社会公布。而发达国家已经将土壤污染信息向社会公布。如加拿大秘书处财产委员会建立的联邦污染场地名录，从 2002 年 7 月开始对外开放，至今收录的污染场地数量已经超过 4400 个，公众可以通过场地名称、场地所在的省份或地区、人口普查大都市区、联邦选举区、场地污染物、联邦污染场地行动计划日程安排、场地管理计划等多种检索方式来获取场地信息，包括场地的位置、污染程度、污染介质、污染物性质、当前在识别和阐明污染问题上取得的进展、已处理的液体和固体介质的数量等，这些信息可以以表格和图片两种方式输出。

而在2013年初媒体关于土壤污染数据公开与否的大讨论，反映了公众对土壤信息公开的迫切性。环保部门出于担心土壤污染信息一旦公开，可能会引起较大范围、较多人群的恐慌，因此不愿向公众公开。然而，土壤污染信息关系到每个公民的生命健康和居住环境安全，信息公开更有助于公民树立环境保护意识，有利于土壤环境保护与治理，同时也维护了公民知情权与监督权。因此，环保部门应适度公开土壤污染信息，以平衡各方诉求。

上海市土壤污染数据信息公开程度不够，无论是在“上海环境”政府网站上，还是在《环保信息》、“上海环境”微博、移动电视平台或新闻通气会等载体上。但是，对与土壤污染相关的数据进行了一些披露，如涉及重金属污染的重点行业的企业状况。2012年7月10日，上海市环保局公布了《涉重金属矿采选、冶炼企业检查整治表》，结果显示，上海市没有涉重金属矿采选、冶炼的相关企业。2012年9月5日，《电镀企业检查整治表》公布，将全市171家电镀企业的名单及其详细地址、企业类别、企业现状、应急预案的编制、清洁生产审核与污染治理设施检查及污染物达标排放情况予以公布。同日，还公布了《皮革鞣制企业检查整治表》，将涉及重金属排放的企业名单和污染物情况进行公布。2012年12月，《2012年铅蓄电池生产、组装及回收企业信息公开表（全年）》将企业名单、生产工艺和产能以及污染物排放情况进行公布。这些与土壤污染相关的环境信息的披露，能使公众更好地参与到土壤污染防治中来。

3. 环境保护社会组织的发展

据不完全统计，截至2013年10月，上海本地已注册的与环境保护相关的社会组织为96个①，绝大多数为官办，这些社会组织为上海的环境事业作出了很大贡献。除了正式登记的组织外，还有一些未登记的环保组织，包括涉外的民间环保组织以及高校中的环保社团②。近年来，随着信息技术的发展、新媒体的出现，环保社团开始利用网络开展环保活动。

但是，环保组织在不断发展过程中，也面临三个主要问题。一是环保组织

① 数据根据上海社会组织网公开数据统计而来。

② 汤蕴懿：《上海环境NGO现状调查》，《绿叶》2007年Z1期。

的行政化趋势严重，使环保组织很难发挥应有的功能。二是资金缺乏，不利于环保活动开展。由于缺乏制度性的捐赠，仅靠自发性、暂时性的捐赠，不能支持环保组织可持续发展。三是缺乏对涉外环保组织、“网上环保组织”的管理制度。

4. 上海市土壤污染防治公众参与的两个案例

在这里将介绍城市“棕地”污染防治与农村土壤改良中公众参与的案例，以期为其他区域的土壤污染防治提供借鉴。

（1）世博园区土壤修复案例

上海世博会的园区，曾是上海浦江边一片老工业区，江南造船厂、上钢三厂与南市发电厂曾坐落于此。由于工业污染造成了该园区土壤受污染，其中20%的土地受到油类和苯类的污染。为改善土壤环境质量，上海市成立了土壤修复中心，并联合上海环境集团对土壤进行修复。土壤修复的近期目标是满足世博会展览用地的需求，远期目标是实现园区内土地的可持续利用。

为了让公众进一步了解世博园区的总体规划，征询公众对总体规划的意见和建议，2005 年 2 月至 2006 年 4 月，在世博会总体规划环境影响评价工作中，采用网上调查、书面问卷和现场调查三种方式让公众充分发表看法①。

该案例向公众传递了城市土壤污染治理对城市发展的重要性，提高了公众环境保护的意识，并为今后大规模开展土壤污染防治起到良好的带动作用。主要表现在两个方面：一是科研机构与企业共同努力，并在国内首次大规模应用稳定/固化技术，有助于提供土壤修复的经济性，降低修复成本，使土壤污染防治事业向前迈了一大步；二是媒体积极宣传园区土壤污染治理，提高公众保护土壤的意识，为后续其他污染场地的修复提供了良好的氛围。

（2）多利农庄土壤改良案例

多利农庄成立于 2005 年，位于浦东新区大团镇东南，占地面积 1750 亩，是上海市郊最大的有机蔬菜基地。多利农庄也是中国最大的专业从事有机蔬菜种植和销售的企业之一。2010 年上海世博会期间，多利农庄作为唯一的有机农业参展商，在城市未来馆展现了上海都市新农业的风貌。同时，作为世博会

---

① 上海世博会事务协调局、上海市环境保护局中国：《2010 年上海世博会环境报告》，2009 年 7 月。

指定有机蔬菜特供基地，多利农庄也被多家世博国家馆餐厅选为蔬菜供应商。在多利农庄成立之前，这片农田由于长期使用化肥与农药，土壤酸性很重，受到一定程度污染，农业产出寥寥。为了达到国际要求的有机蔬菜种植标准，多利农庄花费三年时间，投入6000多万元用于土壤改良。农庄采用了滴管和配管的数字化灌溉系统，在土壤中埋有传感器，可以通过传感器，配合不同菜品的特性条件，实现自动化灌溉。在获得经济收益同时，多利农庄还发展休闲旅游，使市民更多地亲近生态园①。

该案例是公众积极参与土壤保护行动的成功案例。企业将自身发展与环境公益相结合，积极投身于土壤改良与保护，不仅提高了自身经济效益，更取得了巨大的环境效益，为土壤受污染地区发展有机农业提供了经验。同时，农庄休闲旅游的开发，使居住在城市中的人们在享受休闲的同时，也接受了环境教育，提高了环境保护意识。

（三）上海土壤污染防治中公众参与的问题

通过对比土壤污染防治中公众参与框架体系，上海土壤污染防治中公众参与主要存在以下四个方面问题。

1. 土壤污染信息公开程度不够，公众参与流于形式

2013年初，曾有律师向环保部申请公开“全国土壤污染状况的调查方法和数据信息”，而国家环保部以“国家秘密”为由拒绝公开。而之前针对全国土壤污染状况的调查信息，仅仅提到土壤污染必须引起人们的高度重视，而未提起具体的污染信息。该事件表明环保部门只公布定性数据，不公布定量数据，将会引发公众的质疑。土壤污染信息公开程度不够，不利于公民树立环境保护意识，不利与做好土壤污染的预防和控制。同时，容易引起政府与公众之间的猜疑，甚至造成大范围的恐慌。土壤污染防治的要务之一，就是要及时、适度公开污染信息。土壤污染信息的适度公开有利于使环境管理机构与公众之间达成相对平衡，推动公众环境权益维护、公众参与环境监管、公众参与环境决策以及公众自身开展环保行动向更深方向发展。

---

① 陈婧：《多利农庄 守得云开见月明管理》，《中国新时代》2011年第8期。

让公众多了解一些土壤污染的信息，将会增加其参与治理的动力，唤起其积极保护土壤的意识。此外，公众也可以参与到对土壤污染防治的监督中。那些具备一定能力的社会组织，可以对土壤进行采样，对土壤污染进行实时监测，并把监测结果公示到社会媒体上。而一些企业也可以在土壤修复中找到商机，实现经济发展与土壤保护的双赢。而受害地的公众，在政府尚未觉察某个排放源的土壤污染风险时，可以通过 12306 环保热线进行举报，防患于未然。

2. 公众环境维权难，且公众很难参与到环境监管中来

当公众的环境权益受到侵害时，公众很难进行环境维权，主要原因在于举证难，很难找出“被告”，且参与成本高，这在土壤污染方面表现的尤为突出。2013 年 1 ~6 月，上海 12369 环保热线的群众举报案件中，共接到群众举报案件 14 件，主要集中在废气污染、废水污染和噪声污染，没有一例是有关土壤污染的。究其原因，是因为土壤污染的防治专业性较强，而公众缺乏专业知识，很难对污染土壤的违法行为进行举证。这也阻碍了公众参与对土壤污染的监管。

3. 土壤保护的环境意识仍很薄弱，仍需进一步加强

由于土壤污染的隐蔽性、复合性、积累性和滞后性，人们往往会忽视土壤污染，不能意识到土壤污染的严重性。虽然现在有关环保宣传教育的媒介和活动很多，很大程度上也提高了人们保护环境的意识，但是这些宣传活动主要以大气环境保护、水环境保护与固体废弃物防治为主，很少有专门的活动来宣传土壤保护。因此，应当加强土壤保护的环境宣传教育，提高保护土壤的意识，使公众参与土壤保护的条件更加便利。

4. 尚未形成公众参与的地方法律法规

我国环境保护法规中，虽然对公众参与有所涉及，但未形成一个完整统一的体系。一些地方虽然针对环境公众参与制定了规章，如山西、沈阳等地，对环境公众参与做了规范与界定，但也存在一些问题。如一些规定只是原则性的描述，缺乏可操作性。我国《水污染防治法》第 13 条规定：“环境影响报告中，应当有该建设项目的所在地单位和居民的意见。”但并没有规定相应的参与途径、程序，没有明确公众的权利义务，使公众无法参与①。

---

① 周莹：《浅析环境保护公众参与制度》，《法制与社会》2008 年第 1 期。

在我国近期土壤污染防治工作安排与上海市正在制定的土壤污染防治综合意见中，均强调了“引导公众参与”。以立法的形式保障和引导公众参与，能够使公众参与环境保护做到有法可依，更能推动土壤污染防治工作的开展。而公众参与法律法规的缺失，会使公众在参与范围、参与途径、环境保护中的权力与义务等环节缺乏清晰的认识，进而使公众与环保部门之间产生一些不必要的“矛盾”。同时，土壤保护中公众参与的成本高，且缺乏有效的资金支持，导致公众发挥的作用相当有限。因此有必要出台法规降低参与的成本，并对社会组织提供制度性的资金保障。

三　完善上海市土壤污染防治中公众参与的对策建议

前文提到的四个方面问题制约着公众参与土壤污染防治。因此，本文的政策建议主要是针对这四个问题展开。

（一）政府应适度公开土壤污染信息，促进公众参与

土壤污染信息公开对公众参与的重要性不言而喻。可以通过两个措施来促进政府公开土壤污染信息，一是完善土壤环境监测体系，弥补土壤基础数据的不完善；二是建立土壤污染信息公开制度。

1. 完善土壤环境质量监测体系

土壤环境质量监测体系包括土壤环境监测制度、环境监测机构、环境监测能力、环境监测网、环境监测技术体系与环境监测信息的发布体系。由于土壤污染长期得不到重视，土壤环境质量监测体系不完善。因此，在国家完善监测制度、技术规范的同时，上海应着重从监测能力、监测网络和环境监测信息发布体系等方面完善土壤环境质量监测体系。监测能力方面，要为环境监测实验室配备先进的设备，建设环境监测综合数据平台，加强科研人才队伍建设和技术培训基地建设；监测网络方面，要增加土壤环境质量监测站点，对重要敏感区（如蔬菜粮食种植基地）和土壤高风险区（如重污染企业周边）进行加密监测、跟踪监测；将土壤信息列入可发布的环境信息，并通过环境状况公报与环境质量报告等形式向公众发布，并不断加大土壤信息的

公开力度。

2. 建立土壤污染信息适度公开制度

环境信息适度公开既包括污染信息公开的程度，也涉及数据公开的范围。环境信息公开制度已经在我国初步建立，以保障公众的知情权。然而，环境信息公开制度对环境信息的发布标准与内容并未做详细规定。在实际中，多是介绍有关机构的职能、环保政策及环境质量状况等一般性的环境信息，而很少包括主要污染物的排放总量指标分配及落实、排污许可证发放情况、违反环保法规的企业名单及对其具体惩罚内容等具体环境信息。国外的环境信息公开制度建设值得我们借鉴。如欧盟颁布了《公众获取环境信息的指令》，要求成员国政府采取必要措施收集相关环境信息，并运用电子信息技术等方式主动向公众发布①。而在我国，土壤污染信息被相关部门作为“国家秘密”，甚至连综合性的土壤污染信息都未向公众公开。因此，需要建立土壤污染信息适度公开制度。即通过环境公报、环境质量报告及报纸、网站、微博等媒体形式向外发布土壤污染的综合信息，同时制定土壤信息发布规则，对依申请公开的情况做出说明，以保证公众的知情权。然而，土壤污染特点也决定了信息公开的范围应在利益相关者层面公开，而非全面向所有公众公开。如针对棕地治理，土壤污染信息应向原企业、开发商和当地居民公开。

（二）建立环境公众参与的法律保障

国家曾在2006年启动《公众参与环境保护办法》的编制，但是至今仍未颁布。许多环保法规虽然提到增强公众参与，但多是原则性规定，可操作性不强。

1. 美国环境公众参与立法的借鉴

美国在环境立法、环境信息公开制度、环境影响评价制度、环境公益诉讼制度与环境教育制度中，均对公众参与环境保护做了明确且详细的规定，形成了较完整统一的环境公众参与立法体系。

① 申进忠：《我国环境信息公开制度论析》，《南开学报（哲学社会科学版）》2010年第2期。

表4　美国环境公众参与立法

维度	具体法规
环境立法	美国在《国家环境政策法》中，明确公众是环保的基本主体
环境信息公开制度	美国《信息公开法》《阳光下的政府法》规定了信息公开的种类、方式及公众如何申请公开政府信息；《超级基金修正及再授权法》规定公众可以查询公司污染数据；《知道权利法》规定对企业必须公布对公众有影响的化学污染物质的排放情况；《紧急计划与社区知情权法》《1980年综合环境反应与责任法》《有毒物质控制法》《资源保护与恢复法》规定了企业环境报告制度
环境影响评价制度	环境影响评价制度是美国环境政策的核心制度。《国家环境政策法》规定，政府所有机构的立法建议或重大行动建议都要开展环境影响评价，而环境影响评价过程中要充分听取公众的意见；《关于实施环境政策法程序的条例》对环境影响评价中公众参与做了详细规定
环境公益诉讼制度	《清洁空气法》《清洁水法》《噪声控制法》《濒危物种法》均规定了环境公益诉讼的内容
环境教育制度	《环境教育法》对环境教育政策及措施做了具体规定

2. 构建环境公众参与的法律保障

我国的环境保护法规，如《环境保护法》明确规定，“一切单位和个人都有保护环境的义务，并有权对污染和破坏环境的单位和个人进行检举和控告。”这表明，公众在环境保护中应注重环保责任的履行，而不应只是享有监督权力。但在实际环境保护中，公众参与行为往往会被简单地理解为监督功能，公众应承担的环保责任很少被提及。我国的环境立法对公众参与也做了相应规定，并在不断细化中。如，《国务院关于环境保护若干问题的决定》(1996年8月30日)、《环境影响评价法》(2002年)、《环境影响评价公众参与暂行办法》(环发〔2006〕28号)中均提到公共参与。然而，这些法规条文对公众参与的规定没有形成一个完整统一的体系，在技术规范和程序上依然有待进一步理顺。一些省市也制定了环境保护公众参与办法，如《山西省环境保护公众参与办法》(2009年)，从环境保护公众参与的范围、环境信息获取范围与方式、公众参与的途径与形式、公众参与的奖惩方面对环境保护公众参与做了很好的界定。上海应借鉴国内外立法经验，制定《环境保护公众参与办法》，明确公众参与的范围、环境信息获取范围与方式、公众参与的途径与形式、公众参与的奖惩，保障公众参与环境保护。

（三）加强环境教育，提高环境公众参与的深度与广度

我国环保部门都设有专门的宣传教育机构，以提高公众的环境意识，促进环境公众参与。环境宣传教育的加强需要从以下方面展开：一是加强环境信息公开，以保障公众的环境知情权和监督权；二是多种媒体形式结合，通过报纸、期刊、广播电视媒体、网络等开展环境教育；三是加强基础教育、高等教育阶段的环境教育，让环境教育走进课堂；四是将环境宣传教育与世界环境日、地球日等主要环境纪念日结合，打造环境教育品牌，扩大影响力；五是增加关于土壤保护方面的宣传教育，提高全社会土壤保护的意识；六是加强环境教育队伍能力建设；七是制定环境教育法，保障环境宣传教育顺利开展。

（四）完善公众参与形式，保障公众的参与权与监督权

在土壤污染防治过程中，公众主要在环境教育宣传、绿色创建活动及自身环保行为环节参与。公众参与的内容和渠道并不多，很少且很难参与到土壤污染防治监管、决策及环境公益诉讼中来。

应拓宽公众参与的渠道，在制定土壤利用规划、土壤修复计划等过程中通过听证会、问卷调查、专家咨询、座谈会等形式，吸取公众的具体建议，并将其用于土地利用规划、土壤修复等工作当中。应从强化环境意识、扩大公众参与范围、规范参与程序的角度完善环境影响评价中的公众参与。制定专门的法律法规，对环境公益诉讼进行规范，明确诉讼主体，完善诉讼程序、举证责任和损害赔偿机制，明确要求各级政府为环境公益诉讼制度提供行政支持，允许并鼓励各地建立环境诉讼基金，解决环境公益诉讼的成本问题。

参考文献

蔡新华、刘静：《上海土壤治理实施意见年内出台 污染场地未明修复主体前禁流转》，2013 年 5 月 14 日《中国环境报》。

袁大伟、柯福源：《2002 年上海市基本农田蔬菜生产基地环境质量现状评价》，《中国地壤学会第十次全国会员代表大会暨第五届海峡两岸土壤肥料学术交流研讨会文集》，2004

年第1期。

孟飞、刘敏、史同广：《上海农田土壤重金属的环境质量评价》，《环境科学》2008年第2期。

赵沁娜、杨凯、徐启新：《中美城市土壤污染控制与管理体系的比较研究》，《土壤》，2006年第1期。

史冀：《日本“痛痛”县33年大换土》，2012年3月26日《深圳特区报》。

常杪、杨亮、李冬溦：《环境公众参与发展体系研究》，《环境保护》2011年Z1期。

世界银行：《中国污染场地的修复与再开发的现状分析》，2010年9月。

汤蕴懿：《上海环境NGO现状调查》，《绿叶》2007年Z1期。

上海世博会事务协调局、上海市环境保护局中国：《2010年上海世博会环境报告》，2009年7月。

陈婧：《多利农庄 守得云开见月明管理》，《中国新时代》2011年第8期。

周莹：《浅析环境保护公众参与制度》，《法制与社会》2008年第1期。

申进忠：《我国环境信息公开制度论析》，《南开学报（哲学社会科学版）》2010年第2期。

B.10

生物多样性保护的公众参与

程 进*

摘 要：

上海市各区县生物多样性呈现带状空间格局，全市整体上表现出东西高、中间低的分布格局。作为一个快速发展中的特大型经济中心城市，人类活动对上海市生态环境干扰剧烈，生物多样性演化趋势表现为本地原生植物种类减少和外来生物入侵现象严重。在生物多样性保护过程中政府主要起引导作用，公众才是真正的参与者、实施者和受益者，而完善的生物多样性保护公众参与机制应包括宣传参与、实践参与和监督参与三个环节。上海市生物多样性保护公众参与经历了三个发展阶段：参与形式单一化阶段（1981～1991年）、参与形式多样化阶段（1992～2009年）和制度保障阶段（2010年至今）。表现出以下特征：以宣传参与和实践参与为主，监督参与较少；以物种多样性建设为主，生态整体性关注较少；以团体集中参与为主，个体分散参与较少；生物多样性保护公众参与面较窄；传统公众参与方式面临新的挑战。上海市生物多样性保护公众参与机制的完善需要从突出宣传教育活动的生物多样性主题、增强公众参与的针对性、创新公众参与方式和内容以及鼓励公众参与监督管理等方面展开。

关键词：

生物多样性保护　环境保护　公众参与　上海

* 程进，博士。

生物多样性是生物（动物、植物、微生物）及其与环境形成的生态复合体，以及与此相关的各种生态过程的总和，主要包括生态系统多样性、物种多样性、遗传多样性（或基因多样性）和景观多样性四个层次（马克平等，1995）。生物多样性为人类社会提供了生活资源和生存环境，对维持生态系统的稳定、提升生态系统的服务功能有着重要意义，在人类生产生活各个方面都发挥着重要作用，能够产生巨大的生态效益和经济效益。由于在整个生命世界中的重要性和不可替代性，生物多样性与全球变化、可持续发展并称为国际三大热点问题（李菁等，2011）。

城市生物多样性是全球生物多样性的重要组成部分，虽然城市生物多样性在经济价值、丰富度和能量代谢等方面无法与自然界生物多样性相比，但对于维护城市的生态安全和生态平衡、改善居住环境具有重要意义（汪天雄，2006）。城市生物多样性受人为干扰影响最大，随着城市化进程的不断加快，城市建设往往忽视城市生态环境的保护，造成城市生物多样性急剧下降，给城市生态系统的稳定和协调发展带来极大压力，城市生物多样性保护已成为当前生物多样性保护的热点领域之一。城市作为人类聚居中心，一方面人类的生产生活活动对生物多样性产生较大影响，另一方面，城市生物多样性保护需要全社会的共同参与。

一　上海市生物多样性特征及公众参与保护的意义

上海作为一个快速发展中的特大型经济中心城市，人类活动对生态环境干扰剧烈，导致自然生境破碎化，严重影响着物种生存和生物资源的可持续利用，保护和可持续利用上海市生物多样性资源已成为一项非常紧迫的系统工程。

（一）上海市生物多样性构成及保护价值

1. 上海市生物多样性构成

2011 年上海市辖区内国土面积 6340.5 平方千米，周边海域面积约 1 万平方千米。上海市岸线总长约 518 千米（不含无居民岛），其中大陆岸线长约 211 千米。上海市主要为坦荡低平的长江三角洲冲积平原，平均海拔 4 米左

右，区域内天然河流密布，主要河流有黄浦江及其支流苏州河等。虽然整体地形相对简单，但由于上海地处长江三角洲东缘，位于长江和钱塘江入海口交汇处，是陆地生态系统、河流生态系统与海洋生态系统的交错地带，边缘效应强烈，生境类型多样，地区生物多样性十分丰富，湿地生物是上海生物多样性的重要组成。从表 1 可以看出，不同区县的物种丰度差距较为明显，如松江区高等植物有 580 种，是大多数区县的两倍多；浦东新区和崇明县高等动物有 300 多种，高于其他区县。人口密度最大和经济活动最频繁的中心城区，高等植物和高等动物的物种数在所有区县中处于最低水平，而外来入侵种却达到 58 种，在所有区县中数量最高，说明人类活动对生物多样性具有一定负面影响，其后果是生物多样性的减少和外来物种的入侵。

表 1　上海市各区县物种丰度现状

单位：种

评价单元	高等植物	高等动物	鱼类	两栖动物	爬行动物	鸟类	哺乳动物	外来入侵物种
中心城区	220	160	2	3	2	146	7	57
宝山区	269	249	52	6	8	169	14	48
青浦区	259	200	65	6	7	109	13	36
闵行区	256	147	37	4	8	85	13	34
嘉定区	324	147	42	6	6	78	15	35
松江区	580	200	34	6	15	129	16	37
金山区	379	186	43	5	13	111	14	31
奉贤区	289	277	45	7	12	195	18	32
浦东新区	254	353	53	7	12	267	14	27
崇明县	256	336	22	4	6	291	13	25

资料来源：王卿等（2012）。

上海市各区县生物多样性呈现带状空间格局，从图 1 所示的各区县生物多样性分布情况可以看出，全市整体上表现出东西高、中间低的分布格局。浦东新区滨江临海，青浦区、松江区、金山区分布有湖泊、河流、沼泽、农田、山丘等多种生境类型，生物多样性处于相对较高水平，中心城区生境类型单一，受人类影响强烈，生物多样性指数最低。

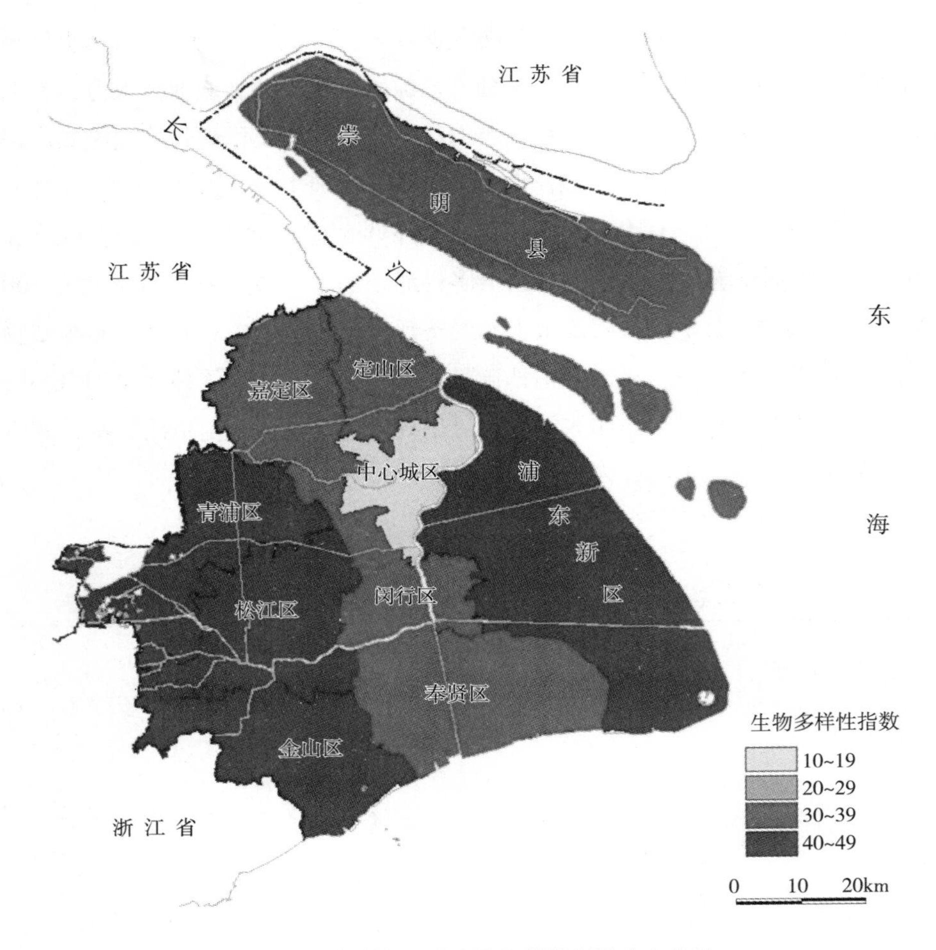

图 1　上海市各区县生物多样性指数分布格局

资料来源：根据王卿等（2012）绘制。

2. 上海市生物多样性演化趋势

受多重因素共同影响，上海市部分生态系统面临功能退化、物种濒危程度加剧等问题。随着城市化进程加快，上海陆生野生动植物栖息地分布的破碎化程度不断加剧，动物种群普遍偏小，分布区域萎缩，基因交流较少，遗传多样性未得到有效保护。气候变化和人为活动造成沿海滩涂湿地面积持续减少，环境污染、船舶航运、海上工程和捕捞生产等对水生生物多样性及物种栖息地造成一定影响。

本地原生植物种类减少。在快速城市化的影响下，上海市土地利用率极高，单一的植物生活环境、大面积土地开发以及人为破坏等因素，导致本地原生植物种类减少。以佘山为例，近年来因受上海城市化影响使得植物区系有很大变化。据1999年出版的《上海植物志》记载，佘山地区在1950年代末共有种子植物655种，到1980年代中期已减少至535种，而到1990年代末期仅剩下254种。目前上海原生植物中约有290种分布范围极小、数量稀少的植物可能已消失（陈抒怡，2012）。

外来生物入侵现象严重。作为国际性大都市，上海是经济、贸易、金融和航运中心，也是我国进出口量最大的城市之一，导致上海生物入侵现象严重。如2000年5月松江区林场首次出现松材线虫病，造成佘山2万余株20世纪60年代种植的黑松大面积死亡，使佘山成为无松之山。目前凤眼莲、日本松干阶、豚草、北美一枝黄花（又称黄莺或麒麟草）、水葫芦、松材线虫、空心莲子草等入侵物种的分布面积在不断扩大，21世纪初期上海外来有害生物种类为39种（解众，2001），目前中心城区入侵物种已增加到57种，很容易对上海的城市生态环境和生物多样性构成严重威胁。

3. 上海市生物多样性保护价值

针对上海市原生植物减少、外来生物入侵现象严重等主要的生物多样性问题，亟须加强生物多样性保护和生态系统服务的可持续利用。上海市加强生物多样性保护价值体现在以下两个方面。

一是上海市生物多样性具有非消耗性利用价值。上海市生态环境中的生物多样性，在经济价值、生产力、物质循环与能量代谢等方面所发挥的作用无法与自然界生物多样性相比，其价值主要体现在非消耗性利用价值，如生态价值、文化与美学价值。具体而言，可以维护城市生态系统平衡，提高城市空气质量，修复土壤，改善城市热岛效应以及成为构筑城市文化的自然基础等。此外，生物多样性能够储备对生态和经济至关重要的基因资源，可以应对未来生态环境可能出现的不可测因素。

二是为区域生态多样性保护作出贡献。一方面，上海市生物多样性是长三角乃至全国生物多样性的重要组成部分。上海市位于长江入海口，滨江临海，具有独特的湿地生态系统和典型的河口生物多样性，是许多鸟类和濒危水生动物的栖息地。加强上海市生物多样性保护，对丰富地区及全国生物多样性起到重要作用。另一方面，上海市作为经济中心、航运中心和贸易中心，是全国对外交往的枢纽和重要窗口，许多地区以上海为中转开展国际贸易，使得上海首当其冲成为外来生物入侵最为严重的地区之一，也是全国防范生物入侵的前沿地区之一。上海市加强生物多样性保护，特别是加强防范外来生物入侵，对维护区域及全国生态系统平衡具有重要意义。

（二）国外城市生物多样性保护公众参与状况

城市生物多样性保护是一项十分艰巨的任务。国外城市生物多样性保护，首先从提高公众对生物多样性保护的重要性和迫切性的认识开始，注重发挥公众参与的作用。2004 年欧盟首次确认的由 15 个指标组成的生物多样性评价指标体系中，就包含有 1 个公众意识指标（万本太等，2007）。

1. 普及生物多样性保护教育

国外城市生物多样性资源保护和持续利用的教育一般从学龄前儿童开始抓起，生物多样性保护教育深入到学校、家庭、社区和单位等不同社会单元，受教育人群涵盖从幼儿到老年各个年龄层，教育活动类型也多种多样。如菲律宾面向公众建立和开放自然公园、博物馆、植物标本馆、动物园和植物园等生物多样性展示地点，通过休闲方式对公众进行生物多样性保护教育（陈波，2005）。德国形成了一个由政府机构、学校和民间组织组成的环保教育网络，幼儿园和中小学都有很多关于自然和生物多样性保护的教育内容，通过各种环保活动来提高学生的生物多样性保护意识，鼓励学生设计和开发环保项目（吕迎春，2011）。

2. 重视生物多样性保护宣传

除了普及生物多样性保护教育，国外一些城市还注重利用媒介向公众进行生物多样性保护宣传，提高公众保护意识。如日本城市按公众的不同年龄特征安排生物多样性保护宣传内容，通过报纸、杂志、电视、广播、互联网等多种媒体通道宣传生物多样性保护的重要性，以提高国民的参与意识（吕迎春，2011）。植物园和动物园可谓是城市的生物多样性中心，国外许多城市都将植物园和动物园作为对公众进行生物多样性科普宣传基地，在公众参与城市生物

多样性保护中起着核心作用。

3. 充分发挥民间组织的作用

国外城市民间环保组织数量较多，在生物多样性保护宣传和参与政府决策过程中发挥了重要的作用。如德国注重充分发挥非政府组织力量，建立公众参与体系。全国共有上千个环保组织，通过举行宣传活动、提供环保知识讲座和知识手册，深入宣传生物多样性保护（吕迎春，2011）。英国成立了自然保护联合委员会，由政府机构、物种资源收集库、地方政府以及民间组织和学术团体组成，委员会成员代表了社会各界，吸引了利益相关群体的决策参与。在巴西，国家生物多样性委员会（CONABIO）由政府部门以及民间组织的代表组成，确保了民间组织在国家生物多样性保护决策过程中的参与（薛达元，2012）。

（三）生物多样性保护公众参与的作用和意义

研究表明，人口增长和城市扩张对上海市生物多样性的空间格局产生了显著影响（王卿，2012）。人类行为是造成危害生物多样性的直接原因之一，因此需要大力宣传生物多样性保护的重要性和破坏生物多样性的危害性，提高公众保护生物多样性的意识和观念，使更多的群体参与生物多样性保护。

1. 生物多样性保护公众参与的内涵

“公众参与”是指社会群众、社会组织、单位或个人作为主体，在其权利义务范围内有目的的开展的社会行为（崔艳辉，2009）。从参与主体来看，公众参与是相对于政府单一主导管理而言的，主体参与的形式包括以个体为单位的公民个人参与以及相关民间组织的团体参与。因此，生物多样性保护公众参与是指在法律限度范围内，依照法定程序，全体公民以个人或社会组织的形式，通过一定的程序、途径参与生物多样性保护相关的决策活动，监督社会主体的环境行为，并采取措施积极恢复和保护生物多样性的过程。

公众参与生物多样性保护的形式分为直接参与和间接参与。其中直接参与是指公众参与以生物多样性保护为主题的环保活动，包括生物多样性知识的宣传普及、生物物种保护等。间接参与是指公众参与其他环保相关活动，包括水环境保护、大气环境保护、土壤保护等，通过改善生物栖息地环境，间接实现生物多样性保护目的。间接参与的范围更加宽泛，几乎所有与环保有关的公众参与行为都可囊括其中。为了突出生物多样性保护中公众参与的形式特点，本文主要分析生物多样性保护的公众直接参与形式。

2. 生物多样性保护公众参与的作用

环境决策是一个复杂、专业化的领域，并会切实地影响到居民的生活，制定并实施解决环境问题的相关政策要求持续而广泛的公众参与（Ran，2012）。在生物多样性保护过程中政府主要起引导作用，公众才是真正的参与者、实施者和受益者，公众参与是保证生物多样性政策顺利实施的重要前提，因此，提高社会公众的生物多样性保护意识和参与积极性至关重要。

一是有利于加强对生物多样性问题的全方位管理。社会公众通过宣传、决策、监督等途径参与生物多样性保护，是对政府管理行为的一种补充。公众参与可以加强相关决策的公开性、透明度，使政府决策和管理更符合实际情况，实现对生物多样性的全方位和全过程管理。

二是提高公众的生物多样性保护的参与意识和责任感。与大气环境、水环境等相比，生物多样性对公众生产生活的直接影响并不明显，使得公众容易忽视对生物多样性的保护。参与是一个受教育的过程，可以使公众更多地了解到生物多样性保护与人类的直接关系，逐步加深生物多样性对人类发展不可替代作用的认识，增强公众对参与生物多样性保护的责任感，促进整体环境保护。

三是提高生物多样性保护的有效性。生物多样性保护是一项长期复杂的系统工程，单靠政府管理很难完成。公众的日常生活与生物多样性息息相关，公众参与除了可以约束自身行为外，还有利于加强对生物多样性保护的日常监督，弥补常规保护和管理因成本高、保护能力有限等原因所形成的疏漏，可以为生物多样性保护提供重要的信息和监督保证，提高生物多样性保护的广度和深度。

二　上海市生物多样性保护公众参与评价

上海市生物多样性保护公众参与从无到有，已历经较长的发展过程，对促进上海市生物多样性保护起到了一定的作用，然而，根据生物多样性保护公众参与的评价标准，上海市生物多样性保护公众参与还有很大的提升空间。

（一）上海市生物多样性保护公众参与的演化历程

根据公众参与的内容和形式，可以将上海市生物多样性保护公众参与的演化历程分为三个阶段，分别是参与形式单一化阶段（1981～1991年）、参与形式多样化阶段（1992～2009年）和制度保障阶段（2010年至今）（见表2）。

表2　上海市生物多样性保护公众参与发展历程

阶段	主要特征
参与形式单一化阶段(1981～1991年)	以义务植树和爱鸟周活动为主,参与形式单一,生物多样性保护的观念淡薄
参与形式多样化阶段(1992～2009年)	公众开始认养动植物,野生动物保护特色学校、环保公益组织等生物多样性保护平台成立,生物多样性保护观念增强
制度保障阶段(2010年至今)	传统的生物多样性保护公众参与方式存在不可持续性问题,公众参与的制度保障得到加强

资料来源：本文整理。

1. 参与形式单一化阶段（1981～1991年）

在1981年起开展的全民义务植树运动中，上海市通过广泛宣传，发动公众参与植树，开始了真正意义上的生物多样性保护公众参与。1983年2月23日，上海市人民代表大会常务委员会第二十五次会议通过了《关于开展全民义务植树运动的决议》，1984年4月23日，中共上海市委、市人民政府发出《关于贯彻中共中央、国务院〈关于深入扎实地开展绿化祖国运动的指示〉的通知》。从此，上海群众性植树活动进入了组织有序、持续发展的新阶段，参加人数逐年增加。

在开展植树活动的同时，1981年9月，国务院要求各地从1982年开始开展“爱鸟周”活动，上海市从1982年开始在每年的四月初开展“爱鸟周”活动，“爱鸟周”活动主要面向在校学生，引导青少年以实际行动投入到爱鸟护鸟活动中来，提高青少年的生态道德意识，该活动已经成为上海市未成年人生

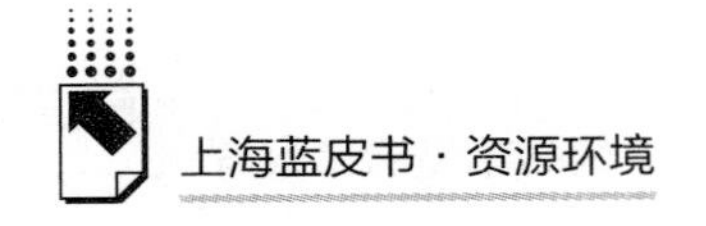

态道德教育的重要传统项目。

在该阶段内，公众参与生物多样性保护的形式集中在以上两个方面，参与形式单一，虽然植树活动和爱鸟周活动有利于生物多样性保护，但该阶段内公众参与的最初目的是响应国家号召，生物多样性保护的观念还较为淡薄，而且公众参与的过程以政府引导为主。

2. 参与形式多样化阶段（1992～2009年）

1992年联合国通过了《生物多样性公约》，1993年《生物多样性公约》作为野生生物保护新框架生效，1994年联合国大会宣布每年的12月29日为"国际生物多样性日"。随着国际社会对生物多样性保护的重视，国内也开始加强生物多样性保护工作。

1992年，《新民晚报》率先发起"社会资助认养动物"公益活动。同年，上海动物园推出"珍稀动物单位认养"活动，2000年又在全国率先推出了个人和家庭认养动物活动。目前，上海市公众认养动植物已蔚然成风，认建认养活动得到市民家庭和单位团体的普遍拥护和欢迎，平均每年市民认养的树木超过10万株。

义务植树和"爱鸟周"仍是本阶段内重要的公众参与内容，除了春季义务植树活动外，2001年上海市又开始了秋季义务植树活动。据2009年统计，上海市各区县共设立义务植树点125个（其中新增义务植树基地81个），118.17万人直接参与义务植树，385.26万人（次）通过参加育苗、养绿、护绿、宣传绿化等方式尽责。2006年开始在"爱鸟周"开展观鸟大赛，提高公众对鸟类与生态保护的意识。

青少年是上海市生物多样性保护公众参与的主力军，2000年上海在全国首创野生动物保护特色学校，已由2005年的77所增加到2012年的150所，覆盖全市区县，搭建了一个开展中小学生野生动物保护的教育平台。

该阶段内另一重要特征是各种环保公益组织成立，直接或间接的参与到生物多样性保护。表3显示的是上海市几个主要的环保公益组织及其主要的环保领域，可以看出，这些环保组织主要致力于环境保护教育和野生动物保护知识的宣传、实践等领域。

表 3　上海市主要环保公益组织

名称	成立时间	环保领域
上海根与芽青少年活动中心	1999 年	致力于青少年的环境保护教育、野生动物保护和环境保护的意识
上海市闸北区热爱家园青年社区志愿者协会	2000 年	宣传环保观念和知识，增强居民的环保意识
上海野鸟会	2004 年	开展上海及周边野生鸟类资源调查和监测、野鸟救助、观鸟推广与相关鸟类及其栖息地保护的科普宣传工作
上海绿洲生态保护交流中心	2004 年	从事野生动植物及其栖息地保护等环境领域的保护宣传、实践、调查研究，以及咨询和交流等工作
世界自然基金会上海项目办公室	2006 年	物种保护、淡水和海洋生态系统保护与可持续利用、森林保护与可持续经营、野生物贸易等领域

资料来源：本文整理。

3. 制度保障阶段（2010 年至今）

2010 年是联合国确定的国际生物多样性年，主题是“生物多样性是生命，生物多样性就是我们的生命”，并把 2011～2020 年确定为“联合国生物多样性十年”。我国成立了“2010 国际生物多样性年中国国家委员会”，2011 年更名为“中国生物多样性保护国家委员会”，统筹协调全国生物多样性保护工作。2010 年上海世博会的召开，使更多人关注上海乃至周边的环境问题，成为上海市生物多样性保护公众参与的发展契机。

在国内外生物多样性保护的大背景下，上海市制定了《上海市生物多样性保护战略与行动计划（2012～2030）》，将“加大保护宣传教育与公众参与力度”作为生物多样性保护六大优先领域之一，提出“建立多种生物多样性公共宣传机制，依托公共媒体与社区机构，开展公众生物多样性教育与宣传活动。依托自然保护区和公园，开展对游客的生物多样性科普宣传。并推动完善公众监督机制，探索生物多样性宣传的新模式。”从制度上系统性地制定了公众参与生物多样性保护的保障机制。

在本阶段，除延续了传统的义务植树、认养动植物、爱鸟护鸟活动外，公众参与也发生了一些新的变化。随着城市的发展，上海市土地资源日趋紧张，可供种植树木的空间越来越小。上海市开始由绿化建设转向绿化管理，公众参与尽责的方式也从植树转为养绿护绿。2013 年全市共有 183.4 万平方米公园绿地和 8.99 万株树木可供单位团体、市民认建认养。

（二）生物多样性保护公众参与评价框架构建

生物多样性保护公众参与是对社会公众参与到生物多样性保护知识的宣传普及、参与到生物多样性保护的实践活动，对破坏生物多样性的行为进行监督等一系列活动的总称。通过促进公众参与到生物多样性保护，使保护生物多样性成为公众的自觉行动。因此，评价一个生物多样性保护公众参与机制是否完善，应从宣传参与、实践参与和监督参与三个环节展开（见图 2）。

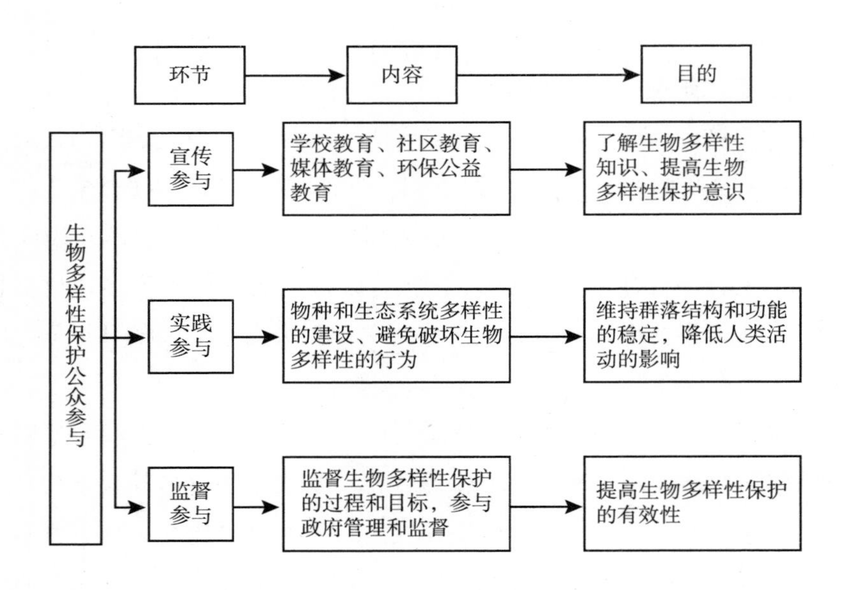

图 2　生物多样性保护公众参与框架

资料来源：本文整理。

1. 宣传参与环节

加强生物多样性保护公众参与，首先要让全社会公众认识到生物多样性与自身福祉之间的关系，这就需要政府采取措施进行引导和教育，使公众树立生物多样性保护的意识并形成生态伦理价值观（刘桂环等，2009）。

公众参与生物多样性保护宣传环节，主要目的有两点，一是作为受教育者，通过参加宣传教育活动，扩大知识面，对生物多样性的构成、价值有较为全面系统的认识；二是作为宣传者，积极主动的宣传生物多样性保护知识，使更多的人参与到生物多样性保护。

公众参与生物多样性保护宣传环节，通过学校教育、社区教育、媒体教育、环保公益教育等多种形式，依托城市自然保护区、动物园、植物园、森林公园和自然博物馆等载体，开展课堂教学、知识讲座、政策宣传、研讨会、大型展览、科普竞赛、警示教育等形式多样的生物多样性保护宣传教育活动，广泛宣传生物多样性保护知识，加强生物多样性科普教育，引导公众广泛参与生物多样性保护。

2. 实践参与环节

生物多样性保护除了需要加强宣传教育外，更需要全社会公众参与到生物多样性保护的实践活动中，将生物多样性保护知识付诸实施，逐步解决生物多样性存在的问题。公众参与生物多样性保护实践环节，主要集中在以下两个方面：

一是参与物种和生态系统多样性的建设。生物多样性保护最根本的方法是维护生态系统多样性，多样的环境才会适合多样的生物物种繁衍和发展，只有当适合物种生存的生境得以保全时，多样的生物物种才会自然产生（孟蕊等，2007）。公众需要通过参与城市绿化、认建认养动植物、古树名木保护、野生动物保护等实践活动，维持城市生物群落结构和功能的稳定。

二是规范自身行为，避免破坏生物多样性。城市面临的威胁主要来自人类活动，公众参与生物多样性保护，需要严格规范自身行为，在日常生活中自觉保护野生动植物，杜绝猎杀、买卖、食用野生动物等行为，不盲目引进外来物种等，降低人类活动对生物多样性的影响。

3. 监督参与环节

生物多样性保护公众参与的第三项主要内容就是参与生物多样性保护的监督环节。为保证生物多样性保护的规划、措施和任务能落实到位，需要加强过程和目标的管理与监督。公众参与生物多样性保护的监督环节，主要包括以下两个方面内容。

一是建立公众监督机制，监督生物多样性保护政策的实施。公众监督有利于提高生物多样性保护工作的有效性（杨帆，2000），公众参与的生物多样性监测和监督机制，包括公众对生物多样性保护政策实施过程的监督、对实现生物多样性保护目标的监督等。

二是鼓励公众自愿、积极的参与政府管理和监督。由于生物多样性对公众生产生活的直接影响并不明显，公众缺乏参与管理的积极性。针对当前存在的偷猎贩卖野生动物、破坏绿化等行为，单靠政府的执法管理所取得的效果并不理想，可建立有奖举报制度等激励措施，鼓励公众对破坏生物多样性的行为进行制止、劝导，真正有效的实现公众参与。

（三）上海市生物多样性保护公众参与评价结果及分析

经过三个发展阶段，上海市生物多样性保护公众参与已经取得了很大的进步，根据前文构建的生物多样性保护公众参与评价框架，可以进一步分析上海市生物多样性保护公众参与的表现特征，以及存在的不足之处，为进一步完善公众参与提供参考。

1. 以宣传参与和实践参与为主，监督参与较少

从上海市生物多样性保护公众参与的内容和方式来看，主要集中在宣传参与和实践参与环节。表4显示的是2012年上海市部分郊区县“发现身边的野趣”活动安排，从中可以看出，上海市各区县开展的相关活动以宣传教育形式为主，以社区、公园和学校为载体，开展展板展示、知识讲座、发放科普材料、法律咨询等活动，向公众宣传保护野生动物的意义，提高公众的生物多样性保护意识。

在实践参与环节，上海市社会公众以个体或团体的形式，参加义务植树、认建认养动植物、古树木保护等活动，2006~2012年在上海动物园、上海植物园、滨江森林公园等地共举办了七届观鸟大赛，有助于提高公众对鸟类生物多样性的认识能力和野生动物保护意识。

表 4　上海市部分郊区县 2012 年“发现身边的野趣”活动安排

区县	活动名称	活动内容	主办单位
浦东新区	自然导赏宣讲	禁猎区的生物多样性、滩涂湿地生态屏障与河口城市生态安全等	区林业站
	野生动物保护宣传	宣传保护野生动物的意义，提供野生动物相关行政许可和法律咨询	
	知识讲座	发现身边的野趣	
闵行区	野保宣传进社区	分发宣传资料、野保法律法规咨询	区野生动物保护管理站
	野保宣传进公园	分发宣传资料、野保法律法规咨询	
	绿色生态校园行	数字故事创作，绿色生态情景剧展演	区青少年活动中心
金山区	拒食野生动物	宣传食用野生动物的害处	区野生动植物保护管理站
	关心野生动物	摆设宣传版面，宣传保护野生动物	
崇明县	“进公园”宣传活动	宣传展板展示、发放宣传环保袋	县野生动物保护管理站
	“进社区”宣传活动	展板展示、发放科普宣传资料	
	“进学校”宣传活动	科普宣传	
奉贤区	“进社区”宣传活动	张贴海报、展板展示、发放宣传资料	区野生动物保护管理站
	“进学校”宣传活动	主题宣传，开展自然实践，主题班会	
	“进公园”宣传活动	现场咨询、科普讲座	
松江区	“进学校”宣传活动	“发现身边的野趣”主题宣传活动	区野生动物保护管理站、松江区青少年活动中心、岳阳街道办事处
	“进社区”宣传活动	张贴海报、展示展板，发放宣传资料	
	“进公园”宣传活动	公园内开展宣传、咨询及科普活动	

资料来源：根据“上海市野生动植物保护协会”网站相关资料整理。

相对于形式丰富的宣传参与和实践参与，上海市公众参与生物多样性保护的监督环节较少。从环境投诉情况来看，2012 年，上海市环保系统共受理环境污染投诉 20563 件，其中反映噪声污染占 31.8%，大气污染占 42.1%，水污染占 10.4%（见图 3），与生物多样性保护相关的投诉几乎没有。这反映出社会公众尚缺乏生物多样性保护的监督意识，由于生物多样性与自身日常生活的直接相关性不强，公众没有参与到对破坏生物多样性行为的监督和管理中。

2. 以物种多样性建设为主，生态整体性关注较少

上海市生物多样性保护公众的实践参与环节，主要通过义务植树、认建认养城市绿地等行为，进行物种多样性建设。“十一五”期间上海直接参加义务植树达 556.3 万人次，通过认建认养等其他形式尽责达 2158 万人次，义务植树基地 487 个，植树涵盖广玉兰、白玉兰、梅花、红叶李、光皮树、女贞、五

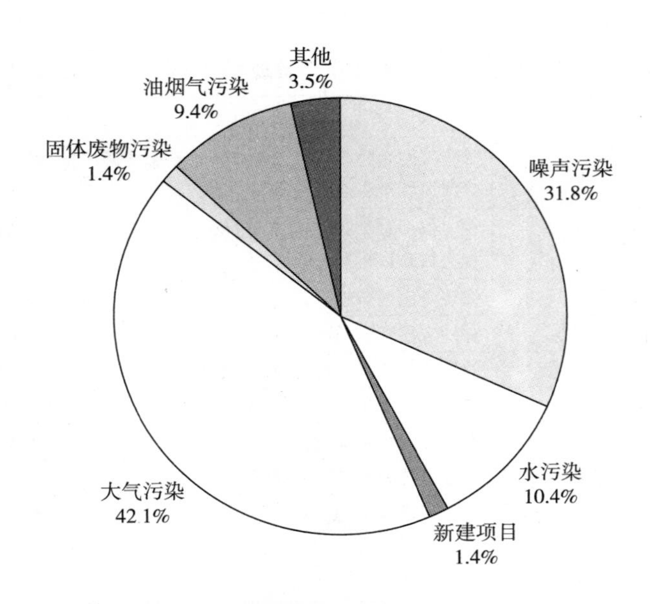

图 3　2012 年上海市受理环境污染投诉各领域占比

数据来源：上海市环境保护局，《2012 上海市环境状况公报》，2013。

角枫、香樟、雪松等不同树种。在全民义务植树运动的推进下，全市公共绿地面积由 20 世纪 80 年代初的 404.19 公顷提高到 2013 年的 16959.35 公顷；人均公共绿地面积从 0.46 平方米提高到 13.1 平方米；城区绿化覆盖率从 6.14% 提高到 38.3%；森林覆盖率由 2.7% 提高到 12.58%。公园绿地、广场绿化、环城绿带，以及江堤、海塘和农田林网共同筑起绿色屏障，形成了一个点、线、面、带、环的城市生态体系。

由于生物多样性的广泛性和复杂性，仅进行物种和生态系统多样性建设具有一定的局限性。虽然通过参与城市绿化能够丰富物种构成，优化城市生态系统，但对于生物多样性保护的整体性来说，目前集中在爱鸟护鸟、植树、认养等参与方式，内容和范围过于狭窄。当前上海市生物多样性存在的两大问题是原生植物种类减少和外来生物入侵严重，而防范外来物种入侵是上海市生物多样性保护的一个薄弱环节，公众参与较为关注物种多样性的建设，而忽视了对生态系统结构和功能的维护。

3. 以团体集中参与为主，个体分散参与较少

通过对上海市生物多样性公众参与的时间分布和组织过程进行分析，可以看

出，公众参与以团体集中参与为主，个体分散参与较少，突出的表现在以下两点。

一是公众参与的时间集中。上海市生物多样性保护的公众参与主要围绕义务植树、爱鸟周等活动展开，其中每年3月份举行春季义务植树活动，2001年起在每年的11月底至12月初举行秋季义务植树活动，“爱鸟周”于每年的4月底至5月初举办，因此公众参与也主要集中在上述三个时间段，具有显著的季节性特征。

二是公众参与的活动集中。上海市生物多样性保护的公众参与主要是参与由政府管理机构和环保公益组织等发起的相关活动，从表4可以看出，各区县生物多样性保护宣传教育活动主要由林业站、野生动物保护管理站、青少年活动中心、公园和街道办等组织开展。义务植树、资助认养动植物、绿化认建认养、观鸟大赛等活动一般由相应的政府管理机构、环保公益组织等组织开展（见表5），因此，上海市生物多样性保护公众参与以参加政府和环保公益组织的活动为主，是一种活动式参与，个体分散性参与形式较少，公众的主体性没有得到完全体现。

表5　上海市生物多样性保护公众参与活动组织者

活动名称	组织者
义务植树	上海市绿化市容局
“爱鸟周”系列活动	上海市绿化市容局、林业局、国家林业局驻上海森林资源监督专员办事处、世界自然基金会
观鸟大赛	上海市野生动植物保护协会、上海野鸟会、上海科技艺术教育中心
认养动物	上海野生动物园
树木认养	上海植物园
绿化认建认养	上海市绿化委员会办公室

资料来源：本文整理。

4. 生物多样性保护公众参与面较窄

虽然上海市生物多样性保护公众参与的形式多样，但从公众参与的主体来看，还是以学校和环保公益组织为主。宣传教育、物种保护等活动都以相关中小学、高校和环保公益组织为主体展开，社区教育和普通市民在生物多样性保护中参与程度不够。以观鸟比赛为例，2006年以来，虽然每年参加上海市观鸟比赛的队伍和人数有增加的趋势，但总体上公众参与率很低，2012 年的 100 多名参赛人员相对于上海市人口数量而言，几乎可以说是微乎其微（见表 6）。而且参赛人员的构成每年基本没有变化，其中大部分是中学生和上海市高校的大学生，如来自崇明大公中学、同济大学、华东师范大学等学校，公众参与面较窄，社会公众参与程度整体不高。

表 6　上海市历年观鸟大赛参与人员情况

单位：支，名

年份	参赛队伍数	参赛人数
2006	14	77
2007	13	75
2008	15	80
2009	12	70
2010	14	97
2011	14	80
2012	18	100

资料来源：本文整理。

5. 传统公众参与方式面临新的挑战

上海市人口密度大，城市化已步入高发展水平，可用的土地资源十分稀少。由于人多地少，可供植树的面积越来越少，义务植树等传统的生物多样性保护公众参与方式开始出现不可持续问题。特别是近年来，可供社会公众义务植树的土地面积连年大幅下降，义务植树活动点由 2010 年的 35 个减少至 2013 年的 20 多个，2010 年可供义务植树面积为 40. 09 万平方米，2012 年降低至 24. 8 万平方米，虽然 2013 年增加至 31. 1 万平方米，但从发展趋势来看，可供植树面积减少的趋势难以避免（见图 4）。

此外，在动物资助认养方面，2000 年上海动物园在全国首创动物个人认养活动时，个人认养总数曾突破 4000 人次。但近年来由于动物资助认养活动过于简单、认养资金使用不够透明，认养动物的单位和个人数量逐年下降。随着城市发展环境的改变，传统的上海市生物多样性保护公众参与方式面临新的挑战，已不能适应当前的公众参与需求，需要因时制宜拓展公众参与渠道，创新公众参与的形式和内容。

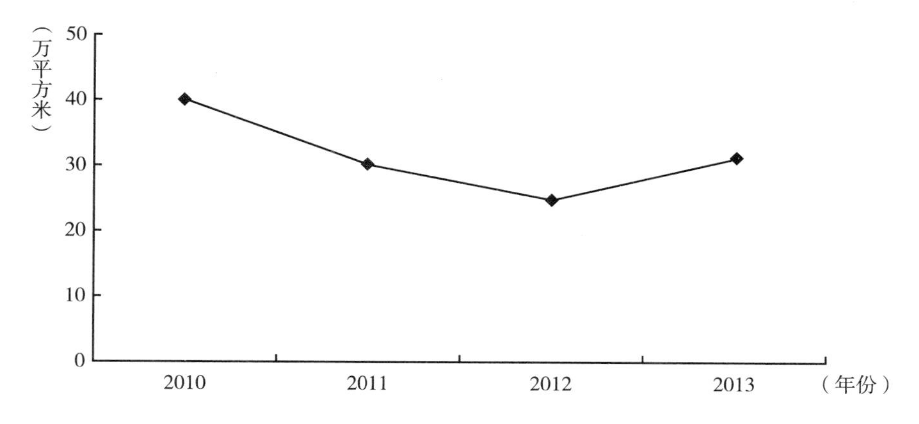

图4　2010～2013年上海市可供义务植树面积

资料来源：本文整理。

三　完善上海市生物多样性保护公众参与的对策建议

针对上海市生物多样性存在的问题和公众参与的不足之处，上海市生物多样性保护公众参与机制的完善需要从突出宣传教育主题、增强公众参与的针对性、创新参与方式和内容以及鼓励公众参与监督等方面展开。

（一）突出宣传教育活动的生物多样性主题

当前上海市生物多样性保护宣传教育活动，都是以保护野生动物、城市绿化等为主题，没有突出鲜明的生物多样性保护主题，不利于公众形成对生物多样性保护的整体性认识。未来需要通过拓展生物多样性保护宣传教育形式，并在教育活动中形成鲜明的生物多样性保护主题。

1. 拓展宣传教育形式

除了加强学校教育之外，还应积极拓展公园教育、社区教育和媒体宣传。青年学生是未来社会的主体，对宣传普及生物多样性保护知识起到很大作用，但学生的实践参与能力和效果有限，当前城市生产生活的行为主体主要是广大社会公众，需要建立多层次的生物多样性保护公共宣传机制，依托公共媒体与社区机构，开展公众生物多样性教育与宣传活动，让更多的市民加入到生物多样性保护。

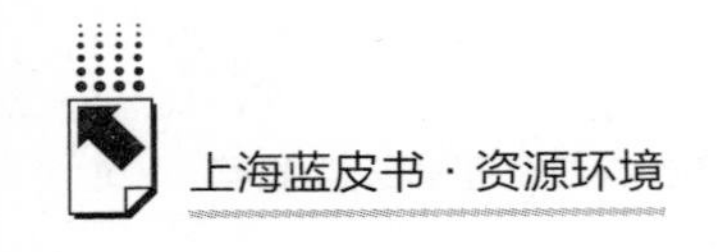

2. 突出生物多样性主题

将相关宣传教育活动提升到生物多样性保护层面，从生物多样性与日常生活的联系、破坏生物多样性的危害、身边存在的生物多样性问题、公众在生物多样性保护中的责任和义务等方面开展宣传教育活动，使公众更加深刻的认识到生物多样性保护的意义和重要性，并广泛的参与到生物多样性保护。

（二）增强公众参与生物多样性保护的针对性

上海市生物多样性存在的问题主要为原生植物种类减少和外来生物入侵严重，而当前的公众参与主要集中在动物资助认养、观鸟识鸟、城市绿化认建认养等领域，尚未有针对性地参与到本土原生植物保护和防范生物入侵领域。应突出生物多样性保护公众参与活动和内容的针对性。

生物入侵发生于社会公众防范意识不足的情况下，如发生在对外贸易、科技交流和旅游观光等过程中。只有提高公众的生物安全意识，主动防范外来生物入侵，有效避免无意识引入外来物种的行为，才能最大程度地确保生物多样性安全。

1. 构建防范外来生物入侵宣传平台

通过广播、电视、报纸、网络、科普宣传读物等新闻媒介，向公众介绍当前上海市本土原生植物种类减少和外来有害生物入侵的程度及趋势，使公众认识到相关生物多样性问题的危害性，充分调动公众积极性，提高公众防范外来生物入侵的意识。

2. 增强公众防范生物入侵的能力

农林部门和科技部门可在公园、社区等场所，集中向公众普及上海市境内外来入侵生物物种的形态特征、传播途径、生物学特性、生态与经济危害、清除方法等，向公众提供日常行为中的有关信息和行为建议，不断提高公众防范外来生物入侵的能力。

3. 引导公众日常生活行为

在提高公众防范意识和防范能力的基础上，引导公众在日常行为中勿轻易引进外来物种，防止无意中带入新的有害入侵种。一些生物入侵者都是由于人

们对生物入侵的无知和漠视造成的，如一枝黄花甚至还作为一种鲜切花在市场上出售。对发现可疑入侵生物的迹象，鼓励公众及时向有关机构报告。

（三）创新公众参与的方式和内容

随着上海城市的发展，义务植树、资助认养动物等传统的公众参与形式已不能适应当前的发展环境，而且当前上海市公众参与生物多样性保护多为政府为主体的邀请式参与，公众参与的范围和程度有限，生物多样性保护公众参与的方式和内容需要加以创新。

1. 鼓励公众和环保组织的主动参与

政府引导参与和公众主动参与两者互为补充，缺一不可，当前资金筹集和参与渠道等因素对公众主动参与生物多样性保护有着一定的约束。近期内，需要政府为公众参与提供资金、场地等方面的支持，通过政策引导，帮助牵头协调社会各方面的资源，为公众主动参与提供参与渠道和条件。从远期来看，可以通过设立奖项，挖掘社会公众在开展生物多样性保护活动中出现的典型事例，表彰优秀的生物多样性保护组织和个人，推广典型经验，形成长期的激励机制，逐渐实现公众参与方式的转变。

2. 丰富现有的参与形式和内容

针对可利用土地面积减少的情况，社会公众义务植树的参与方式可从直接参加植树活动、参加整地管护等绿化劳动、认建认养城市绿地和树木、缴纳绿化费、从事绿化和生态保护科普宣传活动等与绿化环境有关的多种形式活动中进行选择。

动物园等机构可以丰富公众资助认养动物的活动内容，增加公众与动物的互动，提高公众参与到动物认养的积极性，通过爱好和休闲等方式对公众进行寓教于乐的生物多样性保护教育。通过宣传教育，鼓励公众参与动物园的志愿者活动，在动物园内进行野生动物知识讲解和保护教育活动，增强公众保护环境、珍爱野生动物的意识，拓宽生物多样性保护公众参与方式。

（四）鼓励公众参与政府管理和监督

在城市生物多样性保护领域，政府管理部门和社会公众具有一致的目标和利益，即维护城市生物多样性的稳定。生物多样性保护涉及面较广，政府监督管理的范围和能力有限，需要公众的广泛参与。公众参与生物多样性保护，不仅仅是进行物种多样性建设，还要参与生物多样性保护的决策过程，并对环境管理部门以及组织、个人与生物多样性有关的行为进行监督。

1. 依法规范公众参与程序

依法规范公众参与生物多样性保护决策的具体程序，将公众参与纳入规范化、法制化轨道。我国目前在环境立法中主要明确规定了建设项目环境影响评价的公众参与，有必要加强公众参与生物多样性保护的相关立法，拓宽完善公众表达意见和诉求的渠道，充分发表意见，从而做出决策。

2. 加强生物多样性保护信息公开

生物多样性保护信息公开是知情权的重要内容，而知情权是公众参与的重要前提。政府应公开生物多样性保护的信息资料，公开有关生物多样性保护决策和管理的信息和程序，便于公众了解情况，为公众参与提供机会，也为公众监督政府实施生物多样性保护政策提供依据。

3. 参与制定生物多样性保护标准

由于生物多样性保护标准具有一定的技术性规范，其技术性特点使一般公众难以参与到标准的制定过程。在规定公众参与程序时，可采取专家论证、座谈会、共同协商等公众参与形式，为公众提供表达其意见的机会和途径，维护其参与生物多样性保护决策的权益。

4. 建立公众举报投诉机制

通过建立有奖举报制度和投诉渠道，让公众明确参与生物多样性保护监督的范围，推动公众参与到市场监督中来，对毁坏城市绿化、非法捕捉、贩卖和食用野生动物等不法行为，积极向政府相关部门举报并加以制止，提高生物多样性保护的有效性。

参考文献

Ran B. "Evaluating Public Participation in Environmental Policy-Making". *Journal of*

US-China Public Administration. 2012. Vol. 9（4）.

陈波：《国外城市生物多样性保护的几种途径》，《广东园林》，2005 年第 6 期。

陈抒怡：《上海 290 种原生植物或已消失》，2012 年 7 月 10 日《新闻晨报》。

崔艳辉：《公众参与与环境保护》，2009 年 12 月 3 日《吉林日报》。

解众、李振宇、汪松：《中国入侵物种综述》，《保护中国的生物多样性（二）》，中国环境科学出版社，2001。

李菁、骆有庆、石娟：《生物多样性研究现状与保护》，《世界林业研究》2011 年第 3 期。

刘桂环、孟蕊、张惠远：《中国生物多样性保护政策解析》，《环境保护》2009 年第 13 期。

吕迎春：《公众参与下的环境友好型社会建设》，《人民论坛》2011 年第 6 期。

马克平、钱迎倩、王晨：《生物多样性研究的现状与发展趋势》，《科技导报》1995 年第 1 期。

孟蕊、陈世军、张忠潮：《对现有的生物多样性保护方法的反思》，《环境保护》2007 年第 9 期。

万本太、徐海根、丁晖、刘志磊、王捷：《生物多样性综合评价方法研究》，《生物多样性》2007 年第 1 期。

汪天雄：《生态城市的规划原则探讨》，《中国建设信息》2006 年第 8 期。

王卿、阮俊杰、沙晨燕、黄沈发、王敏：《人类活动对上海市生物多样性空间格局的影响》，《生态环境学报》2012 年第 2 期。

薛达元：《生物多样性管理体制的国外经验及启示》，《环境保护》2012 年第 17 期。

杨帆：《社区参与是生物多样性保护项目的重要内容》，《青海环境》2000 年第 3 期。

管 理 篇

Management Practices

B.11

多元参与式环境治理*

于宏源　毛舒悦　杨爱辉**

摘　要：

生态环境的整体性使得环境问题具有跨区域性的特征。随着全球化的不断加深，环境治理的主体和模式均呈现出多元化的特征。越来越多的国家政府、地方政府、NGO和国际组织突破地理空间、行政约束等限制，在社区、城市和国家层面共同进行环境治理。本报告从多元治理的视角考察了上海环境治理的现状，认为目前上海市环境治理"管理"模式仍以政府为主导，缺少其他利益相关群体的参与。上海市政府需利用公共政策界定和监督城市环境治理的责任，建立利益相

---

* 本文是"十二五"国家科技支撑计划"气候变化谈判综合问题的关键技术研究"（2012BAC20B02）（13PJC012）的阶段性成果。

** 于宏源，研究员；毛舒悦，实习研究员；杨爱辉，博士。

关群体参与的合作机制，改革社会管理制度，给环境非政府组织更大的发展空间。

关键词：

环境治理　多元治理　NGO　利益相关群体

根据联合国的预测，到2050年，世界70%的人口将居住在城市。城市的环境治理是人类实现可持续发展的关键，牵动着多个利益相关者的利益。可持续和高效的城市环境治理需要政府、市场、社会体根据一定规则分工合作，共同应对挑战，进行多元治理。世界众多城市政府把多元治理理念引入城市环境治理的决策和实施过程中。政府在充分听取市场和社会意见的基础上制定可持续发展政策。市场和社会力量既享有参与政策制定的权利，也负有协助政府执行政策的义务，可以填补环保政策的盲点。改革开放以来，快速的工业化和快速的经济增长推动着我国的城市化进程不断加速。粗放型城市化给我国的能源、环境和生态环境带来巨大压力。温室气体排放、空气污染、土地资源浪费、水体污染问题给各级政府带来前所未有的治理挑战。随着经济体制市场化转型和全球化的不断深入，上海面临着改变传统环境治理模式，调动多元利益主体共同参与环境治理的挑战。

一　环境多元治理

随着全球化的不断深入，非国家主体在环境治理领域正发挥着日益重要的作用。政府间组织、非政府组织和企业共同参与地方环境治理事务，主权国家只是参与全球治理的多个行动主体之一，不断推动着各个国家环境治理模式的发展转变。

（一）环境治理的内涵

治理（Governance）源于拉丁文，原意为控制、指导和操纵，但在西方政治学家和经济学家的定义下，治理主要反映了政府、市场和社会的互动。根据全球环境治理委员会在《我们的共同全球伙伴》中的权威定义，治理（Governance）是“个人和机构管理他们共同事务行为的总和，包括公共和私人管理”。[①] 而所谓的“善治”（Good Governance）是一种强调效率、法制、负责的公共服务体系。统治（Government）和治理（Governance）是两个不同的概念。[②] 治理着眼于社会的整体利益，管理则着眼于政府的利益。治理以协调为手段，且不以“支配”和“控制”为目的，涉及政府与公民组织的互动。政府、非政府组织和企业都可以是治理的行动主体，而统治的行动主体只有政府。[③]

环境治理正在从统治（Government）向治理（Governance）转变，治理模式也日益趋向多元化：首先，国家不再是唯一的治理者，多个非国家行为主体在多个层次上参与政策的制定；其次，各层级的政府打破行政区域、行政机构和行政等级的限制，解决环境问题，进行区域联动，共同治理环境；最后，各国政府纷纷把环境政策整合到相关的公共政策中，在制定其他政策的过程中把对环境的影响纳入决策过程中（Environment Policy Integration，EPI）。[④]

自20世纪五六十年代开始，各国纷纷建立相关的环保机构，不断实践和创新。经过多年的发展和积累，一套功能日臻完善、形式渐趋多样，基于基本政策工具的环境治理政策组合，越来越广泛地被应用到各国环境与自然资源管理的实践当中。对这些政策工具给予系统性总结，明确政策的功能、构造、效果和适应性，是未来机制设计的基础。

① Commission on Global Governance. 1995. Our Global Neighborhood: The report of the Commission on Global Governance. New York: Oxford University Press.

② 俞可平：《中国治理变迁30年（1978～2008）》，《吉林大学社会科学学报》2008年5月第48卷。

③ 顾朝林、沈建法、姚鑫、石楠等：《城市管制——概念、理论、方法、实证》，南京大学出版社，2010。

④ Stigt, Rie Van, Peter P. J. Driessen, and Tejo J. M. Spit. "Compact City Development and the Challege of Envrionment Policy Intergration: A Multi-Level Governance Perspective." Envrionmental Policy and Governance. 23 (2013): 221－233. Print.

表1 多元环境治理工具比较

所属类别	政策工具	自然资源管理	污染控制
环境管制	公共产品直接供给	公园的供给	市政废弃物管理
	技术规制	分区规划 捕鱼规制 捕杀禁令	催化式排气净化器 交通工具规制 化学品禁令
	执行规制	水质标准	燃料质量标准 污染物排放标准 美国公司平均燃油经济性标准(CAFE)
	法律责任	采矿或危险废弃物的处置责任限制	—
利用市场	税收、费用或收费	水费 公园门票 捕鱼执照 伐木费	工业污染收费 废弃物收费 道路拥挤收费 汽油税
	补贴与补贴削减	设计/减少水资源补贴 设立/减少渔业资源补贴 设立/减少农业补贴	能源税 减少的能源补贴
	押金－退款制度	造林押金	废弃物管理 二手车管理 车辆年检制度
	退还的排污费		瑞典氮氧化物的减排
创建市场	产权创建	私营国家公园 产权和森林砍伐	—
	公共产权资源	公共产权资源管理(CPR)	—
	可交易的许可证或配额	个体可转让捕鱼配额 土地开发、林业或农业的可流转权	排污许可证 美国硫氧化物、氮氧化物的限额排污交易计划、铅排放许可交易计划 英国垃圾、氮氧化物、碳排放交易许可证计划 欧洲可再生能源发电配额交易计划
	国际补偿机制		国际范围内排污许可权交易制度

续表

所属类别	政策工具	自然资源管理	污染控制
公众参与	信息公布 公众参与 环保标签 自愿协议	空气质量预报 ISO14000 或者 EMAS 标准 环境听证 绿色食品标签、林产品标签 洗涤剂生态标签	印尼的污染控制评估和定级计划（PROPER） 有毒化学品管理

（二）多元环境治理模式

自 20 世纪 70 年代以来，为了应对日益严重的环境问题，国际社会设计了大量的关于环境治理的正式和非正式的制度安排，并逐渐发展成现有的全球环境治理机制。政府间组织、国际组织、非政府组织和跨国企业既是利益相关者，又是影响环境治理政策绩效的组织机构。在行动主体多元化的趋势下，环境治理领域出现了公私伙伴关系、中央政府与地方政府多层次治理以及参与式治理等新模式。

1. 多元环境治理中的行动者

参与到全球国际治理的行动者是多元的，可以分为国家、政府间组织和社会公民团体。这些多元的行动主体不仅影响着国际性环境治理政策和公约的制定，同时也积极地参与到地方性环境治理中。

（1）政府

各国政府仍在全球环境治理进程中起决定性的作用。尽管非政府组织在国际事务中日益活跃，但主权国家的政府仍是当今国际制度中的主要行为体。生态环境是公民的共享资源，作为公民代理人的政府承担着提供生存和生活良好环境的职能。①

首先，环境问题的解决主要是政府的一项职责。环境治理更多显示的是一种政府的执政行为，包括从环境问题的界定、解决手段和途径的选择（决策）

① 王曦：《国际环境法》，法律出版社，1997。

到效果的评价，或者表现为对某些经济社会活动带来的环境影响进行评估和界定，制定环境管治政策，约束和引导企业行为，维护公众利益。例如，政府通过立法对污染企业和绿色企业实行有差别的征税，禁止环境破坏行为以及惩罚破坏环境者。

其次，政府除具有处理国内事务的权威性之外，如制定和实施国内环境和可持续发展政策，平衡和协调不同地区和部门之间的利益等，还承担着通过协商和谈判处理国际事务的责任。多边环境协定一旦批准生效，各国政府就必须承担起相应的国际义务。国际环境协议能够推动本国环境政策，使国家为履行国际义务做出相应的改变。同时，某个国家环境政策同样可能超前于国际环境政策，影响国际社会，推动国际社会进行谈判并共同签署相应的公约。2001年5月签署生效的《斯德哥尔摩持久性有机污染物公约》，就源起于德国禁止使用DDT、PCP和PCB的国内法律。

（2）政府间国际组织

作为“硬件系统”，与环境和可持续发展相关的国际组织和机构承担着组织协调国际环境事务的职能，为可持续发展制度架构提供组织和机构保障。政府间国际组织，如联合国机构，是国际环境制度的重要组成部分。不可否认，国际组织在推动可持续发展进程中起到了重要作用，但国际组织不是“世界政府”，本身不具备决策权。国际组织能够发挥作用的前提是成员国政府的授权，否则，国际组织既不能提出任何动议，也不能采取任何行动。因此，国际组织并不能构成一支独立的政治力量，其作用在于承担组织、协调的职能，为各国政府提供交流、对话、磋商、谈判等决策过程的平台，通过促进其他政府与非政府行为体之间更好的协同，推进全球可持续发展进程。重要的国际政府组织有联合国环境署（UNEP）、全球环境基金（GEF）、政府间气候变化委员会（IPCC）等[①]。

联合国是系统负责环境与可持续发展事务的专门机构，如联合国环境署（UNEP）、可持续发展委员会（CSD），以及其他相关机构，如经济社会理事会（ECOSOC）、国际正义法庭（International Court of Justice，ICJ）及联合国大会

① 世界环境与发展委员会：《我们共同的未来》，世界知识出版社，1989。

(UN General Assembly) 等都在全球环境治理中分别扮演着重要的角色。但迄今为止，环境规划署是联合国系统第一个也是唯一一个处理世界环境事务的机构。

联合国环境规划署于1972年成立，其宗旨是通过鼓励、教育和促进来领导、倡导各个国家和人民对环境进行保护，改善他们的生活质量，而不危及后代人的利益。环境规划署主要有三个方面的职能：第一，促进国际环境合作并提出合适的政策，为联合国系统内环境规划的导向协调提供政策指导，收受并审查环境规划署执行主任的定期报告；第二，审查世界环境状况，使正在出现的国际性环境问题获得各国政府的足够重视；第三，促进环境科技情报的交流，审查国内与国际环境政策及措施对发展中国家的影响。

1992年成立的联合国可持续发展委员会（CSD）审评执行《21世纪议程》以及里约会议采纳的其他政策工具的进展情况，提出与里约会议后续活动和可持续发展相关的政策建议。可持续发展委员会除了组织各国提交《21世纪议程》执行状况的国家报告外，更提供了一个全球范围、多方参与对话、议题广泛的可持续发展的重要论坛。目前，可持续发展委员会定期召开的年会有超过50位部长级或高层决策官员出席，并吸引超过1000个非政府组织注册。[①]

（3）非政府组织

1972年，人类历史上第一次国家环保大会——联合国人类环境会议在瑞典斯德哥尔摩召开。斯德哥尔摩会议之后，国际环境非政府组织的财力、技术实力和组织能力都有了明显的增长。一批国际环境非政府组织有能力在全球范围内，尤其是发展中国家，针对不同的环境问题直接采取行动，促进当地的环境保护。各国政府在制定国内政策时常常受到国内非政府组织的压力。非政府组织拥有越强的财力、越多的专业知识、越高的活动效率，其在全球环境治理中的作用和影响就会越明显，作为全球环境治理独立行为体的地位也越突出。著名的国际环境类非政府组织有世界自然基金会（WWF）、世界自然保护同盟（IUCN）、绿色和平组织（Greenpeace）、地球政策研究所（Earth Governance Project）等。

---

① 世界环境与发展委员会：《我们共同的未来》，世界知识出版社，1989。

非政府组织的推动作用主要表现在三个方面：第一，通过科学研究和科学评估活动，为国家政策制定和国际协商或谈判提供科学依据。例如，英美科学家在南极上空发现臭氧层空洞，以及对氟利昂等化学物质消耗臭氧层机理的研究，推动了国际保护臭氧层公约的签署。第二，代表通过广泛的宣传、教育，提高公众环境意识，如“自然之友”积极倡导亲近自然、爱护环境的生活理念，获得社会越来越广泛的支持；第三，代表不同利益相关群体，表达公众的环境要求，影响国际和国内的决策过程。非政府组织通过对话和抗议等方式，参与国际间和区域级政府间组织之间的会议，在环境和气候谈判等多方面发挥积极的作用。

随着改革开放的推进和社会转型的深入，社会管理主体正由一元走向多元，非政府组织已成为社会管理创新中不可或缺的力量。中国的非政府组织也呈现萌芽、发展、壮大的趋势（见图1）。一些国际环境类非政府组织逐步进入中国，通过相互配合、联合行动等方式扩大影响。另一方面，我国关于非政府组织注册、管理、政策协调、监控等方面制度的缺失仍是实际操作层面的一大难题。非政府组织要在国内获得合法地位，必须找到可以挂靠的单位，获得民政部批准注册为“民办非企业单位”。各种法律法规的限制抑制了非政府组织的发展壮大，阻碍了非政府组织发挥其积极的社会功能。

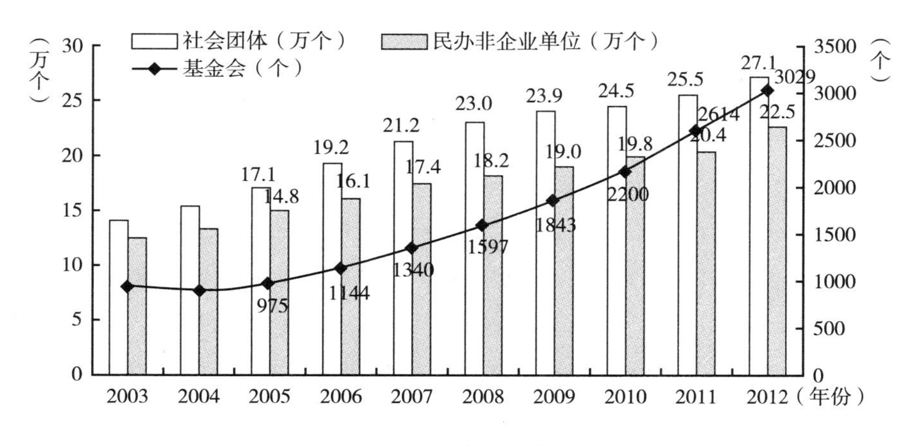

图1　不断增长的中国社会组织数量

资料来源：民政部2012年社会发展统计公报，http：//www.gov.cn/gzdt/2013-06/19/content_2428923.htm。

（4）跨国公司或企业界

根据布莱克史密斯和绿色十字的联合报告，世界上污染最严重的十个产业分别是铅酸蓄电池回收铅冶炼、采矿及矿石加工、制革、工业/城市垃圾倾倒、工业园区、手工采金、产品制造、化工制造和染料工业。[①] 同时，日益严峻的环境变化危机让高耗能企业成为环境治理的焦点。全球经济一体化让大型企业成为国家参与全球竞争的主体以及国际资金流动和技术扩散的重要载体。跨国企业受到国际环境政策的影响，同时也是推动可持续发展的重要主体。国家的环境政策以及国家间的合作最终将落实为企业的行动。

20 世纪 70 年代，西方学者和国际组织提出，企业在追求利润的同时也要承担一定的社会责任，企业社会责任（CSR，Corporate Social Responsibility）的概念由此应运而生。经过多年的发展，国际社会建立起一系列综合型跨国企业规范。1976 年，经济合作与发展组织（OECD）制定了《跨国公司行为准则》，要求企业在追求利润的同时还应承担一定的社会责任。1989 年，由美国各大财团和环境组织组成的环境责任经济联盟提出了《环境责任经济联盟原则（CERES）》，为企业提供了考察环境管理的依据；1993 年和 1996 年，国际标准化组织分别发表了多个国际化标准，如 ISO14010 和 ISO14011 等环境管理体系。

跨国公司或企业对环境保护和可持续发展的认识经历了一个转变过程。起初，由于环境标准提高带来企业生产成本的上升，企业从维护自身商业利益的目的出发，往往对环境保护持消极态度。但随着全球可持续发展的进程，部分跨国公司或企业的观念已经发生了重要的转变。许多企业已经认识到 21 世纪是“绿色经济”的时代。绿色、健康代表了人们日益增长的环境需求，只有满足这种需求，才能在市场竞争中立于不败之地。例如，获得 ISO14000（环境管理体系）认证的产品更容易受到消费者的青睐，并且更容易在贸易谈判中获胜。越来越多的企业努力把在环境保护上的投入转换成市场上的竞争优势，在生产过程中实行企业内部的环境管理，优化资源，减少排放和废弃物，开发环境友好型的产品，积极减少对环境的负面影响。

---

① The World Most Pollution Problems: Accessing Health Risks at Hazardous Waste Site, 2012, http: // www. Mostpolluted. org/files/FileUploaded/files/WWPP_ 2012. pdf.

目前，中国企业在环境责任承担方面，无论是在观念上还是在实践行动上，仍处于被动状态，常常是迫于政府和社会压力，或产业链中跨国公司等合作伙伴的压力之下的非自愿举动，更多地将其看作消耗企业利润的减项，很少看到承担环境责任给企业带来的效益和竞争力，不少企业尚停留在追求利润最大化的传统企业理念阶段，忽视相关者利益最大化的现代企业理念。

2. 公私伙伴关系

公私伙伴关系（或称“公共部门与私人企业合作模式”）是一种正在迅速发展的为城市服务集资和提供城市服务的手段与模式。公私伙伴关系被认为是政府机构与私人开发商之间为了实现共同目的而建立的“创造性同盟”。各种各样的利益集团，包括非政府机构、医疗保健提供商、教育机构、非营利性社团（如社区基层组织）与中间团体（如商业改进区），都已经加入了这些伙伴关系。最常见的是在能源系统与基础设施、废水处理与公共交通基础设施规划与开发方面的伙伴关系。在北美洲，这些伙伴关系已经完成了不动产项目，包括通过土地与物业整合进行多用途开发与城市改造、会议中心与机场之类的市政设施建设以及经济适用房与军人住宅区之类的公共服务。[①] 在亚洲与拉丁美洲国家，则以交通运输（墨西哥城的快速公交系统）、废水处理（广州与北京）、固体垃圾处理（中国深圳）与电信（印度）为项目的重点。[②] 在某些大城市的城市服务功能（治理主管下部门）一级，城市正在朝着更大规模的企业参与模式的方向演变。这种企业参与上至部级，下至提供服务乃至项目管理一级。诸如交通运输、供水、废物管理等机构或服务部门已经通过公私伙伴关系得到了高成本效益的管理。利用这些手段的城市有时候能够比政府机构更加有效地楔入私营行业网络，获得复杂的部门职能与资本密集型项目所需的专业知识。公私伙伴关系能否成功取决于多种因素，如妥善的准备、保证有协调的领导、利益相关方之间的共同愿景、吸引非营利部门与市民社会的参与、有关

① 《公私伙伴关系成功的十项原则》，市区用地研究所，2005 年 2 月，http://www.uli.org/ResearchAndPublications/Reports/media/Documents/ResearchAndPublications/Reports/TenPrinciples/TP_ Partnerships.ashx。

② 《城市与绿色成长》（第三届经济合作与发展组织城市战略市长与部长圆桌会议关注问题报告）2010 年 5 月 25 日，巴黎经济合作与发展组织会议中心，第 33 页。

风险与回报的明确理解与沟通、协商公平的“双赢”交易以及确定利益相关方认为明确合理的决策程序。①

3. 多层治理

环境问题早已跨越了国界。全球气候变化、臭氧层空洞、危险污染物的国际转移、濒危野生动植物的保护等环境问题的解决需要依靠全世界的合作与协调。跨越了行政区域的环境问题需要地方政府的支持和更高一级的政府的宏观调控。不同权力等级的政府、水平层次上的政府和其他相关主体需要相互联动，超越行政区划和国别的限制，共同解决环境问题。

从垂直层次看，多层次治理是在互不重复的管辖区中分散有限的权力的治理制度，如欧盟和美国的联邦制度。多层治理并不是要把国家的联盟当作一个单独国家来治理，而是超越国别的界限，分别强调国际层面、国家层面和地方政府（城市）的重要性。国家仍然是主环境治理的主体，在环境问题的国际谈判中平衡着国内和国际利益，但另一方面，地方政府也用有一定的自主性。Harriet Bulkeley 和 Kristine Kern 比较德国与英国地方政府对于气候变化的处理，发现英国国家对地方政府有明确的权责规范，相比之下，德国地方政府并不受限于国家政府的职责规定。1990 年成立的“国际地方政府环境行动理事会”（ICLEI，International Council for Local Environmental Initiatives）（见图 2）是一个致力于可持续发展的组织，介于政府间国际组织和非政府组织之间。该组织定位为地方政府性国际组织，其参与主体主要是世界各国的1200 多个地方政府。“国际地方政府环境行动理事会”是各国城市交流可持续发展经验、分享低碳技术的全球平台。该组织主要目标是推广节能、环保和低碳技术与城市规划管理经验。2005 年，由 ICLEI 设立了城市气候变化项目（CCP，Cities for Climate Change Program）。参与 CCP 的城市直接向气候变化秘书处报告其应对环境变化的行动和措施，绕过了国家政府，为地方政府在减少温室气体排放政策上持与其国家不相同的立场提供了可能。②

---

① 《公私伙伴关系成功的十项原则》，市区用地研究所，2005 年 2 月，http：//www. uli. org/ResearchAndPublications/Reports/media/Documents/ResearchAndPublications/Reports/TenPrinciples/TP_ Partnerships. ashx。

② Betstill，Micele M.，and Bulkeley Harriet. “Cities and Multilevel Governance of Global Climate Change.” Global Governance. 12. （2006）：141 – 159. Print.

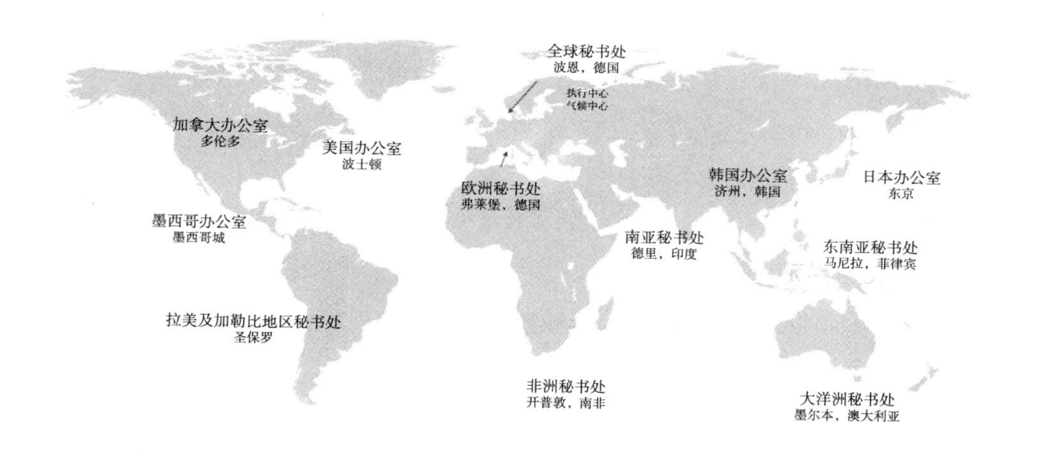

图2　ICLEI 在全球范围的 12 个办公点

从水平层次看，多层治理创造了一个由国家政府行为主体和非国家主体互动，以及平行政府间互动的新治理领域（Spheres）。随着环境治理政府间合作的不断加深，地方政府开始发挥越来越重要的作用，甚至可以超越国界参与到环境治理中并且发挥比国家更大的作用。位于北美的加拿大，其地方政府自1988 年开始减少二氧化碳排放物，即以参加加拿大市政联盟（Federation of Canadian Municipalities，FCM）的气候保护合作伙伴计划（Partners for Climate Protection Program）为焦点，认为地方政府气候保护行动已经开始采取，尽管国家对于气候变化行动是无效的，联邦并没有协助地方政府降低二氧化碳的政策，事实上地方政府与联邦的伙伴并不如预期，反而是平行的地方政府间的府际关系与合作更加广泛及密切①。另外，以私人部门主导的政策和民间社会的倡导者之间也更加融合，地方政府早已成为领导人应对气候变化和多层次气候治理的重要参与者②。

① 姜克隽、苗韧、郑平、李超欣：《气候变化与中国企业》，本研究由世界自然基金会（WWF）、中国企业家俱乐部联合发起，2010。http：//www. wwfchina. org/aboutwwf/whatwedo/climate/index. shtm.

② 参见郑易生《新公共问题需要人类新的智慧》，《中国环境与发展评论》第 4 卷，社会科学出版社，2010；参见郑易生、张伯驹《2009：推动可持续消费的重要节点》，载于《环境绿皮书：中国环境发展报告（2010）》，自然之友，社会科学文献出版社，2010。

4. 参与式环境治理

20世纪90年后，西方政府逐渐改变了环境政策制定的模式，从单一的政府主导向不断增强公众的参与模式转变，引入公众协商和辩论机制。具体而言，“环境治理中的公众参与是在公共当局（主要是政府及其管理机构）及有关企事业单位所进行的与环境相关的活动中，利益相关的个人、团体和组织（比如环境NGOs）获得相关信息、参与有关决策并监督和督促有关部门有效实施相应环境政策，以保障自身的权利并促进环境改善的所有涉及环境问题的活动。环境参与式治理保障了公众获得环境信息的权利，环境决策过程中公众有效参与的权利，环境立法过程中公众参与的权利以及环境司法活动中公众参与的权利。”[①] 环境参与是环境民主的一种体现，吸纳了政府、政府间组织、私人部门、科学界和非政府组织的各种意见和利益关切，保护了弱势群体和国家的话语权。环境政策制定中的利益冲突通过辩论、协商和协调的方式得到解决。因此，环境参与还能够提高公众对环境政策的认知，有利于相关环境政策的有效执行。西方国家主要的环境参与方式包括共识会议、公民陪审团、焦点小组会议和公民咨询委员会等。[②] 详见表2。

表2 西方国家主要环境治理参与方式比较

项目	参与者	内容
共识会议	10~16名被选出代表公众的成员，对讨论的问题没有专业知识	非专业小组向指定专家提问；在关键问题上达成的结论通过报告或者新闻发布会的形式发布
公民陪审团	公开选择12~39名成员，大概代表当地人口	非专业小组向指定专家提问，会议一般不公开；关键问题上达成的结论通过报告或新闻发布会的形式发布
焦点小组	选出几个由5~12人组成的小组	对一般性问题进行讨论并进行录像，组织者不进行干预；用于评估公众的观点和态度
公民咨询委员会	由会议组织者选取代表利益群体的小团体	由会议组织者召集会议小组研究一些重要问题，与工业界代表进行互动

资料来源：节选自 Rowe，Gene& Frewer，Lynn J. （2000）. p. 9。

在中国的环境治理体系中，传统的公民环境参与方式包括环境信访、向人民代表大会和政治协商会议提出建议以及环保局的行政仲裁，这些参与方式依

① 李慧明：《环境治理中的公众参与：理论与制度》，《鄱阳湖学刊》2011年第2期。

② 任丙强：《西方国家公众环境参与的途径及其比较》，《东北师大学报》2010年第5期。

然发挥着重要作用。[①] 新的公民参与方式，如环境影响评价听证会等，在环境政策的规划和制定中的作用也逐渐增强。最值得注意的是公民环境参与中新出现的、与媒体和互联网相结合而形成的环保集体行动。[②]

二　我国环境治理制度

政府在解决自然灾害、社会群体内部冲突、市场失灵以及外部威胁方面扮演着关键性角色，通过必要的行政、法律、经济等手段来实现有效的制度供给，并结合必要的行政强制力，建构社会主导价值观，实施社会公共工程。[③] 国家环境资源管理的概念是国家采用行政、经济、法律、科学技术、教育等多种手段，通过各级政府的环境保护机关，以国家名义行使对影响资源和环境的活动进行指挥、组织、规范、监督的职能，以合理开发利用自然资源，防治环境污染和破坏，维护生态平衡的活动。

（一）环境治理政府机构及职能

中国政府对环境保护的关注较晚。1972 年，第一届联合国人类环境会议在瑞典召开，中国派代表团参加。次年，成立了专门的环境保护领导小组。1983 年，中国政府将环境保护定为国家方针。1998 年，长江流域特大洪水灾害之后，中国政府决定将之前的环保小组升为国家环境保护总局。在 2008 年召开的第十一届全国人民代表大会上，批准了国务院机构改革方案，方案第六条规定：不再保留国家环境保护总局，组建中华人民共和国环境保护部，为国务院组成部门（即成为国务院直属的 27 个部委之一）。在此之前，国家环保总局一直对外保留国家核安全局的牌子。[④]

我国环境资源管理机构及其职责是根据法律确定的，根据《环境保护法》第 7 条规定，我国实施环境资源管理的行政部门，包括县级以上人民政府环境

① 杨妍：《环境公民社会与环境治理体制的发展》，《新视野》2009 年第 4 期。

② 杨妍：《环境公民社会与环境治理体制的发展》，《新视野》2009 年第 4 期。

③ 杨华锋：《环境治理策略之审视三题》，《理论导刊》2012 年 8 期。

④ 张楠：《国际环境 NGO 与中国地方政府环境治理研究》，上海外国语大学硕士学位论文，2012。

保护行政主管部门和15个依照有关法律的规定行使环境污染防治或者自然资源保护监督管理权的部门，具体见表3。

表3　我国实施环境资源管理的行政部门

序号	部门名称
1	国务院环境保护行政主管部门
2	县级以上人民政府环境保护行政主管部门
3	国家海洋行政主管部门
4	国家海事行政主管部门
5	港务监督行政主管部门
6	渔政渔港监督
7	军队环境保护部门
8	各级公安机关
9	各级交通部门的航政机关
10	铁道行政主管部门
11	民航管理部门
12	国土资源行政主管部门
13	矿产资源行政主管部门
14	林业行政主管部门
15	农业行政主管部门
16	水利行政主管部门
17	渔业行政主管部门

此外，近些年颁布的《固体废物污染环境防治法》等法律法规规定，建设、卫生、海关、工商、经济贸易等行政主管部门，可依法对某些环境污染防治或者自然资源保护实施监督管理。

2008年国务院机构改革与调整是中国环境治理的一大转折点，充分反映了环境保护工作在国家事务中地位的上升，也标志着中国的环境保护工作更加制度化、系统化。目前，环境保护部下属16个司局，17个事业单位和6个社会团体（见表4）。

表 4　我国环境治理组织体系

环保部直属司	办公厅、规划财务司、政策法规司、行政体制和人事司、科技标准司、污染物排放总量控制司、环境影响评价司、环境监测司、污染防治司、自然生态保护司、核安全管理司、环境监察局、国际合作司、宣传教育司、直属机关党委、驻部纪检组检察局
环保部直属事业单位	环境保护部应急与事故调查中心、环境保护部机关服务中心、环境保护部环境保护对外合作中心、中国环境科学出版社、中国环境监测总站等
挂靠环保部社会团体	中国环境科学学会、中国环境保护产业协会、中国环境新闻工作者协会

资料来源：http：//www.mep.gov.cn/zhxx/jgzn/。

截至 2010 年，全国环保系统机构数 12849 个。其中国家级机构 43 个，省级机构 371 个，地市级机构 1937 个，县级机构 8606 个，乡镇机构 1893 个。各级环保行政机构 3175 个，各级环境监察机构 3060 个，各级环境监测机构 2587 个。①

（二）环境法律法规和制度

1. 环境影响评价制度

环境影响评价制度是指对规划和建设项目实施后可能造成的环境影响进行分析、预测和评估，提出预防或者减轻不良环境影响的对策和措施，进行跟踪监测的方法和制度。《环境影响评价法》第二条是贯彻“预防为主”原则的重要法律制度。环境影响评价制度首创于美国 1969 年的《国家环境政策法》，该法把环境影响评价作为联邦政府在环境与资源管理中必须遵循的一项制度。之后，其他国家纷纷效仿和采用这一制度。如瑞典、澳大利亚、法国、新西兰、加拿大、日本等许多国家，都在自己国家的环境保护基本法或其他法律当中就环境影响评价制度作出了规定。2005 年初，国家环保总局根据《环境影响评价法》授予的“一票否决”权，叫停了三十个大型工程项目，在中国刮起了一阵“环评风暴”。2002 年 10 月 28 日，第九届全国人大常委会第三十次会议通过了《中华人民共和国环境影响评价法》（该法自 2003 年 9 月 1 日起

① 环境管理制度执行情况，http：//zls.mep.gov.cn/hjtj/nb/2010tjnb/201201/t20120118_ 222718.htm。

施行），是对一项特殊的环境保护法律制度进行专门立法的一次创举。

2. 排污许可证制度

排污许可证制度是指从事有害或可能有害环境的活动之前，必须向有关管理机关提出申请，经审查批准，发给许可证后，方可进行该活动的一整套管理措施。我国排污许可证制度始于1987年水污染领域的防治。

3. 排污收费制度

排污收费制度是指国家以筹集治理污染资金为目的，按照污染物的种类、数量和浓度，依据法定的征收标准，对向环境排放污染物或者超过法定排放标准排放污染物的排污者征收费用的制度。排污收费制度的意义在于：①促进企业加强环境管理，开展清洁生产；②扩大污染治理的资金渠道；③加强环境保护部门自身能力建设，促进环保事业的发展。

4. 环境事故报告处理制度

环境事故报告处理制度是指因发生事故或者其他突然性事件，造成或者可能造成环境污染与破坏事故单位，必须立即采取处理措施，及时通报可能受到污染与破坏危害的单位和居民，并向当地环境保护行政主管部门和有关部门报告，接受调查处理的规定的总称。环境事故报告制度的意义在于：①可以使环境保护监督管理部门和人民政府及时掌握污染与破坏事故情况，便于采取有效措施，防止事故的蔓延和扩大；②可以使受到污染、破坏威胁的单位和居民提前采取防范措施，避免或减少对人体健康、生命安全的危害和经济损失。

5. 环境监测制度

环境监测是指依法从事环境监测的机构及其工作人员，按照有关法律法规规定的程序和方法，运用物理、化学或者生物等方法，对环境中各项要素及其指标或变化进行经常性的监测或长期跟踪测定的科学活动。环境监测分为三类：①研究性监测；②预防性监测，包括经常性监测、监视性监测等；③特定目的监测，又分为环境质量监测、污染监督监测等。

6. 环境标准制度

环境标准是指国家为了保护公众人体健康和社会物质财富，维持生态平衡，对大气、水、土壤等环境质量，按照法定程序对环境要素间的配比、布局

和各环境要素的组成以及进行环境保护工作的某些技术要求加以限定的规范。我国的环境质量标准、污染物排放标准、环境保护基础标准和环境保护方法标准等都是强制性标准。环境标准是国家进行环境管理的重要技术基础。环境标准的发布和实施，能够促进排污者推行清洁生产。环境标准的规范性决定了它在环境立法、执法和司法中的独特作用。

表 5　我国现行法律法规和制度

<table>
<tr><td rowspan="4">有关法律法规</td><td>资源保护法律</td><td>包括《可再生能源法》《节约能源法》《土地管理法》《水法》《森林法》《草原法》《矿产资源法》《煤炭法》《电力法》《清洁生产促进法》《海洋环境保护法》《野生动物保护法》《土地管理法》《渔业法》《农业法》《电力法》《水土保持法》《自然保护区管理条例》等资源节约和保护方面的法律</td></tr>
<tr><td>污染防治法律</td><td>包括《资源保护法》《环境影响评价法》《大气污染防治法》《水污染防治法》《环境噪声污染防治法》《固体废物污染环境防治法》《环境噪声污染防治法》《放射性污染防治法》等环境保护方面的法律</td></tr>
<tr><td>社会保障法</td><td>《教育法》《义务教育法》《高等教育法》《职业教育法》《人口与计划生育保障法》《保险法》《未成年人保护法》《妇女权益保障法》《老年人权益保护法》《残疾人保护法》《食品卫生法》等</td></tr>
<tr><td>防灾减灾</td><td>《防沙治沙法》《防洪法》《防震减灾法》《气象法》</td></tr>
<tr><td rowspan="4">有关法律法规</td><td>促进经济活动绿色法律</td><td>包括《清洁生产促进法》《循环经济促进法》《节约能源法》《可再生能源法》等促进经济活动绿色化的法律</td></tr>
<tr><td>行政法规</td><td>中国出台了与环境和资源保护、推进绿色产业发展的行政法规 30 余件</td></tr>
<tr><td>地方性法规</td><td>《海南省城镇园林绿化条例》《陕西省秦岭生态环境保护条例》《安徽省矿山地质环境保护条例》《浙江省文物保护管理条例》《福建省固体废弃物污染环境防治若干规范》等</td></tr>
<tr><td>部门和地方规章</td><td>《土地登记办法》《土地储备管理办法》《矿产资源登记统计管理办法》《矿山地质环境保护规定》《开采海洋石油资源缴纳矿区使用费的规定》《水量分配暂行办法》《森林资源监督工作管理办法》等</td></tr>
<tr><td rowspan="4">有关制度</td><td>资源管理制度</td><td>包括权属制度、规划制度、许可制度、有偿使用制度、登记制度</td></tr>
<tr><td>环境保护与污染防治制度</td><td>包括环境影响评价制度、“三同时”制度、环境标准制度、排污收费制度、限期治理制度、排污总量控制制度、排污许可证制度、排污申报登记制度、污染事故报告和应急处理制度</td></tr>
<tr><td>生态保护制度</td><td>主要有：饮用水源保护制度、自然保护区制度、森林保护、野生动植物保护、水土保持、草原保护、生态补偿制度</td></tr>
<tr><td>节能减排制度</td><td>节能减排统计制度、奖惩制度、考核制度、排污权交易制度、节能产品和环境产品认证制度</td></tr>
</table>

续表

财政政策	政府投资:政府直接投资节能减排领域和生态工程 政府购买:优先采购节能产品 税收与收费:征收资源税和排污费;木质一次性筷子、实木地板纳入消费税税目;资源综合利用产品、清洁能源、环保产品免征或减半增值税 转移支付:对经济欠发达地区淘汰落后产能给予适当补助和奖励
金融政策	信用控制:"绿色信贷"政策(2007 年)　有关政策 保险制度:"绿色保险"制度(2008 年) 融资政策:支持节能环保企业发行企业债券,鼓励节能环保企业上市融资
管制政策	价格管制:财政补贴节能产品价格;提高高耗能、高污染产品差别电价标准 投资管制:提高建设项目在环保、节能、技术等方面的准入标准 外贸管制:取消"高污染、高环境风险"出口退税;禁止或限制"双高"设备进口

三　上海市环境多元治理现状

上海市是中国最大的城市，面积为 6341 平方公里，2012 年常住人口为 2380 万人，是中国的经济和金融中心。作为特大型的河口城市，上海具有极高的人口密度，拥有二、三产业并举的产业结构。城市的快速发展和生态环境的退化给上海的环境治理带来双重挑战。近年来，上海不断探寻更合理的环境治理模式，积极应对新的环境和社会形势。

（一）环境治理主体

在我国单一制的政府体制下，地方政府的地方行政权是国家权力的一部分。经过过去五次行政改革，通过一定的中央权力下放，城市政府能够因地制宜地提供公共服务，成为地方环境治理的最重要主体。地方政府具有行政的自由裁量权，有自行判断、选择采取其认为最合适的方式及内容的权力。① 另一方面，城市政府的权力又受到相关法律法规、市场机制和社会监督以及立法、行政、司法机关的权利制衡的约束。

① 《中国低碳生态城市发展战略》，中国城市科学研究院，2009。

上海市环境治理的主体是上海市环境保护局及其直属单位，包括上海市环境保护信息中心、上海市环境监测中心、上海环境监察总队、上海市辐射环境监督站、上海市固体废物管理中心、上海市环境保护宣传教育中心、上海市环境科学研究院。上海市环保局内设有国际合作处，专门负责和实施国际合作交流计划，协调涉外的环境保护合作项目以及环境保护国际条约在本市的履约工作。[①] 在省级的层面上，参与环境治理的机关还有上海市人民政府下属的上海市城绿化和市容管理局、上海市城乡建设和交通委员会、上海市林业局、上海市水务局、上海市发展与改革委员会等。由于上海是直辖市，国家级管理部门也参与上海市的环境保护工作，如国家环境保护部、国家林业局、国家海洋局、教育部、商务部、科技部、住建部、国家发展和改革委员会能源局、长江水利委员会、长江渔业资源管理委员会、中国气象总局等。

从垂直层次看，城市政府内部自上而下地进行行政监管与问责。上海市环境保护局受到上海市政府管理，同时也受到国务院环境保护部的业务指导；从水平层次上看，城市政府内部不同行政机关互相协调与制约，如上海市环境保护局与其他同级的政府职能部门相互协调。见图 3。

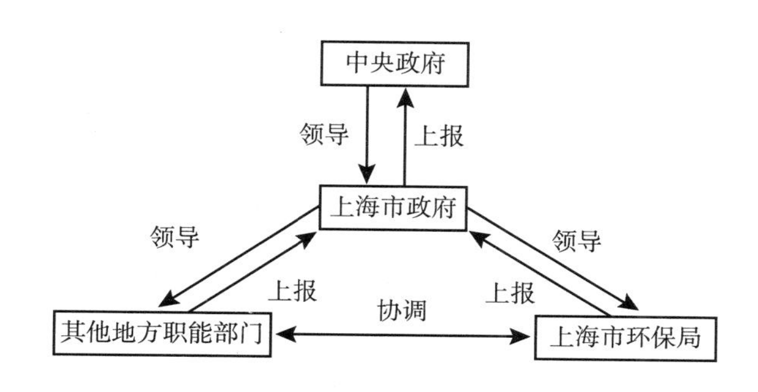

图 3　上海市环境治理协调流程

（二）在沪环境非政府组织

在上海地区影响较大的环境非政府组织有世界自然基金会（World Wild

① 上海环境，http://www.sepb.gov.cn/fa/cms/shhj/shhj2002/shhj2006/index.shtml。

for Animals）、国际野生生物保护协会（Wild Life Conservation Society）、美国环保协会（Environmental Defense Fund）等。

世界自然基金会（World Wide Fund for Nature）是世界上最大的独立环保组织之一，成立于1961年，总部位于瑞士。从1985年以来，世界自然基金会在130个国家开展了11000个项目，总金额达到11.65亿美元。[1] 世界自然基金还发起“债务换自然”计划，影响深远。世界自然基金会是首个受到中国政府邀请来华的非政府组织，在华开展了大熊猫栖息地保护工作。2007年，WWF在上海设立了办公室。

美国环保协会（American Environmental Defense Fund）是美国著名的非赢利性环保组织，目前拥有超过50万名会员。美国环保协会致力于人类社会可持续发展的现在和未来，涉及水、大气、海洋、人体健康、食品安全以及生物多样性等诸多领域。与其他环保组织相比，EDF拥有更多的博士学位的科学家和经济学家。自1997年起，美国环保协会开始在中国开展项目，与中国政府、研究机构及各界合作，取得了诸多成果。首席经济学家杜丹德博士于2004年获得中国政府授予外国专家的最高奖励——“友谊奖”，并多次受到了温家宝总理的亲切接见。2007年11月，杜丹德博士被聘为中国环境与发展国际合作委员会委员。

国际野生生物保护协会（Wildlife Conservation Society，WCS）成立于1895年，原名纽约动物学会，总部设在美国纽约，目前在亚洲、非洲、拉丁美洲、南美洲及北美洲的64个国家开展工作。WCS致力于保护野生生物及其自然栖息地。1996年，WCS在中国设立了办公室。

四　上海城市多元环境治理案例

上海市环境保护以前以末端治理为主，现在从优化发展考虑，由常规控制转向全面协同控制。根据上海市环境保护十二五规划，环境治理推进不仅要依

① WWF，“A History of WWF”，http：//www.panda.org/about_wwf/who_we_are/history/index.cfm.

靠行政手段，还要利用经济、法律等综合管理手段，并且要呼吁全社会共同参与。

（一）长三角大气污染治理——地方政府间平行合作

大气污染、河流污染的治理需要建立长效机制，以区域重点为中心，向城乡一体区域联动监控、治理。在申博之后，上海市政府制定环保三年行动计划，搭建了一个平台，滚动推进实施整个上海的环境保护工作，在全国率先构建了一个由市长挂帅、各委办局为成员单位的环境保护、环境协调委员会。在环境保护部的指导下，上海和江浙两省的环保部门共同努力，探索长三角区域合作平台上的环境保护工作。各地区环保部门已经就区域的污染排放准入标准进行了相互交流和协调，同时在太湖的水治理、区域机动车污染的控制，以及应急联动方面都做了有益的探索和尝试。

2009 年，苏浙沪两省一市环保部门借助《长江三角洲地区环境保护合作协议（2009～2010 年）》平台，积极探索区域大气污染联防联控工作机制。在环境保护部和科技部以及上海市环保局的积极推动下，启动和编制了“2010 年上海世博会长三角区域环境空气质量保障联防联控措施”，划定了以世博园区为核心、半径 300 公里的重点防控区域，加强合作沟通，严格控制污染物排放。

2010 年 5 月，国务院办公厅转发了环境保护部等部门《关于推进大气污染联防联控工作改善区域空气质量指导意见的通知》，对区域大气污染联防联控工作做出一系列重要部署。内容之一即为，在 2011 年底前，完成重点区域大气污染联防联控规划的编制与报批。为指导各地区区域大气污染联防联控规划编制和实施工作，环境保护部编印了《“十二五”重点区域大气污染联防联控规划编制指南》。①

2011 年，苏浙沪皖三省一市环保部门继续合作加强长三角环保工作，苏浙沪环境监测部门代表在杭州市讨论并共同起草了《长 PM_{10} 三角区域空气质

① 新华网，《长三角环保合作应常态化》，http：//www.cenews.com.cn/xwzx/zhxw/ybyw/201010/t20101014_ 665150.html。

量联合预报系统建设工作方案》。[①] 自 2012 年 12 月 1 日开始，江浙沪在全国统一发布环境质量指数（AQI），发布了包括 $PM_{2.5}$、PM_{10}、臭氧与一氧化碳等六项指标。2013 年 8 月，江苏省环保厅、浙江省环保厅和上海市环保局再次召开了长三角大气污染防治研讨会，进一步探讨如何做好先联控后联防，成为全国区域联控联防的先行者。

（二）世界自然基金会——政府与社会的良好互动

世界自然基金会（WWF）在中国最早的项目是 1985～1988 年与中国林业部（现国家林业局）共同开展的全国大熊猫及其栖息地调查。基于此次调查的结果，双方共同制定了全国大熊猫保护计划，并于 1992 年经国务院批准开始执行。WWF 上海办事处成立于 2007 年，隶属于北京办事总处。经过 5 年的发展，WWF 在上海的工作领域包括了生物多样性保护、水资源管理、低碳城市建设、企业合作和公众宣传。项目示范、公众信息传播、学术和研究活动是 WWF 上海办公室在上海活动的主要侧重点。

WWF 和中国政府一直保持着良好的合作关系，受到了中央政府的大力支持，以“境外民办非企业”的身份在工商局注册。WWF 与上海的多家研究机构和智库合作，积极搭建关于环境治理的平台。2006 年，WWF 发起了首届河口保护研讨会，还与国内高校合作制作了中国首套湿地绿地图，并联合成立了上海低碳教育推进委员会，[②] 利用与政府的良好的信任和合作关系，WWF 向政府上传来自专家的政策意见，推动了相关项目在地方的执行。“低碳城市之旅”是 WWF 与国家发展与改革委员会合作发起的项目，为公众免费提供赴上海和保定体验低碳城市的机会，配合了中国政府节能减排的任务。在中央政府的协助下，2008 年，WWF 选定上海和保定成为“低碳城市”试点。[③] 详见表 6。

① 张全主编《上海环境年鉴 2012》，上海人民出版社，2012。

② 张楠：《国际环境 NGO 与中国地方政府环境治理研究》，上海外国语大学硕士学位论文，2012。

③ 参见 http：//old. wwfchina. org/wwfpress/presscenter/pressdetail. shtm？ id = 1217.

表 6　WWF 上海办公室主要项目

项目	内容	合作伙伴
长江湿地保护网络	开展全流域内保护区的有效管理，提升流域内应对气候变化的应对能力，以“自然学校”为工具推动保护区的社会化管理	
长江湿地保护网络国际培训中心	促进保护区有效管理，推动中国在《国际湿地公约》指导下有效地开展 CEPA（Communication，Education，Participation and Awareness）活动	国家林业局湿地管理中心、上海市林业局
企业水管理先锋	降低企业水足迹和水风险，同时推动企业与其他利益相关方合作，实现流域的水资源有效管理	企业
低碳城市项目	从提高建筑节能入手，开展低碳社区建设，探索上海的低碳城市发展之道，联合多家研究机构和智库发布《2050 上海低碳发展路线图》，发展“低碳领导力培训”和“低碳教育推进项目”；开展长江口以及沿海滩涂候鸟迁飞路线上关键栖息地的保护等。	相关研究机构和智库

资料来源：http：//www. wwfchina. org/officedetail. php？ id =9。

“地球一小时”是世界自然基金会（WWF）应对全球气候变化所提出的一项倡议，号召个人、社区、企业和政府在每年 3 月最后一个星期六 20∶30 ~ 21∶30 熄灯并关闭显示屏、电视机等电器一小时，来表明对应对气候变化行动的支持。2007 年，WWF 澳大利亚区负责人首先通过当地电视台发布该项创意。悉尼市率先响应号召，数万户商家和 200 多万居民于 3 月 31 日晚集体断电一小时，以引起人们对温室气体排放导致全球变暖的关注。悉尼歌剧院、悉尼海湾大桥等标志性建筑也纷纷熄灯。随后，该活动以惊人的速度席卷全球，仅仅一年之后，“地球一小时”就已经被确认为全球最大的应对气候变化的行动之一，成为一项全球性并持续发展的活动。2009 年，“地球一小时”来到中国，上海率先响应，成为中国内地第一个官方加入这一行动的城市。据 WWF（中国）统计，2008 年全球有超过 35 个国家、数百座城市、约 5000 万民众参加了活动。“地球一小时”官方网站（http：//www. earthhour. org）显示，自 2011 年开始，“地球一小时”活动升级，WWF 将其核心主题“气候变化”延伸到更为广义的环境保护。其 LOGO 从“60”升级为“60 +”，加号即代表节能活动不应仅仅局限在熄灯的 60 分钟内。此外，WWF 还在中国发起“我做绿V客”倡议——周一多吃菜，周二环保袋，周三不开车，周四自带筷，周五不剩饭，周六爱动物说出来，周日走进户外放弃宅，环保七选一，每周一起来。号召大家在每周七天不同的绿色行动中选择一天，并在接下来的一年中每周坚持。改变生活中的一个小习惯，为环保贡献力量。

（三）上海通用绿色供应链项目——企业环境管理

绿色供应链（Green Supply Chain），最初是美国密歇根州立大学的制造研究协会在1996年提出的概念。绿色供应链管理模式从产品的原材料采购期开始追踪和控制；在产品在设计研发阶段，遵循相关环保的规定，减少产品在使用期和回收期给环境带来的危害。2011年，中国环境与发展国际合作委员会（以下简称“国合会”）针对绿色供应管理开展了专题政策研究，认为绿色供应链能够调动市场的力量，落实节能减排和推动环境保护，并建议政府建立绿色供应链体系，在有条件的区域进行试点。响应国合会的政策建议，上海市环境保护局与美国环保协会（EDF）合作，展开了为期两年的“绿色供应链合作项目”。

上海通用绿色供应链项目在2005年即开始启动，首批加入项目的公司共有8家。上海通用汽车公司出资邀请非赢利性的国际机构“国际环保中心（WEC）”对供应商进行“清洁生产，节能减排”专门培训。在项目开展期间对供应商进行全过程的技术指导，包括对供应商的厂房设备、生产场地、工艺过程进行审查，加强资源的合理利用，减少能源原材料消耗等。[①] 加入项目的首批8家企业每年减少二氧化碳排放2500多吨，节约用水超过2800万加仑，共计节省资金25.45万美元。2008年1月22日，上海通用又正式启动了“绿动未来”项目，吸引更多的核心供应商成为“绿色供应商”。2012年，国合会把上海绿色供应链管理示范项目定为2013年的示范项目。上海通用汽车有限公司与宜家贸易服务（中国）有限公司以及百联集团有限公司一起，成了首批示范企业。此项目将通过开展绿色供应链管理试点，进一步探索相关行业绿色供应链管理模式和标准，为制定上海和国家层面相关政策提供参考。[②]

---

① 刘阳：《上海通用积极打造绿色供应链》，2008年3月14日《中国工业报》。

② 上海供应链管理示范项目正式实施，http://www.sepb.gov.cn/fa/cms/shhj//shhj2090/shhj5079/2012/12/74962.htm。

五　上海多元治理障碍

在传统的环境治理模式中，政府是唯一的环境管理责任主体，采用的是控制——命令性管理模式，不能有效地调动各种社会力量共同治理环境。要进一步提高上海市政府的环境治理能力，上海必须由传统的环境治理模式向政府—企业—公众多元参与的环境治理模式转变。然而，上海各类环境治理的参与主体受到了现有法律法规和体制的限制，不能够充分发挥自己的社会功能。在转变环境治理的过程，上海面临着以下困境。

（一）非政府组织登记管理制度

根据我国现有的《社会团体登记管理条例》，非政府组织需要找到可对其进行登记管理的机关才能获得登记，而登记与否决定着非政府组织是否是“合法”组织。由于繁琐的登记手续，许多国际环保组织不能够进入上海，目前在上海合法登记的非政府组织只有世界自然基金会（WWF）。上海当地的草根环境非政府组织选择不登记或以企业的名义注册。目前的社会管理体制严重地阻碍了环境非政府组织的健康发展，导致许多非政府组织的法律权利和地位得不到保障。上海可以先行先试，放松国际非政府组织入沪限制，积极与非政府组织建立合作和交流机制。

（二）公众参与环境评估缺乏可操作性

上海市已经颁布了《上海市〈中华人民共和国环境影响评价法〉》以及《关于开展环境影响评价公众参与活动的指导意见（2013 年版）》[①] 等法律法规，以进一步规范环保评价机构在环保评估中开展公众参与。但是与西方国家相比，我国的公众参与环境评估的起步较晚，在执行和操作上仍然存在欠缺，一些规定并未获得严格的执行。例如，许多投资项目的环境评估被公告在受众面极小的媒体上，导致项目公告虽然通过但仍然受到市民反对的现象。环境评

① 《上海市环境保护局关于发布〈关于开展环境影响评价公众参与活动的指导意见（2013 年版）〉的通知》，http：//zc. k8008. com/html/shanghai/shihuanbaoju/2013/0517/1550263. html。

估的过程还不够公开和透明。要促进公众参与，上海要进一步完善上海环境热线网站、网上调查和对话、环境投诉热线 62863110 以及“上海环境”微博等平台；此外，要在社区层面推进公众参与污染监控和建设绿色社区。

（三）国企环保理念落后

国企大多身处事关国计民生的行业，因此从受到政府管制的角度显示出明确的合规倾向，而民企更多从绿色商机和市场推广上看待气候变化。2010 年，世界自然基金会（WWF）和中国企业家俱乐部道农研究院（DCE）对 150 家年度绿色公司入围企业进行了调查。调查发现，在更进一步将气候变化纳入企业发展战略、提出企业减排目标方面，外企比国企和民企走得更远。国有企业不仅要达到清洁生产而且要更多地生产和销售环保节能产品，同时还要促进业务伙伴积极履行相应的环境责任。国有企业应前瞻性地进行战略规划，实现产品和产业结构调整，在全球分工的产业链环节上争取有利位置，赢取新的产业竞争优势，并积极探索利用国际规则寻求新的利润增长点和成本减低点。

（四）跨地域的治理机构缺乏

目前，长三角地区还未建立一个跨地域的治理机构。由江苏、浙江和上海共同建立的长三角跨地域治理机制还未成立，仍处于较为松散的联控状态，政策决策和执行的效率较低。其合作方式还停留在各种跨省的交流磋商会议上。治理机制的制度化程度低，缺乏稳定性和长期性。长三角地区要构建有效的跨地域治理机制，需要在中央和地方层面分别进行制度创新，完善跨区域政府合作的相关法规，或尝试成立区域性的环保机构以统一环保管理权。①

（五）政府与企业、社会团体及公民的合作关系有待加强

目前的环境治理缺乏政府与企业、社会组织和公民互动协商的相关规则及

① 杨妍、孙涛：《跨区域环境治理与地方政府合作机制研究》，《中国行政管理》2009 年第 1 期。

制度来确保参与式生态环境管理体系顺利运转。各个参与主体的权利和责任边界不够明确，没有建立环境管理体系中各个主体之间的互动规则。这导致在环境治理中，政府不能与企业、社会组织和公民有效合作，不能发挥各个主体的优势。因此，政府要借助经济、法律和行政等多种手段，完善多元参与主体参与环境治理的议事规则，授权相关社会组织部分环境管理职能。

B.12

非政府组织在环保中的作用

刘新宇　任文伟　王 倩*

摘　要：

环境非政府组织是政府—公众、企业—公众之间重要的中间层，它们可以将围绕环境问题的矛盾、冲突引向和平理性的解决轨道。本报告利用来自上海市社会团体管理局等平台的资料，对上海现有96家环境非政府组织的增长趋势、地域分布、类别分布、关注领域分布等特征进行分析，展示其在创设交流与合作平台、提供专业技术支持、募集社会资金、引导理性参与和培育责任意识等方面的积极作用，并建议政府通过完善规则、推进试点、购买服务、孵化新组织等措施促进其发展。

关键词：

上海　环境非政府组织　环境保护

环境非政府组织是政府—公众、企业—公众之间重要的中间层，它们可以将围绕环境问题的矛盾、冲突引向和平理性的解决轨道，环境非政府组织还能够在环境事务中对政府、企业、公众等提供交流平台、技术、资金等方面支持。本报告利用来自上海市社会团体管理局等平台的资料，对上海环境非政府组织的数量、分布、作用等进行了分析，并就如何促进其未来发展，对相关部门提出若干建议。

---

* 刘新宇，博士；任文伟，博士；王倩，博士。

一　上海环境非政府组织发展状况

本报告利用从上海市社会团体管理局网站（“上海社会组织”网站）上获取的资料，对上海（本土）环境非政府组织的总量、增长趋势、地域分布、类别分布、关注领域分布，以及在全国的占比进行了分析，对上海环境非政府组织的发展现状及其呈现的特征有了初步了解。

（一）数据来源

截至2013年10月21日，上海市社会团体管理局网站（“上海社会组织”网站）上显示，在上海注册的社会组织共有11220家，本报告从中筛选出96家主要从事污染物减排和治理、资源节约和再利用、节能和新能源开发以及自然生态保护的社会组织——上海（本土）的环境非政府组织，作为本报告的研究对象。在从前述11220个条目中筛选环境非政府组织的过程中，本报告未将下列几类社会组织选入：第一类是市容环卫绿化类组织；第二类是有害生物防治类组织；第三类是所从事业务与环保有关或其中有一部分涉及环保，但其主业并不是环境保护，如上海崇明绿联生态农产品服务中心、上海理工建筑环境与设备系统研究院、上海滩涂生物资源开发研究所、上海大德仙生物资源研究中心、上海市海洋湖沼学会、上海市植物学会。此外，在大专院校和社区中，还有一些接受学校和居委会管理的环保团体，但由于其未在上海市社会团体管理局注册，并非正式的社会组织，因此也不在本报告的研究范围内。本报告将利用这96家环境非政府组织的数据（见表1），对上海环境非政府组织的增长趋势、地域分布、类别分布、关注领域分布等进行分析。

表1　上海环境非政府组织一览（截至2013年10月21日）

序号	名　称	类别	成立日期	所在区县
1	上海闵行区古美社区环保服务中心	民办非企业单位	2013年10月14日	闵行
2	上海崇明明珠湖生态服务中心	民办非企业单位	2013年10月9日	崇明
3	上海奉华新能源研究中心	民办非企业单位	2013年7月18日	奉贤
4	上海市燃气节能技术促进中心	民办非企业单位	2013年6月18日	黄浦

续表

序号	名　　称	类别	成立日期	所在区县
5	上海小草头绿色生活服务社	民办非企业单位	2013 年 6 月 14 日	虹口
6	上海能源安全研究中心	民办非企业单位	2013 年 5 月 13 日	徐汇
7	上海市浦东新区新能源协会	社会团体	2013 年 4 月 28 日	浦东
8	上海市低碳科技与产业发展协会	社会团体	2013 年 1 月 21 日	黄浦
9	上海市节能服务业协会	社会团体	2012 年 12 月 5 日	虹口
10	上海市奉贤生态林经济研发中心	民办非企业单位	2012 年 12 月 5 日	奉贤
11	上海青浦区环境技术服务中心	民办非企业单位	2012 年 11 月 29 日	青浦
12	上海松江区绿行青年环保公益社	民办非企业单位	2012 年 11 月 21 日	松江
13	上海合众绿色生态公益促进中心	民办非企业单位	2012 年 10 月 26 日	黄浦
14	上海现代绿色能源工程技术研究中心	民办非企业单位	2012 年 10 月 15 日	普陀
15	上海闸北区爱芬环保科技咨询服务中心	民办非企业单位	2012 年 8 月 1 日	闸北
16	上海徐汇区凌云绿主妇环境保护指导中心	民办非企业单位	2012 年 7 月 2 日	徐汇
17	上海富国环保公益基金会	基金会	2012 年 5 月 15 日	浦东
18	上海光启科技创业生态发展研究中心	民办非企业单位	2012 年 4 月 6 日	徐汇
19	上海树艺生态社区指导中心	民办非企业单位	2012 年 3 月 30 日	普陀
20	上海之源生态研究开发中心	民办非企业单位	2012 年 2 月 17 日	崇明
21	上海市崇明水生水环境研究所	民办非企业单位	2011 年 11 月 9 日	崇明
22	上海市农村能源行业协会	社会团体	2011 年 10 月 13 日	闵行
23	上海市普陀长风生态商务区企业联合会	社会团体	2011 年 10 月 12 日	普陀
24	上海建设工程绿色安装促进中心	民办非企业单位	2011 年 10 月 8 日	虹口
25	上海创新节能技术促进中心	民办非企业单位	2011 年 3 月 18 日	静安
26	上海绿色低碳经济技术服务中心	民办非企业单位	2010 年 10 月 29 日	浦东
27	上海市虹口区绿色环保创业协会	社会团体	2010 年 10 月 15 日	虹口
28	上海市金山区再生资源回收利用协会	社会团体	2010 年 8 月 26 日	金山
29	上海市金山区健康安全环境学会	社会团体	2010 年 8 月 3 日	金山
30	上海市长宁节能服务中心	民办非企业单位	2010 年 3 月 22 日	长宁
31	上海浦东新区锦太阳农业生态循环经济应用研究所	民办非企业单位	2009 年 12 月 30 日	浦东
32	上海长三角人类生态科技发展中心	民办非企业单位	2009 年 11 月 25 日	崇明
33	上海浦东能效中心	民办非企业单位	2009 年 10 月 28 日	浦东
34	上海电子信息产品再利用促进中心	民办非企业单位	2009 年 7 月 2 日	闸北
35	上海市闵行区环境保护产业协会	社会团体	2009 年 5 月 12 日	闵行
36	上海节能研究中心	民办非企业单位	2008 年 12 月 8 日	浦东
37	上海普华煤燃烧技术研究中心	民办非企业单位	2008 年 8 月 14 日	闵行
38	上海市松江区废旧物资回收企业协会	社会团体	2008 年 1 月 9 日	松江
39	上海水资源保护基金会	基金会	2007 年 12 月 28 日	徐汇

续表

序号	名　　称	类别	成立日期	所在区县
40	上海绿色生态建筑与人居环境科技推广中心	民办非企业单位	2007 年 12 月 21 日	浦东
41	崇明县生态科普协会	社会团体	2007 年 10 月 22 日	崇明
42	上海燃料电池汽车商业化促进中心	民办非企业单位	2007 年 7 月 12 日	嘉定
43	上海市普陀区环境保护协会	社会团体	2007 年 6 月 13 日	普陀
44	上海市电子废弃物资源化推广中心	民办非企业单位	2007 年 1 月 5 日	徐汇
45	上海普华废弃物发电技术研究中心	民办非企业单位	2006 年 12 月 27 日	闸北
46	上海农业废弃物利用行业协会	社会团体	2006 年 11 月 3 日	普陀
47	上海市室内环境净化行业协会	社会团体	2006 年 9 月 19 日	闸北
48	上海宏源水务咨询服务中心	民办非企业单位	2006 年 9 月 13 日	奉贤
49	上海崇明森林园区污水处理服务中心	民办非企业单位	2006 年 8 月 4 日	崇明
50	上海市奉贤水务咨询服务中心	民办非企业单位	2006 年 4 月 19 日	奉贤
51	上海市嘉定环境保护咨询服务中心	民办非企业单位	2005 年 8 月 22 日	嘉定
52	上海市九段沙湿地自然保护基金会	基金会	2005 年 3 月 17 日	浦东
53	上海市金山区环境保护学会	社会团体	2005 年 3 月 1 日	金山
54	上海绿洲生态保护交流中心	民办非企业单位	2004 年 11 月 8 日	浦东
55	上海市宝山区环境监测协会	社会团体	2004 年 10 月 29 日	宝山
56	上海市绿色建筑协会	社会团体	2004 年 9 月 2 日	徐汇
57	上海市自然与健康基金会	基金会	2004 年 5 月 28 日	浦东
58	上海中学生生物与环境科学业余学校	民办非企业单位	2004 年 4 月 30 日	黄浦
59	上海市机动车船污染控制协会	社会团体	2004 年 1 月 4 日	杨浦
60	上海同济高廷耀环保科技发展基金会	基金会	2003 年 10 月 31 日	杨浦
61	上海市嘉定区环境保护协会	社会团体	2003 年 8 月 18 日	嘉定
62	上海市环境科学信息技术交流中心	民办非企业单位	2003 年 6 月 26 日	徐汇
63	上海太平洋能源中心	民办非企业单位	2002 年 2 月 6 日	黄浦
64	上海市浦东新区环境保护协会	社会团体	2001 年 12 月 14 日	浦东
65	上海市绿色环境产业发展交流中心	民办非企业单位	2001 年 8 月 23 日	长宁
66	上海市闸北区环境科学学会	社会团体	2001 年 7 月 10 日	闸北
67	上海市环境保护产业研究院	民办非企业单位	2001 年 6 月 12 日	长宁
68	上海市黄浦区环境科学学会	社会团体	2000 年 11 月 7 日	黄浦
69	上海市普陀区节能科技协会	社会团体	2000 年 3 月 17 日	普陀
70	上海市普陀区能源科学技术学会	社会团体	2000 年 3 月 17 日	普陀
71	上海市普陀区环境科学学会	社会团体	1999 年 9 月 29 日	普陀
72	上海市静安区环境科学学会	社会团体	1999 年 9 月 20 日	静安
73	上海新能源行业协会	社会团体	1998 年 9 月 16 日	徐汇
74	上海绿色工业和产业发展促进会	社会团体	1998 年 5 月 18 日	徐汇

续表

序号	名　　称	类别	成立日期	所在区县
75	上海市资源综合利用协会	社会团体	1997 年 2 月 21 日	虹口
76	上海市徐汇区环境保护管理协会	社会团体	1996 年 3 月 28 日	徐汇
77	上海市闵行区环境科学学会	社会团体	1995 年 6 月 19 日	闵行
78	上海市环境保护产业协会	社会团体	1993 年 8 月 29 日	杨浦
79	上海市环境保护工业行业协会	社会团体	1992 年 11 月 11 日	静安
80	上海市节能协会	社会团体	1992 年 2 月 21 日	虹口
81	上海市青浦区环境科学学会	社会团体	1991 年 11 月 10 日	青浦
82	上海市环境工程技术协会	社会团体	1991 年 10 月 18 日	杨浦
83	上海市松江区环境保护学会	社会团体	1991 年 8 月 1 日	松江
84	上海市环境科学学会	社会团体	1991 年 6 月 7 日	徐汇
85	上海市生态经济学会	社会团体	1991 年 5 月 31 日	黄浦
86	上海市野生动植物保护协会	社会团体	1991 年 5 月 31 日	黄浦
87	上海市奉贤区环境科学学会	社会团体	1991 年 5 月 23 日	奉贤
88	上海市生态学学会	社会团体	1991 年 5 月 14 日	杨浦
89	上海市植物保护学会	社会团体	1991 年 5 月 14 日	徐汇
90	上海市太阳能学会	社会团体	1991 年 5 月 14 日	徐汇
91	上海市能源研究会	社会团体	1991 年 5 月 14 日	黄浦
92	上海市再生资源回收利用行业协会	社会团体	1991 年 4 月 1 日	黄浦
93	上海市虹口区环境科学学会	社会团体	1991 年 1 月 15 日	虹口
94	上海市杨浦区环境科学学会	社会团体	1990 年 11 月 1 日	杨浦
95	上海市浦东新区环境科学学会	社会团体	1987 年 5 月 19 日	浦东
96	上海市宝山区环境科学学会	社会团体	1985 年 7 月 25 日	宝山

说明：本表按成立日期由近及远排序。
资料来源：上海市社会团体管理局网站（“上海社会组织”网站）。

（二）增长趋势

为了研究上海环境非政府组织的增长趋势，本报告选取了 1990 年以来历年上海环境非政府组织成立数加以分析。自 1990 年以来，基本上每年上海都有环境非政府组织成立，可以取得比较连续的数据加以分析。2013 年的数据是本报告采用以下公式加以估算的：

2013 年成立数 = 2013 年 1 月 1 日至 2013 年 10 月 21 日成立数 / 这段时间的天数 × 365

如图1所示，在1991年上海掀起一个成立环境非政府组织的高潮后（当年成立13家），1992～1999年上海的环境非政府组织增长处于低潮期，每年成立的环境非政府组织只有1～2家，1994年甚至1家也没有成立；自2000年，每年新成立环境非政府组织数开始有所增加，到2012年以来又出现一个高潮。

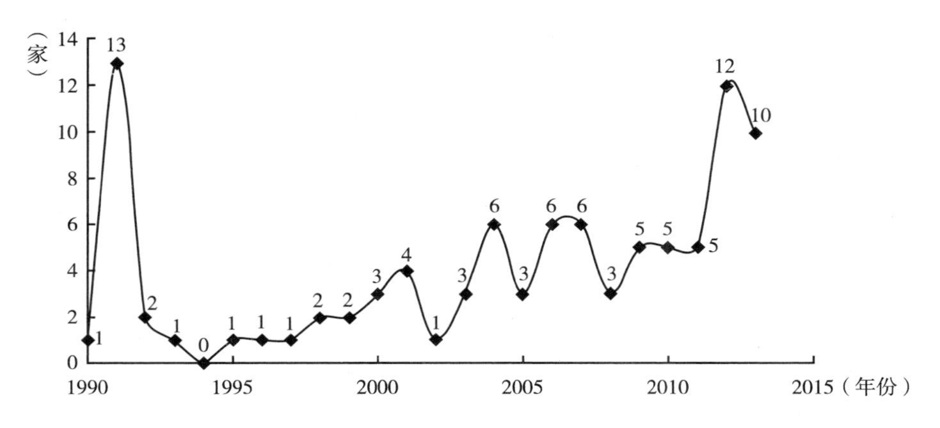

图1　上海市历年新成立环境非政府组织数（1990～2013年）

资料来源：上海市社会团体管理局网站（“上海社会组织”网站）。

之所以2012年、2013年上海会出现一个环境非政府组织成立的高潮，与从中央到地方大力推进社会管理创新的大背景有一定关联。从2011年2月中央举办省部级主要领导干部社会管理及创新专题研讨班开始，党中央、国务院就开始展开一系列创新社会管理的部署，如民政部致力于修订、完善《社会团体登记管理条例》《基金会管理条例》和《民办非企业单位登记管理暂行条例》等法规，以降低社会组织准入门槛，并优化管理、加强扶持。随着社会管理创新的推进，党和政府更加重视、更加善于依靠社会组织的力量来解决一些问题，环境非政府组织还会有更大的用武之地，从2012年开始的，在上海成立环境非政府组织的高潮还会持续一段时间。

（三）地域分布

上海96家环境非政府组织在各区县的分布如图2所示，徐汇区、浦东新区、黄浦区的环境非政府组织数位列前三位，分别有13家、12家、10家。徐汇区之所以集中了这么多环境非政府组织，在一定程度上是因为有诸多富于经验、研究能力和影响力的高校、科研机构支撑，如上海市太阳能学会的骨干力量来自于上海交通大学，上海市环境科学学会得到了上海市环境科学研究院的有力技术支持，上海市绿色建筑协会能够就近利用上海市建筑科学研究院的技术、人才资源。从1990年浦东开发开放起，浦东新区就在社会事务管理中遵循了“小政府、大社会”的思路；2000年浦东新区政府正式成立后，该区成立了11家环境非政府组织，来襄助政府治理各种环境问题，其中，成立于2001~2005年的有4家，成立于2005年以后的有7家。一些全市性或在全市有影响的环境非政府组织也布局在浦东，如上海绿洲生态保护交流中心、上海节能研究中心、上海富国环保公益基金会。黄浦区之所以拥有众多环境非政府组织，在一定程度上是得益于其位于市中心的区位优势，一是接近各种市级政府部门，有与之开展合作的便利条件；二是市中心集中了一批历史较长、经验较多、水平较高的科教机构，有从中获取技术、人才资源的便利。郊区各区县拥有的环境非政府组织数一般较少，但崇明县是个特例，拥有6家环境非政府组织，这在一定程度上得益于崇明生态岛建设。2001年，国务院正式批准《上海市城市总体规划（1999~2020年）》，将崇明岛定位为生态岛；2004年，胡锦涛总书记在视察崇明时，充分肯定了生态岛的功能定位，并要求认准了方向就不动摇；其后，2006~2013年，崇明成立了6家环境非政府组织，关注森林、水环境、生态农业等生态岛建设中的主要问题。

（四）类别分布

上海市环境非政府组织的类别分布如图3所示，其中，不同类别的划分采用了上海市社会团体管理局网站上的统计口径。上海环境非政府组织中数量最多的类别是社会团体，占到总量的一半以上；其次是民办非企业单位；基金会的数量非常少，只有5家。

这三类环境非政府组织的作用又各有侧重。社会团体是指各种学会、协会、联合会等，其功能主要是为致力于同类或类似环境事务的政策研究者、科

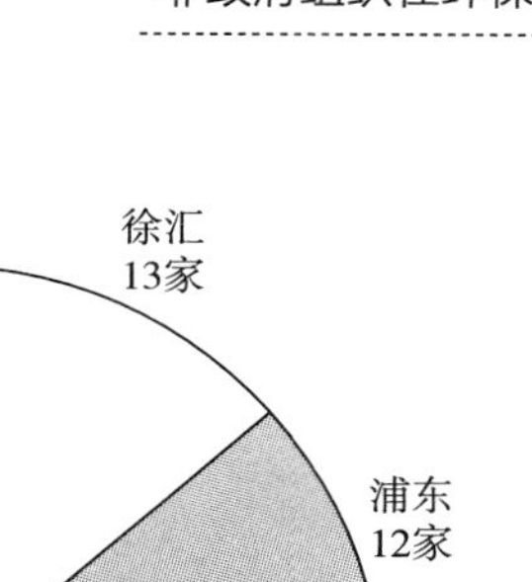

图 2　上海各区县环境非政府组织数量

资料来源：上海市社会团体管理局网站（“上海社会组织”网站）。

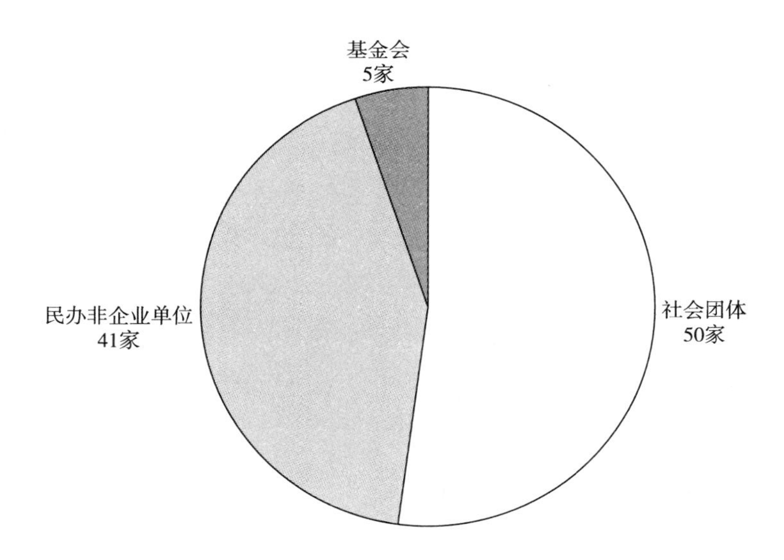

图 3　上海市环境非政府组织类别分布

资料来源：上海市社会团体管理局网站（“上海社会组织”网站）。

技工作者、企业管理者等提供交流与合作平台。民办非企业单位相当于民办或民营事业单位，主要是各种研究和咨询机构，从事与环境问题相关的科技研究与咨询工作。基金会的主要作用是为各种环保活动提供资金支持，上海环境非政府组织中基金会数量非常少，反映出在上海社会资金或民间资金对环保活动的支持力度较小。

（五）关注领域分布

上海环境非政府组织的关注领域分布如图4所示。其中，综合类的数量最多（占2/5以上），其次是节能与新能源类（占将近1/4）；循环经济类有9家，和固废污染防治有较密切关联；专门关注大气环境问题的只有1家（上海市机动车船污染控制协会）。不过，节能与新能源类环境非政府组织在致力于节约能源与开发利用新能源的同时，能够帮助减少化石能源燃烧带来的大气污染。

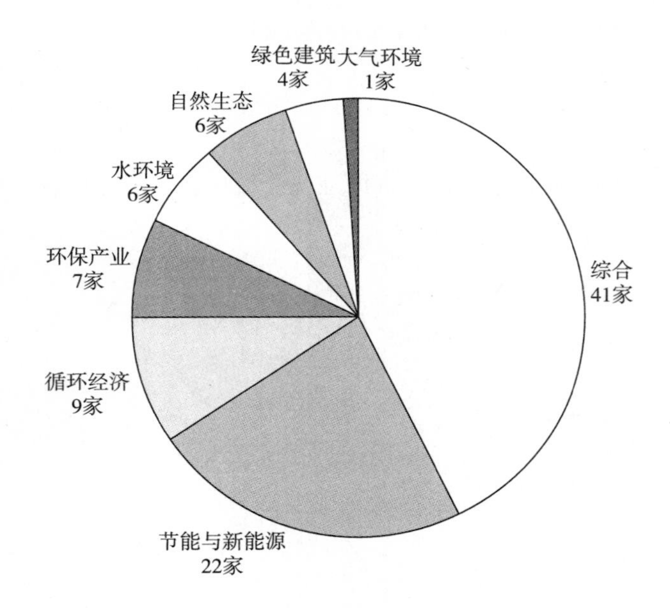

图4　上海市环境非政府组织关注领域分布

资料来源：上海市社会团体管理局网站（“上海社会组织”网站）。

（六）上海环境非政府组织在全国比重

截至2012年底，全国共有生态环境类社会团体6816家[①]，其中上海有48家，占比为0.70%；全国共有生态环境类民办非企业单位1065家[②]，其中上海拥有35家，占比为3.29%。上海在全国生态环境类社会团体中的占比很低，这和上海国际大都市、全国经济中心的地位很不相称。在社会事务的管理模式中，上海是以强势政府为特征的，这不利于社会团体的发育；建议上海相关政府部门将来更多遵循“小政府、大社会”的社会事务管理思路，在环保领域将社会团体能够管理好的事务交由它们去办，政府集中精力做好必须由政府承担的事务。上海生态环境类民办非企业单位（主要是各种研究、咨询机构）在全国的占比相对合理，这和上海的科技、人才优势有一定关联。

二　环境非政府组织在上海发挥的作用

环境非政府组织在上海的环境保护中发挥了各种积极作用，能够创造交流与合作平台，提供专业技术支持，资助环境公益项目，引导民众理性参与和培育其环境责任意识。环境非政府组织的中间层作用应当得到政府的重视，它不仅能避免政府或企业直接面对公众，降低政府—公众或企业—公众间的交易成本；更重要的是能够过滤掉来自公众的一些非理性声音，让公众以一种更加理性的姿态与政府或企业对话乃至合作。在讨论环境非政府组织所发挥作用的时候，本报告的视野不仅限于在本土注册的环境非政府组织，还涵盖活跃于上海的若干全国性和国际性环保组织。

（一）提供交流与合作平台

环境非政府组织的作用之一是通过举办会议、出版刊物、经营网站等为致

① 民政部：《2012年社会服务发展统计公报》，2013。

② 民政部：《2012年社会服务发展统计公报》，2013。

力于某一领域问题的政策研究者、科技工作者、企业管理者等提供交流与合作的平台（主要是社会团体类环保组织）。

如，上海市生态经济学会就在会务、刊物、网站等方面开展了丰富多彩的交流活动。上海市生态经济学会大约每个季度举办一次学术会议，给上海市致力于环境保护的一些政府部门官员、企业家、学者等提供面对面交流的机会，并进一步衍生出开展科研合作的机会。而且，该学会每两年举办一届世界中国学论坛生态环境分论坛（2013 年该分论坛的主题为“中国道路：生态文明与可持续发展”）。这是一场集合了联合国环境规划署、美国国务院、世界观察研究所、世界自然基金会、中国环境保护部、中国社会科学院、上海社会科学院、四川大学、同济大学、华东师大、上海国际关系研究院、上海环科院、宝钢集团、上海石化等机构专家学者的高端交流盛会。该学会每季度出版一期《生态经济与可持续发展动态》内刊，就特定主题向来自产学研各界的会员提供深度分析资料，为其决策提供一定参考。如 2013 年各期的主题就涵盖了雾霾、水污染、土壤污染等热点问题。该学会还安排工作人员负责维护学会网站，每个工作日更新网站内容，将网站作为外界了解学会、会员了解当前环保信息的窗口。

又如，上海市能源研究会每年举办年会，集合来自中国工程院、复旦大学、上海交通大学、上海市政府参事室的专家学者共同探讨节能技术、新能源技术、传统能源（如煤炭）清洁化利用技术、能源安全、能源价格等议题；该研究会与上海理工大学、上海电气集团共同主办了《能源研究与信息》期刊，是环境领域产学研合作的一个较成功案例。

（二）提供专业技术支持

上海本土环境非政府组织中有 42.7% 是民办非企业单位，它们当中主要是一些研究和咨询机构；上海本地的社会团体类环保组织中也有一些专业性较强的学会，如市级和区级的环境科学学会。这些环境非政府组织能够为政府和企业等提供专业技术支持，帮助其完善政策法规、判明市场动态或推进技术研发等。

如上海浦东新区锦太阳生态农业循环经济应用研究所，依托 20 多名教授、高级工程师、专业技术研究人员等人才资源，承担生态农业、农业循环经济等

方面的国家以及上海、江苏等省市重要科研项目，诸如循环农业发展规划、休闲观光旅游生态园区规划、新农村生态村建设规划、生态农业项目的招商和投资咨询、农业和林业 CDM 项目开发。该研究所还就循环农业、休闲观光生态农业等议题开设专题讲座，帮助许多地方建立起农业经济发展和农村环境保护之间的良性循环。

上海创新节能技术促进中心则是一家低碳技术领域的重要技术咨询机构。该中心利用在上海具有一定知名度的网络商务平台"上海节能信息网"以及1000 平方米的实体展厅"节能低碳技术产品（上海）展销中心"提供一站式的低碳技术评估、展示、推介、交流、交易、融资、培训等服务，还开设课程培训目前上海急需的节能工程师、能源管理师等人才。

（三）传播先进理念，支持能力建设

上海有若干家环境公益基金会，它们募集社会资金，再投资于促进环境保护的公益事业，在某些情况下通过向其他社会主体（如研究机构）开放项目申请机会，将资金投放到能够产生更佳环保效果的地方。

如成立于 2007 年的上海水资源保护基金会是中国第一家以水为主题的公募基金会，它从社会募集资金后投资于六种促进水资源保护的事业：一是对民众开展"爱水、护水、节水"教育；二是引进和推广国内外领先的节水、水污染防治技术；三是资助水资源保护的国际合作和相关政策研究、科技研究；四是奖励对水资源保护有杰出贡献的机构、个人；五是投资水处理、水源地保护、水生态修复和水环境整治等项目；六是救济和援助缺水或水污染受害者。上海水资源保护基金会还与江苏国杉生态建设有限公司合作，设立"国杉生态"专项基金，为推进国土绿化、促进林业生态保护提供资金，其目标是每年绿化不少于 5 万平方米的国土。

案例：WWF 在中国

影响公众：在 WWF 成为首家受中国政府邀请来华工作的 NGO 以前，一般公众对环保事业知之甚少。20 世纪 80 年代，WWF 在熊猫保护方面的开创性

工作激起了许多人保护生物、保护地球的兴趣。WWF一直致力于提高人们的环保意识，激发公众对于环境保护的持续关注和积极参与。在过去30年里，来自社区、学校的成千上万人参与了WWF的各种活动，包括湿地使者行动（WAA），“节能20”行动和“地球一小时”等，将环境保护落实到行动上。在10年间，湿地使者的足迹遍布全国28个省市自治区的湿地，向近800个社区的40万公众传达了保护湿地的理念。“地球一小时”民意调查显示，在北京、上海和保定，有56.7%的市民以熄灯或者参加活动的形式参与了进来。WWF在中国还拥有强大的网络支持，其中包括超过29000名的网上注册会员和一支积极的志愿者团队，为了实现WWF保护自然的目标，他们主动承诺，不遗余力。与此同时，WWF协助教育部开发了《中小学环境教育实施指南》，将可持续发展教育理念融入拥有2亿中小学生的正规教育体系。

倡导企业参与环境治理：为了推动改革并推广可持续发展，WWF在中国建立了富有创新性和挑战性的合作伙伴关系。WWF于2002年开始在中国开展了企业合作，并努力推动国际市场向可持续性发展方向转变。WWF与汇丰银行、可口可乐、宜家家居等跨国公司建立了战略合作伙伴关系，在保护长江、森林的同时，推动企业在可持续发展方面的实践。家乐福等公司以企业为平台，与WWF一起开创了非传统性的生态环境的方式；利乐公司协同WWF共同推动可持续森林认证。WWF也与众多其他国际和国内公司开展了不同层次的合作，让企业与非政府机构的合作在中国开始了一个全新的探索和发展。除了与汇丰银行、宜家家居和可口可乐公司等结成的全球伙伴关系以外，WWF还与多家跨国公司建立了重要的本地合作。2009年的“地球一小时”活动，WWF发动了200余家公司的166000名员工参与其中。WWF—中国企业顾问委员会的成立，旨在探索与企业和行业保持沟通的最佳方式。

培养专业人才：除了环境保护，WWF也注重人才的培养，为WWF、保护区、本地NGO和当地社区输送人才。WWF中国员工的数量在过去30年

已经从6人迅速增加到120人。组织的发展离不开人才，基金会自成立以来已经为员工举办了152期的管理及专业技术培训。通过系统的学习和实践，他们各自的专业能力涵盖了物种、森林、淡水、气候和能源各个领域。而且，这些员工的专业管理技能也得到了很大的提高。有的员工在离开WWF后，继续从事相关环保事业工作，壮大了各个领域的环保队伍。为了满足自然保护区不断发展的需求，WWF已经为2033多名工作人员组织了超过110个培训项目，内容涵盖自然保护和社区发展方面的各种主题，包括野生动物辨识、GIS应用、自然保护区管理、走廊管理、社区合作管理等。其他自然保护区也组织了同样的培训，关于自然保护和可持续发展的培训包括保护方法交流、经验分享、发展社区项目和生态旅游项目。WWF还提供了800余台电脑、GPS装置、照相机、帐篷和急救包等设备物资支持保护区工作。WWF中国还利用自身的经验和知识帮助小型基层组织发展项目管理和活动组织能力。迄今为止，WWF向超过85家优先物种保护领域的非政府组织提供了支持。通过组织环保宣传活动以及安排接纳实习学生等一系列活动，使许多学生组织和社区伙伴的能力也得到了提升，提高了他们的环保意识，增强了环保理念。

（四）引导理性参与和培育责任意识

当前，公众的环境权利意识正在觉醒，但是他们在主张环境权利的时候存在两方面问题：一方面，部分公众采取非理性或过激行动来主张权利，既不利于问题的解决，更扰乱了正常的社会秩序；另一方面，大部分公众只有环境权利意识，没有环境责任意识，不明了自己应承担的责任，如在雾霾事件中大多数民众只是指责政府、企业或他人，而未能反思自己应该做些什么。环境非政府组织能在引导理性参与和培育责任意识方面发挥一定作用，来克服上述两方面问题。

公众在环境技术、法律知识、经济实力、社会关系等方面无法与企业抗衡，当他们受到企业污染的侵害，通过常规、理性的维护权利方式在很多时候

对他们而言行不通；在这种情况下，他们中的部分人就容易失去冷静心态，选择采取过激行动来维护权利；而各种环境非政府组织能在以上几方面帮助他们以常规、理性的方式来维护权利，引导他们拒绝过激言行。此外，不少环境非政府组织还能起到教育作用，引导各种社会主体承担应尽的环境责任，而不是一味地、片面地主张权利。

环境非政府组织引导公众理性参与、理性维护环境权利在上海已经有成功案例。上海曾经有一家皮革厂产生恶臭污染，使周边居民难以忍受。然而，由于在专业知识、社会关系网络、社会活动能力方面居民都处于劣势地位，通过与工厂交涉、向有关部门反映、诉诸法律手段等常规方式都无法使问题得到解决。在这种情况下，部分居民在忍无可忍之下计划采取过激行动来主张权利。这时，有多个环保组织介入，他们首先展开细致的现场调查，为进一步的交涉行动提供足够技术依据。然后，借助美国环保组织的力量向接受这家工厂供货的一家美国知名企业施压，再由该美国企业向该上海工厂施压，最终迫使其正面回应居民诉求并开始采取一些积极措施。虽然该事件未能借助当地有关行政部门和司法机关的力量加以解决，不能不说是一种遗憾，但中国的环保组织采取借助外国环保组织跨国施力的方式，成功地劝说居民放弃了过激行动，引导民众走上一条正常的、理性的维护权利轨道。在这一事件中，环保组织至少体现了两方面优势。其一，环境技术优势。环保组织对恶臭污染及其来源进行专业评估，使居民主张或维护自己的权利有理有据。其二，社会关系优势。之所以居民向有关部门反映、诉诸法律手段都无法解决问题，是因为该皮革厂的社会关系网络发挥了一定作用。而环保组织则动用了另外一个社会关系网络，让美国环保组织对接受该工厂供货的美国企业施压，有效地克服了居民在社会关系网络上的劣势。

此外，在上海，世界自然基金会、地球之友等国际环保组织，公众环境研究中心、自然之友、中华环境保护基金会等全国性环保组织，以及上海市野生动植物保护协会、上海绿洲生态保护交流中心等本土环保组织都比较活跃，他们通过组织各类公益项目来积极引导社会主体承担他们的环境责任。如上海绿洲生态保护交流中心针对不同年龄层的受众开展了岑卜自然学校、ECO 自然课程、自然体验营、生态工作假期、科技馆湿地、社区家园等多样化的环境教育项目，借助参与式的教育方式培育和强化各种社会主体的环境意识。

（五）小结：要重视环境非政府组织的中间层作用

环境非政府组织具有重要的中间层作用，这种作用在引导理性参与和培育责任意识过程中体现得尤为明显，应当得到政府的重视。除了能让政府或企业避免直接面对公众，降低它们与公众之间的交易成本外，更重要的是，通过环境非政府组织来整合公众或特定利益群体（如垃圾处置设施或重污染企业周边居民）的声音，能够过滤掉一些非理性言论，使公众以一种更加理性的姿态与政府或企业对话乃至合作。

环境问题或环境事件涉及范围很广，所涉及的公众数量会很大，如果政府或企业直接和个体对话，交易成本将高昂到难以承受；环境非政府组织通过调查研究、会议、表决等程序，将公众的意见整合起来后代表其与政府或企业对话，政府或企业只需要面对一个环境非政府组织，交易成本就大大降低，使围绕特定环境问题或环境事件的正常讨论有了可能性。

更重要的是，公众当中的诸多个体千差万别，其中难免会有一部分人有过激言行，如不加以规范或引导，事态就很可能被引向激化的方向。对公众一方而言，当他们给政府或企业留下一个非理性的印象，会引起更大的对立情绪，不利于问题的解决。环境非政府组织则能在上述整合公众意见的过程中集中大多数人的理性意见，而将少部分人的非理性意见甚至过激言论过滤掉，以一种更为建设性的态度与政府或企业一起解决问题。

由上述分析可见，环境非政府组织决不是利用自身的专业能力和影响力等与政府或企业进行对抗的主体，相反，在特定环境问题或环境事件中对规范和稳定社会秩序起到了非常积极的作用。政府如能重视并发挥好这种作用，对于在特定环境问题或事件中将矛盾、冲突引向和平理性解决的方向，建设良好社会秩序、构建和谐社会具有重要意义。

三　促进上海环境非政府组织发展的建议：鼓励与规范

正因为环境非政府组织能够为环境保护创造交流与合作平台、提供专业技术支持、募集社会资金，更重要的是能够在环境事务中起到有利于建设良好社会秩序、构建和谐社会的中间层作用，上海市以及中央相关部门需要出台一系列政策来鼓励此类组织的发展，使之成为政府在环境事务中的得力帮手。当然，鼓励的同时还需要规范，需要建立起一套规则，将所有的利益相关方纳入和平理性解决环境问题的程序。

（一）环境非政府组织的成长需要更好的外部环境

尽管过去若干年中上海的环境非政府组织获得了较好的发展，不过，要让环境非政府组织更好成长，相关部门还需要着手解决以下几方面问题，为其创造更好的外部环境。

其一，环境非政府组织的中间层作用仍未得到应有重视，当前上海公众对环境事务的参与仍然是分散的而不是有组织的参与。分散参与会带来两方面问题：一是公众的力量无法与企业等主体抗衡，无法有力地维护自身正当环境权利；二是分散参与极易导致无序状态，一部分参与其中的公众可能采取逾越法规和理性的方式，使某些环境事件或事务更为复杂，使相关部门处理起来难度更高。

其二，尽管《环境影响评价法》《环境影响评价公众参与暂行办法》等法规对民众参与环境事务作出了若干规定，但是在一些具体的参与程序上存在规则不清、公众权利虚化的问题，对于公众的参与权未能得到尊重或实现的情况也缺乏权利救济机制。当环境非政府组织代表分散的公众参与一些环境事务时，也会遭遇上述规则不清、权利虚化的问题。当然，规则不仅仅是用来规范其他主体，保护公众或环境非政府组织权利的同时也要能规范公众及为其代言的环境非政府组织的行为，将其纳入为解决某些环境问题帮忙而不是添乱的有序轨道。

其三，环境非政府组织的锻炼机会还不够多，政府推进环保工作还是习惯于沿袭以往强势政府的工作思路，在大多数情况下倾向于用行政手段实施，即使在公众中开展环境项目（包括各种评比、创建活动），也习惯于采用传统的、行政化的方式，依靠基层社区组织（街道办、居委会等）来动员和组织公众，在大多数情况下未能引入和发挥好环境非政府组织的作用。

在近中期，上海市相关部门宜及时采取有效措施解决上述问题。同时，为

了让环境非政府组织更好更快地成长，建议相关部门采取适当的方式为之“输血”。

（二）近中期宜采取的几项措施

为了更好地鼓励环境非政府组织成长，规范环境非政府组织行为，在近中期，上海市相关部门宜采取以下几项措施。

1. 建立一套环境非政府组织参与环境事务的程序性规则：听证与诉讼

首先，我们需要建立一套环境非政府组织参与环境事务的程序性规则，最常见的就是对具有较大环境影响的决策听证程序，还有发生较严重环境污染事件时的环境公益诉讼规则。

对于上海市相关部门而言，可以逐步建立并完善具有较大环境影响的决策听证程序，包括对必须启动听证程序的此类事务的类别、范围等作出明确界定，对于参与听证的环境非政府组织设定资格遴选规则和标准（该标准应综合考虑环境非政府组织在专业能力、信誉、与政府合作经验等方面是否有良好表现），包括举证责任倒置规则（因为居民和环境非政府组织等相对于企业等处于弱势地位），以及配套的复议规则和侵害居民、环境非政府组织参与权的相关人员责任追究机制。

在较严重污染事件发生时，由环境非政府组织代表民众进行公益诉讼，是一条重要的民众环境权利救济渠道。这一渠道如能走通，就能有效避免部分群众采取过激行动来维护环境权利的情况，因此，建议政府适当放宽环境非政府组织提起环境公益诉讼的资质标准。2013 年 10 月 21 日，《环境保护法》修订草案（第三次审议稿）提交全国人大常委会审议，该版本对提起环境公益诉讼的环保组织资质表述为“依法在国务院民政部门登记，专门从事环境保护公益活动连续五年以上且信誉良好的全国性社会组织可以向人民法院提起诉讼”。根据该项规定，符合条件的主体只剩下环境保护部下属的少数几家“国有环保组织”，如中华环保联合会、中国环境科学学会、中华环保基金会。这一资质限定的范围过窄，不利于环境公益诉讼的健康发展。司法途径是公众和平理性维护自身环境权利的最后一道防线，如果这一途径走不通，部分公众采取过激行动来维护权利就在所难免了。

2. 试点建立“政府—环保组织—社区组织”三位一体合作体系

政府还可以试点建立与环境非政府组织、社区组织三位一体的合作体系，可作为试点的环境事务包括城市社区的垃圾分类和农村社区的面源污染治理。

之所以要引入社区组织，有两方面重要原因。其一，社区组织受到《宪法》《居委会组织法》和《村委会组织法》等的规范，又处于党组织的领导下，具有代表居民行使环境权利、组织居民履行环境责任的合法地位与行动能力。其二，环境非政府组织也会有其局限性，需要引入社区组织与之形成相互制衡的关系。

在城市社区垃圾分类、农村社区面源污染治理等“三位一体”合作试点行动中，政府的角色定位是规则制订者和维护者（执法），环境非政府组织的角色定位是指导者（向居民提供专业技术支持）和监督者（如对试点行动的绩效进行后评估），而社区组织则负责组织、动员居民遵守前两个主体制定和运行的规则，与它们合作采取一定行动、解决一定的环境问题。

3. 以购买服务的方式委托环境非政府组织处理部分环境事务

政府可以尝试以购买服务的方式委托某一环境非政府组织管理部分环境公共事务，如各种评比、创建活动，各种环保政策或措施的后评估，以及各种环保类财政资助项目的立项和结项评审。委托环境非政府组织管理此类事务，可以达到减轻政府行政负担和锻炼环保组织能力的双重效果。之所以提出要采取购买服务的方式，是希望借此向环境非政府组织提供成长、发育所需要的资金；购买服务而不是提供无条件资助，更有利于政府将环境非政府组织的行为方式引导到自己所希望的发展轨迹上来。

4. 试点建立环境非政府组织孵化器

上海市目前拥有一批社会组织孵化基地（截至2013年10月27日有17家），建议上海市有关部门利用这些基地，定期（如3年或5年）孵化一批环境非政府组织，使之在特定区域（区县或街镇）或领域成为政府推进环保事业的得力助手。

孵化环境非政府组织宜遵循“政府支持、民间力量兴办、专业团队管理、政府和公众监督”的模式，在注册协助、场地设备、能力建设、小额补贴、财会服务、法律咨询等方面对处于成长初期或幼稚期的环境非政府组织提供支

持、帮助。而且，建议将这样的孵化器交由成熟的大型环境非政府组织来运营，除了提供上述支持、帮助外，更重要的是能够将自己的成功经验言传身教，引导新成立的环境非政府组织避开一些弯路和障碍，更好、更快地成长。

参考文献

上海市社会团体管理局网站（“上海社会组织”网站）。

民政部：《2012 年社会服务发展统计公报》，2013 年。

刘新宇：《社会管理创新背景下深化社会组织环保参与的研究》，《社会科学》2012 年第 8 期。

B.13
媒体在环境保护中的作用

陶希东*

摘　要：

媒体作为人类社会活动中的“第四部门”，在环境保护中扮演着参与者、行动者、引导者和监督者的多种角色。以近年来媒体参与环境保护的具体事件为参照，全面、系统地分析媒体参与环境保护的模式、经验、问题，在此基础上，提出了新时期媒体有效参与环境保护的基本思路和战略选择。核心观点有：参与环境保护是新时期现代媒体的重要社会责任；媒体参与环境保护主要有突发环境事件集中报道型参与、舆论推动政府行政型参与、倡导生态文明的公益型参与和构建政社对话平台型参与四种基本模式；媒体参与环境保护应从事后参与向全过程参与转变、从集中性参与向持续性参与转变、从各自为政的独立参与向跨界协同参与转变、从描述报道型向深度创作型转变。媒体参与环境保护需要实施民生民意战略、跨界合作战略、创新创意战略和人才团队战略。

关键词：

媒体　参与　环境保护

一　参与环境保护是新时期现代媒体的重要社会责任

随着经济发展方式的转型和人们生活水平的提高，在谋求经济发展的同时，保护好生态环境，让人们在享受经济增长成果的基础上，更能拥有清洁的

---

* 陶希东，研究员。

空气、干净的水源，成为全世界所有政府的共识。但是，保护生态环境是一个涉及政府、企业、社会、民众、媒体等多元社会利益主体的协同性事宜。其中，媒体作为大众传播工具，在环境保护领域当中具有独特的地位和作用。谋划新的参与路径和策略，切实发挥好现代媒体在环境保护中的作用，既是促进文化大繁荣大发展和社会进步文明的重要体现，也是现代媒体所应该承担的一项重要社会责任，更是生态环境保护和管理的必然要求。

（一）媒体及其社会责任

媒体是一个大众非常熟悉的词汇，在此先做一个简单界定。媒体一词来源于拉丁语“Medium”，音译为媒介，基本含义就是让双方发生关系的联系人或事物，如促成中国男女婚姻的媒人等。随着时代的发展，媒体的内涵和外延也在不断发生着变化。一般而言，所谓媒体，主要是指传播信息的媒介，即人们借助用来传递信息与获取信息的工具、渠道、载体、中介物或技术手段，是承载、储存、处理、传递信息的实体和平台。从类型学划分，媒体又存在不同的划分方法。根据信息载体、技术手段和传播方式划分，主要存在传统媒体和新媒体之别，传统媒体主要包括报纸、杂志、广播、电视四大类，新媒体主要是指基于互联网技术而兴起的新型媒介，包括各类社会化传媒网站，微博，移动互联网，即时通信（飞信、微信等），论坛等。新型媒体的出现，使我们全面处于一个所谓“信息爆炸”的时代，信息来源极其广泛和多样化。本文采取以传统主流媒体为主、以新媒体为辅的方法，研究媒体在环境保护中的地位和作用。

媒体作为一种连接社会的信息传递工具，在不同国家，由于受政治体制和意识形态的影响，具有不同背景的媒体在政治、经济、社会发展中所处的地位和作用不尽相同，目标也不一样。因此，不同媒体可能承担着不同的责任，但无论如何，以正面宣传为己任的大众媒体，都应该承担着一定的社会责任。[①]一般而言，在“人人都是麦克风”的新媒体时代，大众主流媒体更应该承担好守卫公共利益、追踪社会热点难点、全面理性表达、引领社会进步、传递正

① 吴清雄：《新媒体时代的媒体责任重构》，《新闻战线》2012 年第 10 期。

能量等重要职责，帮助执政者提升发现问题、解释问题、解决问题的能力，促进社会团结和凝聚。

（二）环境保护中的媒体角色

环境保护是一项涉及政府、企业、社会、民众、媒体等诸多利益团体的综合行动，更是一项涉及广大民众利益的民生事业。在此过程中，不同主体扮演着不同的角色，发挥着不同的职能。例如，政府主要扮演着环境保护规划者、决策者、倡导者、行动者等多种角色，企业、社会民众等则扮演着参与者、行动者等角色。与此同时，在环境保护过程中，媒体作为重要的参与者之一，发挥着极其重要的职能和作用。具体而言，包括以下四个方面：首先，媒体是环境问题的发现者和报道者，确保公众对环境信息的知情权；其次，媒体是政府开展环境保护政策的有力监督者；再次，媒体是典型成功环保案例的宣传者和舆论引导者；最后，媒体是大众环保意识的启迪者和培育者。

二　国内外媒体参与环境保护的相关案例和经验

综观国内外环境保护的事例发现，媒体始终发挥着极其重要的作用，并且存在一些非常成功的案例。本文试图根据近年来（2000 年至今）发生在上海、全国乃至国外的一些典型环境保护案例中的媒体参与情况，对媒体有效参与环境保护的做法做出模式分析和经验总结，为进一步提升我国媒体参与环境保护的有效性提供经验借鉴。

（一）国内外媒体参与环境保护的典型模式与案例分析

环境保护作为一项完整的公共决策活动，应该具有完整的社会参与流程和方法。但由于我国体制、法制等因素相对滞后，媒体在环境保护中的事前参与程度较为薄弱，更多是在出现环境事故或问题以后（如水污染、空气污染等），表现出更直接、更积极的宣传报道参与格局，以及对生态文明理念的公益性宣传教育。国内外媒体参与环境保护的主要模式（附案例）有以下四种。

1. 突发环境事件集中报道型参与：日本核泄漏事件、上海黄浦江死猪事件

当突然发生环境事故或出现环境危机时，媒体充分发挥作用，采用高度、连续、集中报道的方式，全方位、及时、准确地告诉公众事件的真相。特别是国家和地方的主流媒体做出的权威性的回应和报道，可有效避免环境危机时各类谣言的产生，帮助维护社会稳定。这既是媒体的首要责任，也是当今媒体积极参与环境保护的普遍模式和做法。这种参与模式的典型案例有日本核泄漏事件、上海黄浦江死猪事件等。

2011 年 3 月 11 日，由于受地震和海啸的影响，日本东北部福岛县福岛第一核电站发生核事故，而正是在日本和全球各类媒体（报纸、电视、网络、微博等全媒体）集中报道和高度关注下，核辐射、核安全再次成为一个全球性的议题，并且对未来人类开发利用核资源，以及全球核政策的修订，都产生了极其重要的影响。在此过程中，有两个参与特点非常突出。一是多媒体、全方位参与。传统媒体和新媒体全面参与，在第一时间、显眼位置给公众展示了海啸和核泄漏事故的全景，把突发环境事件的相关信息尽可能地告知民众，有力保障了民众的知情权。例如，俄罗斯塔斯社网站 23 日在右侧显著位置发表文章《日本地震死亡及失踪人数增长到 23000 人》；俄罗斯国际文传电讯网站在大头条位置发表文章《福岛核电站 1 号机组：核泄漏在继续》等。[①] 二是在世界范围内，不同国家的主流权威媒体，针对日本政府对核泄漏的评估结果及相关应对措施，进行了很多质疑性的宣传报道，在迫使日本政府采取有效措施方面发挥了积极有效的作用。例如，美国《纽约时报》当时就做了题为“日本掩盖核辐射走向，灾民被置于危险之中”的报道，促使日本政府采取更加科学的处置办法。

2012 年，上海处置各类突发环境事件 160 余件。2013 年 3 月发生在上海黄浦江松江段水域的“死猪水污染事件”，也是一起典型的媒体报道型参与案例。这一事件造成了巨大的社会影响，引发了国内外媒体和社会各界的高度关注。从媒体参与的角度来看，平面媒体、新闻网站、电视、新媒体等各类媒体

---

① 刘慧：《俄罗斯媒体继续关注日本震后伤亡及核辐射扩展情况》，人民网，2011 年 3 月 23 日。

都对此事件高度关注（见图1），协同报道，特别是微博在事件的起因和报道中都发挥了独特的作用（见图2），引发了广大民众的高度关注，使得“黄浦江死猪事件”从一个区域性事件演变成了一个全国性事件。

专栏1：黄浦江死猪事件的起源和发酵

据人民网舆情监测室观察，2013年3月1日12时许，杭州网一篇报道水污染话题的新闻稿里提及了“死猪”话题。随后此文被温州网、浙江在线、凤凰网等媒体转发。相关话题也就迅速由一个区域性话题扩散成为全国性话题。相关舆情热度处于发酵阶段。

西岸随手扔 竹溪脏兮兮 你能想到的垃圾都能在这里找到 凤凰网 2013-03-01 04:05:00

垃圾覆盖水面近百平方米，各种颜色，各种种类，你能想象的垃圾几乎都可以找到。垃圾中，一头漂浮多日的死猪让人看了更是反胃。 百度快照

西岸随手扔竹溪脏兮兮 你能想到的垃圾都能找到 浙江在线 2013-03-01 09:50:04

昨天下午，望着永杨坝附近大片大片垃圾，溪边居民老张说，眼前这幅景象已经算好的了，尽管溪面上有一头死猪，垃圾聚集得还不算多，天气不热，臭味不明显。 百度快照

西岸随手扔竹溪脏兮兮 你能想到的垃圾都能找到 温州网 2013-03-01 12:45:07

昨天下午，望着永杨坝附近大片大片垃圾，溪边居民老张说，眼前这幅景象已经算好的了，尽管溪面上有一头死猪，垃圾聚集得还不算多，天气不热，臭味不明显。 百度快照

西岸随手扔竹溪脏兮兮 你能想到的垃圾都能找到 杭报在线-新闻 2013-03-01 12:36:00

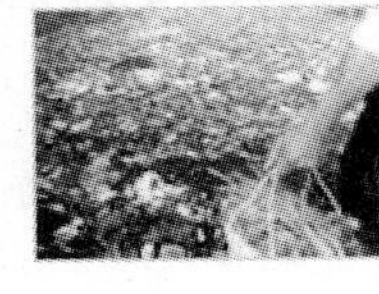

昨天下午，望着永杨坝附近大片大片垃圾，溪边居民老张说，眼前这幅景象已经算好的了，尽管溪面上有一头死猪，垃圾聚集得还不算多，天气不热，臭味不明显。 百度快照

3月4日14时许，浙江在线环保新闻网一条关于“死猪”话题的微博引发4000多位网友的关注，该微博称：#网友反映#今天在平湖城西路万仁桥下面河面飘着死猪。我数了一下大概有50条死猪和垃圾；16时许，嘉兴日报记者王锃栋在自己的新浪微博上贴出了“平湖城西路万程桥下河面漂着死猪”的图片。当天的嘉兴日报也刊发了相关报道。随后微博上“死猪”话题相关舆情逐步扩散。

资料来源：何新田、屈俊美、刘翔、韩洋：《3月12日舆情解读：猪不怕冷　官怕担责》，人民网舆情监测室，2013年3月13日。

2. 舆论推动政府行政型参与：“圆明园防渗事件”“怒江水坝事件”等

所谓舆论推动政府行政型参与，就是指由市场主体或某些社会团体因决策失误已经发生了事实上的环境违法行为，在没有被相关政府相关部门及时发现或处于默许状态下，新闻媒体通过大量报道，把环境违法行为公之于众，使其成为一个无法掩盖的社会热点问题，在舆论压力下，倒逼政府不得不采取相关措施加以处置的做法。典型事例有“圆明园防渗事件”和“怒江水坝事件”。以2005年的“圆明园防渗事件”为例（专栏2），虽然该事件已经过去了七年，但民间和媒体参与环保的意义非常典型和突出。在这一事件自工程施工到政府全面叫停的整个过程中，媒体都进行了跟踪式报道，发挥了十分重要的作用。特别需要指出的是，从防渗膜问题被披露到政府相关部门开始介入的这一段时期非常短（仅2天时间），这主要得益于国家权威媒体的积极参与和其他

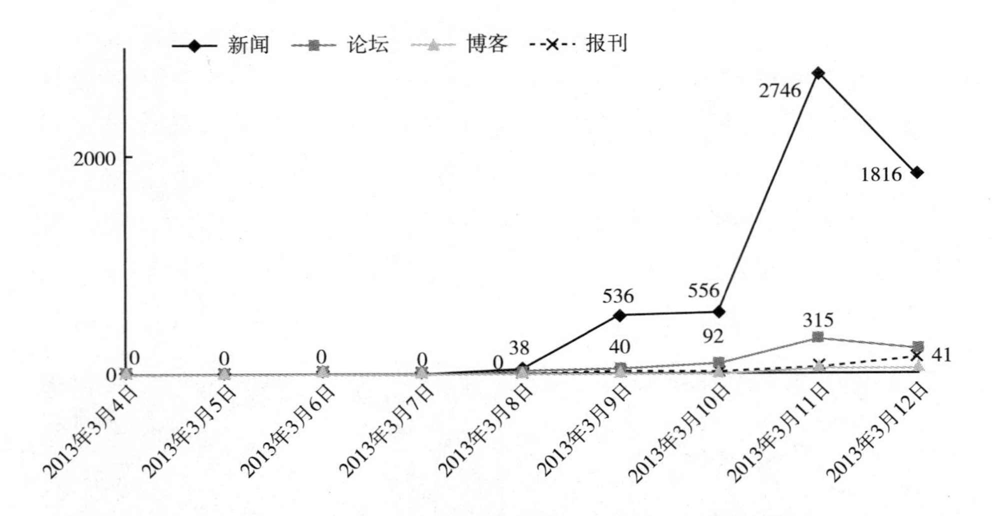

图1　2013年3月4日以来“黄浦江死猪”相关话题各类媒体关注度

资料来源：何新田、屈俊美、刘翔、韩洋：《3月12日舆情解读：猪不怕冷　官怕担责》，人民网舆情监测室，2013年3月13日。

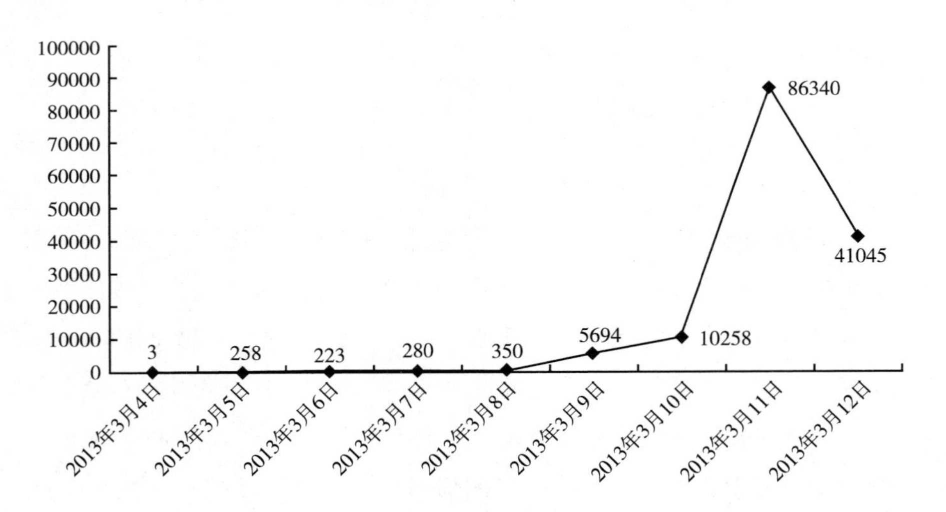

图2　2013年3月4日以来“黄浦江死猪”话题微博关注度

资料来源：何新田、屈俊美、刘翔、韩洋：《3月12日舆情解读：猪不怕冷　官怕担责》，人民网舆情监测室，2013年3月13日。

媒体的纷纷跟进报道，成功营造了有效的环境保护舆论场。2005年3月22日，张正春在游园时偶然发现，湖底防渗膜可能给圆明园造成严重的环境污

染、破坏自然平衡。3 月 24 日，他给国家权威媒体《人民日报》记者打电话反映了这一情况，紧接着，2005 年 3 月 28 日《人民日报》在第五版发表了题为“圆明园湖底正在铺设防渗膜，保护还是破坏”的文章，对圆明园铺设防渗膜的事件进行了权威披露，同时配登了一张工人们铺设防渗膜的照片。文章引起了巨大的社会反响，其他媒体纷纷跟进报道。2005 年 3 月 29 日，《北京青年报》发表了题为“专家质疑圆明园湖底防渗工程　保护还是破坏”的文章[①]；2005 年 3 月 29 日，《新京报》发表了题为“圆明园湖底铺防渗膜遭质疑，园方称不会影响生态”的文章[②]；与此同时，新浪、搜狐等重要网络媒体也进行了转载性报道。正是各类媒体报道引发的轩然大波，给政府带来了巨大的压力，使得北京市环保局在第二天（2005 年 3 月 29 日）就开始调查圆明园防渗工程，国家环保总局于 3 月 31 日叫停圆明园湖底防渗工程，并要求其立即补办环境评价审批手续。在媒体的大力监督、公众的广泛关注和相关部门的积极干预下，“圆明园防渗事件”得到了妥善解决。

专栏 2：圆明园湖底防渗事件回顾

2004 年 9 月，圆明园开始湖底防渗工程，计划 2005 年 4 月中旬完工。

2005 年 3 月 22 日，兰州大学张正春教授到圆明园游玩，发现铺膜后提出质疑。

2005 年 3 月 31 日，防渗工程被国家环保总局叫停，责令依法补办环评审批手续。

2005 年 4 月份，圆明园管理处找到北师大所属环评机构，希望对该工程进行环评。

2005 年 4 月 13 日，环保总局就圆明园湖底防渗工程环境影响问题举行公众听证会。

---

① 《专家质疑圆明园湖底防渗工程　保护还是破坏》，2005 年 3 月 29 日《北京青年报》。

② 刘建宏、张晓铃：《圆明园湖底铺防渗膜遭质疑　园方称不会影响生态》，2005 年 3 月 29 日《新京报》。

2005 年 5 月份，北师大环评机构提出不愿牵头做该工程环境影响评价。

2005 年 5 月 10 日，环保总局下发关于“圆明园管理处限期补办环评报告”的通知，意味着圆明园必须40 天内上交环评报告。

2005 年 5 月 11 日，环保总局副局长潘岳点名批评北师大环评机构惧怕承担责任，导致环评工作延误。

2005 年 5 月中旬，清华大学承接环评工作。北师大负责人向环保总局道歉，表示愿积极协助清华大学做好环评工作。

2005 年 6 月 30 日，环保总局受理圆明园管理处提交的《圆明园东部湖底防渗工程环境影响评价报告书》。

2005 年 7 月 7 日，环保总局同意该报告书结论，要求圆明园防渗工程必须全面整改。

资料来源：光明网，2005 年 7 月 9 日。

3. 倡导生态文明的公益型参与：环境公益人物评选、垃圾分类、世界无车日等

在环境保护领域，主动关注环保话题、报道环保事件，启发公众的环保意识，既是媒体参与环境保护的主要途径，也是媒体的主要责任。现代媒体除了积极发现和披露各种环境违法事件之外，还有一种重要的参与方式，就是与政府相关部门进行合作，宣传和倡导生态文明思想的公益型参与，主要通过积极宣传正面的生态思想、环保事件、环保人物等方式，向普通民众传递正确的环保理念，引导民众养成良好的环保行为，从而提高全民环保素质和生态文明水准。这种参与的典型事例有环境公益人物评选、倡导垃圾分类、开展世界环境日、无车日、“地球一小时”等活动。例如，2005 年，新华网与全国人大环境与资源保护委员会、全国政协人口资源与环境委员会、国务院国有资产监督管理委员会、中国经济报刊协会等机构联合主办，开展了“中国十大民间环保杰出人物评选活动”。在2011 年由中宣部、全国人大环资委等八部委联合主办

的“绿色中国年度人物评选”活动中，首次开通了微博等新媒体平台进行提名推荐，拓宽了公众参与评选和传播的渠道。再如，在2007年9月22日上海首个“无车日”之际，由上海新民晚报、解放日报等传统媒体举办了一场论坛形式的畅谈活动，对“无车日”的环保意义进行了准确的解读，引导广大市民反思当代不利于生态保护的生活方式，树立可持续的消费理念①。还如，2007年上海看看新闻网和百视通响应世界自然基金会（WWF）的倡议，紧扣“唤醒每个人心中的环保家”的主题，联合策划“地球一小时”活动，通过全媒体的形式，向网民普及环保知识，号召网民“熄灯一小时”。网站汇集了世界各地熄灯活动的精彩视频、大量实用易行的环保常识和丰富多彩的环保行动图片，引导网民以实际行动共同携手关注气候变化，为保护环境与地球做出改变②。再有，从2008年开始，中央人民广播电台联合亚洲数十家都市电台，利用北京中央电视塔、天津广播电视塔、香港维多利亚港两岸的摩天大楼等标志性建筑，在每年的夏至日举办“亚洲熄灯两小时”环保活动，并成功将第六届“亚洲熄灯两小时”正式升级为“美丽中国”大型节能环保行动。2013“美丽中国——亚洲熄灯两小时”环保行动由中央人民广播电台、中国节能协会联合主办，于2013年6月25日在国家4A级景区中央电视塔景区成功举办。通过短短两小时的熄灯行动，加深大家对节电节能、保护环境的意识，呼吁让环保成为一种生活方式③。除此之外，近年来诸多媒体不断推出的诸多环境保护公益广告，也是这一参与模式的生动体现，向社会有效传递了环境保护的正能量。

4. 构建政社对话平台型参与：上海的“高端对话、情系民生”2013年民生访谈

任何一个负责任的媒体，既是政府的“喉舌”，需要把国家政策及时准确地传达给公众，也是民众对治国方略和社会问题发表意见或建议的主阵地，需要倾听民众的声音。在环境保护领域也不例外，在政府与民众之间搭建对话平台，让媒体成为政社共议环境保护话题的通道，成为新时期诸多媒体参与环境

① 《理念大于指令：上海媒体畅谈9·22无车日》，2007年9月8日《新民晚报》。

② 《看看新闻网微公益在行动全媒体倡导“地球一小时”》，2012年3月31日《看看新闻》。

③ 程雪超：《中央人民广播电台环保行动呼吁节电节能》，2013年6月25日《广州日报》。

保护的一种新形式。这一方面典型的案例有2013年5月由新华社长三角新闻采编中心、上海广播电视台广播新闻中心、文汇报、东方网、新闻晚报联合主办的全媒体大型直播节目——2013上海高端对话、情系民生访谈。通过2013上海民生访谈直播室这一媒体平台，上海市环保局局长张全，围绕$PM_{2.5}$治理、苏州河治理、突发环境事件以及污染企业的审批和处罚等环保话题，与全市广大听众进行了直接的对话和交流，取得了较好的公众参与效果。实际上，除了上海媒体集中联合搭建这种政社对话平台外，其他城市的相关媒体也有类似的做法，如北京城市服务管理广播，于2013年4月2日开播了时长一小时的《城市零距离》栏目，直接对话北京市环保局局长陈添，就如何发挥实际行动换来清洁空气这一话题，与广大听众进行了广泛而深入的对话和交流。

（二）国内外媒体参与环境保护的主要经验

媒体作为社会公共事务的参与者、监督者，开辟多元化渠道，积极参与环境保护，是其应尽的社会责任之一。根据国内外媒体对环境保护的参与实践，主要经验总结如下。

1. 创设全绿色媒体，作为环境保护的直接倡导者

按照职责和功能来分，不同媒体有各自的功能定位、受众和关注点。实际上，除了一些特别具有专业性的媒体外（如金融、财经、艺术、公安等报纸），环境保护依然是大多数媒体关注的主要话题之一。但与此同时，设立以环境保护理念的宣传报道为己任的全绿色媒体，并将自己努力打造成环境保护最直接的倡导者、行动者、监督者，是当前媒体社会对环境保护最直接、最全面、最深入的参与方式和有效举措。这种全绿色媒体主要包括两大类：一是以环境保护教育、科研为主的大量环境期刊、杂志和报纸，如中华人民共和国环境保护部主管的《环境保护》杂志、《环境教育》杂志和《中国环境报》报纸等，全面宣传最新的环境保护理念、科技进展、科研成果和教育方法等，为国家各行各业的环境保护提供信息咨询服务和智力支持。二是依托相关环保机构而建立和有效运转的环境保护网站，如依托《中国环境报》而建立的“中国环境网（http://www.chinaen.org/）”、依托《环境与生活》杂志而建立的“环境与生活网（http://www.hjysh.cn）”、环境保护部组建的“环境保护部宣

传教育中心网站（http：//www. chinaeol. net/green_ media/shiping. html）”等，汇集了有关环境保护的大量文字、图片、视频等资讯信息，对深入宣传环境保护理念发挥着十分明显的直接作用。

2. 综合类媒体开设环境保护专栏或绿色类节目，构筑环保新平台

除了纯粹的绿色媒体全方位、全覆盖、全内容地关注环境问题或环境保护外，其他专业类或综合类媒体，并不会全身心地关注环境问题。但这并不代表他们不重视或不参与环境保护工作，恰恰相反，在环境保护成为新型民生问题的当下，国内外诸多综合类媒体，通过设立专门绿色版面、绿色专栏或专题节目等方式，将“环境保护”打造为媒体发展的特色品牌，以深化在环境保护领域的参与程度。典型媒体如国内资深媒体《南方周末》，从2009年10月开始，创办了专门的绿色版面，作为《南方周末》的六大新闻版块之一，每期四版，持续关注包括环境、能源、低碳、食品安全、健康、城市等泛绿色新闻领域，是迄今为止市场化纸媒中专注绿色新闻的最具规模和影响力的平台①。财新传媒开设了绿色版，并新设立了低碳周刊等。还例如自2010年6月5日以来，由环境保护部和新华社共同打造并正式推出环境资讯电视栏目——《环境》，该栏目分为中、英文两版，于每周六分别在中国新华新闻电视网中文台、英文台播出。《环境》栏目旨在通过播报世界各国环境及环保新闻，关注重点环境事件，提高我国在国际环境领域的传播能力，展示我国负责任大国的形象，加强公民环境意识、促进国际合作、推动环境保护事业发展②。此外，地方政府或城市政府与当地广播电台联合开设环境保护专栏，协同参与环境保护的宣传教育活动，如余姚市环保局与余姚市广播电台合作开播环保之窗宣教栏目，向民众就环境政策法规、环保知识、绿色行动等进行了全方位的宣传教育。

3. 媒体记者联合专题采访政府高官或节能设施负责人，求解环境问题解决之道

伴随着我国城市雾霾、交通拥堵、水污染等诸多环境问题或事件的发生，一些国内外媒体记者，高度关注环境保护问题，围绕国家相关文件中规定的环

① 《绿色媒体案例：南方周末绿色版块》，《新浪环保》2013年1月16日。

② 惠培培：环境保护部和新华社共同推出电视栏目《环境》，新华社，2010年6月5日。

境举措和相关目标，对政府官员进行联合采访，通过提问一些存在社会质疑性的环境问题及其解决策略，进一步明确和求证政府的环境纲领和举措，以监督政府环境政策的执行力和有效性，迫使政府采取更加有力、有效的环境保护措施。近年来，这种举措已经成为媒体关注和参与环境保护的重要形式之一。如2009年十一届全国人大二次会议举行了“当前环境保护形势和任务”专题采访答问活动，环境保护部张力军、吴晓青副部长就当前环境保护形势和任务接受了媒体的集体采访（专栏3）。除此之外，近年来还出现一种新的参与形式，就是中外媒体记者联合组成记者团，对国内一些著名的节能设施及其负责人进行现场采访报道，达到宣传节能环保理念、传递环保正能量的效果，如2012年4月16日，由中国和韩国相关媒体的20多名记者组成的联合采访团，对“北京市节能环保中心办公楼”（据称为中国目前既有建筑中综合节能水平最高的建筑）和“北京电动公交车充电站”进行了联合参观和采访[①]，对节能减排问题进行了全方位的展示和宣传。

专栏3　2009年十一届全国人大二次会议新闻中心举行“当前环境保护形势和任务”专题采访部分记者的提问

新华社记者：我的问题是提给张部长的。今年温家宝总理在《政府工作报告》中明确提出，去年的二氧化硫排放和化学需氧量排放都有明显减少，我们一直关注的是我们做了哪些工作能够达到这种减排量，我们想请您介绍一下这方面的情况。

人民日报记者：现在大家比较关注的一个问题就是如何拉动内需的问题。我们也知道，很多部门为拉动内需出台了很多政策，我想问的问题是，为拉动内需，环境保护部在环评管理上采取了哪些措施，取得的效果怎么样？

中央人民广播电台、中国广播网记者：最近几年，大城市里灰霾现象频繁发生，公众非常关注的是，灰霾天气和城市公布的污染指数往往不是很一致，对这个问题怎么看？

---

① 刘箴：《中韩媒体联合采访团纪行：北京环保措施吸引韩记者》，2012年4月18日《光明日报》。

路透社记者：国务院最近公布了一系列为了扩大内需的措施，包括买1.6升以下排量的汽车可以把购置税减少一半。我们知道，中国的大中城市比较注意空气质量，但是如果增加了城市里的车流量，与保护环境会不会发生冲突和矛盾？

广东南方电视台记者：众所周知，珠三角地区是一个河网密布的地区，在广州就有包括珠江在内的300多条大大小小河流和河涌，这些河涌的污染情况一直是非常严重的。现在备受媒体关注的是，广州市政府向全市人民下了军令状，要在17个月内彻底整治河涌污染。还有广州的政协委员提议，到了限期以后，市长带着区长一起去游河涌，以此来促进地方政府的治理。我想问一下部长您对这个问题是怎么看的？另外，今年在中国经济要保八的前提下，我们的环保法规如何在各地贯彻和实施？

资料来源：陈湘静：《中外记者高度关注环境保护——张力军、吴晓青副部长就当前环境保护形势和任务接受媒体集体采访》，2009年3月12日《中国环境报》。

4. 举办环境保护论坛，搭建跨界交流平台

邀请和聚集来自国内外学界、政界、经济界、媒体界的专家学者、政府官员和社会资深人士，举办专题性的环境保护论坛，就共同关心的各类环境议题进行交流、对话与商讨，搭建跨界交流平台，是当前诸多媒体积极参与环境保护的又一行动举措。如《南方周末》绿色版块在全国首倡发起“中国食品安全传媒论坛”，首倡发起中国“绿色传媒促进计划”，并于2010年7月16~18日在杭州召开绿色传媒人研讨会，研讨会发布了《中国传媒绿色宣言》，启动了《中国绿色新闻报道手册》编写工作，并公布了“杜邦绿色报道资助计划”[1]，协同推动中国绿色发展进程。在其倡议下，由中国经济网承办、由经济日报社和中粮集团协同国家相关部委联合举办的“中国食品安全论坛”已经成功举办了五届，对中国食品安全问题进行了全方位的研讨和宣传报道。又

① 路透社艾玛：《西方国家环境媒体起源于环保危机》，http://news.qq.com/a/20100729/002150.htm，2010年7月29日。

如在2013年9月3日，中国主流网络媒体平台——搜狐网在北京举办了以“绿色中国·走出生态危机”为主题的“2013搜狐新视角高峰论坛”，邀请来自多个领域的30名知名人士，就公众最关心的水、空气和食品3个层面的问题进行深入分析，共商“绿色中国”生态重建。

三 我国媒体参与环境保护存在的问题与瓶颈

根据前文所述，尽管我国媒体在环境保护中发挥了十分重要的作用，如据统计，2010年有75家媒体刊发生态环境报道47273条①，表现出积极主动参与的良好发展态势，但从媒体监督的有效性来看，媒体参与环境保护依然面临着一些问题和瓶颈，主要体现在以下几个方面。

（一）法律性问题：媒体参与环境保护缺乏应有的法制保障

新闻媒体作为重要的社会力量，要想自由、有效地参与环境保护事宜，进而发挥好环境问题的发现者、揭露者、监督者的角色，就需要强有力的法律支撑和权益保护。这一方面，美国、日本等发达国家的经验值得借鉴，其媒体之所以能拥有环境发言权，是因为媒体受国家言论自由的法律保护，美国1791年颁布的宪法《第一修正案》（被称为美国第一部新闻法）第一条规定：“国会不得剥夺言论及出版自由”，以及1965年制定的《信息自由法》《阳光法案》《公开会议记录法》等法案，在有力促进了政府信息公开的同时，也有效捍卫了主流媒体参与环境保护中的言论自由权，更为媒介工作者对环境问题的采访报道提供了法律保障和可操作性。相比较而言，我国在保障新闻言论自由方面，还缺乏一部实质性的专门法律，媒体对环境问题的采访权、报道权和知情权还存在诸多限制和障碍，近年来发生的一些环境报道“封口费”或记者受伤事件，充分说明媒体环境的不断恶化，这对新时期确保媒体充分参与环境保护的法律保障提出了严峻的挑战。

① 高立鹏：《我国新闻媒体绿意渐浓》，2000年9月15日《中国绿色时报》。

（二）程序性问题：环境公共事务决策中缺乏媒体的事前参与

环境保护的公众参与是一个涉及事前决策、事中监督、事后评价等链条的完整过程，有效的参与活动一定是全程式、制度化的。但从目前我国媒体参与环境保护的现状看，媒体参与主要集中在环境事件发生以后的环节上，也就是说，当已经造成了环境违法事件或形成巨大的环境损害以后，媒体才开始纷纷报道事件本身。遗憾的是，在一些重大工程或环境设施的决策环节和事中运行过程中，缺乏媒体有效参与的渠道和机制，媒体难以对工程项目决策的科学性和可行性提出独立、深入的考证和质疑，这在一定程度上大大削弱了新闻媒体对环境保护工作的监督力度。

（三）持续性问题：媒体的市场运作能力导致短期化倾向突出

众所周知，环境问题是一个公共问题，除了直接利益攸关者之外，普通民众不太愿意关注环境新闻。对此，西方发达国家的一些媒体，为了将环境报道作为媒体新的增长点或品牌，往往通过市场运作的方式，与相关绿色企业进行合作，积极吸收绿色产业广告，为自己的绿色报道寻求资源支持，追求环境保护板块的持久发展和品牌效应。而我国除了专业化的绿色媒体外，一些综合性新闻媒体，由于受经费、版面、人力等方面的限制，尤其是缺乏与环保企业、环保组织等相关组织之间的合作机制，市场运作能力不强，导致对环境新闻的报道缺乏应有的积极性、主动性和长远性战略。在环境保护的宣传报道上，要么选择一些特殊的日子，如世界环境日、无车日、世界水日等节点，进行集中采访报道，要么当发生一些环境事件时，纷纷进行转载式连篇报道，存在明显的短期化倾向，这直接导致了一些综合性新闻媒体很少开辟出具有品牌效应、社会效应的绿色报道版面，对环境保护的持久性参与大打折扣。

（四）内容性问题：环境报道内容本身缺乏一定的深度和新意

能否站在民众立场上，紧紧抓住与公众切身利益直接相关的环境热点问题，开展全面系统的采访和深度宣传报道，最大限度地反映民众的环境利益诉求，进而呼吁政府采取相关举措，切实解决相关环境问题，是新时期媒体深入参与环境保护、重建品牌、赢得市场的关键所在。从当前我国媒体参与环境保护的现状来看，由于受发展理念、人才队伍等因素的影响，大多数媒体的相关报道属于低水平、重复性的报道，碎片化特征突出，连续性和系统性不足，媒体针对民众高度关注的某些环境问题，难以作出理性、全面、战略、深度、创新的系列报道，难以形成自己的绿色品牌。因此，绿色报道缺乏深度、缺乏新意，在一定程度上，制约着媒体在环境保护领域中应有的功能和作用。

（五）科学性问题：新媒体宣传报道的理性化程度有待加强

在当前环境保护工作的宣传报道中，传统媒体和新媒体都发挥着各自的作用，尤其是论坛、QQ 群、微博、微信等新媒体在满足民众环保诉求、开辟民众参与环保渠道、加强政府与民众之间交流等方面发挥了极其重要的作用。但需要指出的是，在“人人都是新闻发布者”的新媒体时代特色下，新媒体的诸多宣传存在真伪难辨、缺乏理性、随意性强、恶意夸大等情况，致使一些环境问题经新媒体扩散、发酵而引发群体性事件，这在一定程度上也误导了公众参与环境保护的积极性。因此，如何发挥新媒体的正能量，科学、理性地表达环境保护意图，引导广大民众理性参与环境保护，是当前媒体参与环境保护过程中需要高度关注的一个现实问题。

四　强化媒体参与环境保护的思路转型和战略选择

媒体被称为“第四部门”力量，在未来环境保护过程中，进一步明确媒体在环境保护中的定位和职能，转变发展思路，强化对环境违法行为的监督，提高环境问题披露的震慑力，切实担负起引导民众树立更加可持续的生活方式和生态文明行为的职责，是我国全面实现转变经济增长方式、构筑美丽中国的重要保障。笔者认为，今后我国媒体要想深度有效地参与环境保护，需要实现以下几个思路的转变。

（一）思路转型

1. 参与环节：从事后参与向全过程参与转变

首先要加快公众参与环境保护的法制化进程，要明确媒体在环境保护中的地位和作用，充分保障媒体的新闻自由权和新闻工作者的采访报道权，让更多环境问题的真相公之于众，以此保障民众对环境权益的知情权、表达权和参与权。更重要的是，要针对当前媒体大多采取“马后炮式”的环保参与方式，做出根本性的改革和创新，推动从单纯的事后参与向事前决策、事中监督、事后报道的全过程参与转变。不仅要让媒体充分报道已经发生的环境违法行为或环境突发事件，更要开辟让媒体参与有可能造成环境问题的重大工程的事前决策和环境影响评价环节的渠道和机制，并不断跟踪监督，以便在面对某个环境事件的时候，媒体可以充分掌握和了解该环境事件发生的原因、条件、过程和结果，以便做出全景式、理性、客观的分析和报道，在政策宣传、引导民众、维护社会稳定等方面发挥正能量。

2. 参与时间：从集中性参与向持续性参与转变

从时间上来看，我国媒体参与环境保护呈现当事件发生时集中大量报道、借助某些环境节点进行集中报道的特点，具有明显的短期化倾向，对一些问题的关注和报道缺乏应有的持续性。为此，今后媒体在参与环境保护过程中，要推动短期化、集中性报道参与模式向长期化、持续性参与模式转变。媒体要从战略高度、长期效应的角度出发，从全球和地方发展相结合的视角出发，谋划一年或某个更长时期内，持续开展绿色报道的内容、议题和形式等，不管外部条件怎样变化，都要坚持跟踪式的采访报道，与时俱进地把现代环保理念、生态文明行为等传递给广大公众，引导更多的人关注环境问题，参与到环境保护的行列之中。

3. 参与方式：从各自为政的独立参与向跨界协同参与转变

我国不乏各类各样的新闻媒体资源，但在环境保护的参与方式上，大多采取各自为政、单独行动的做法，难以开创或形成具有长期品牌效应的绿色宣传格局。据此，我们认为，在未来的环境保护中，我国新闻媒体要跳出自己的领地，全面推行各自为政的独立参与向跨界协同参与转变，一方面，一些综合类大众媒体要加强与环保社会组织、政府职能部门、企业、民众之间的紧密协作，报道与民众利益最相关、最鲜活、多元化的绿色新闻，满足多方的环境利益诉求；另一方面，要加强媒体之间的合作，针对一些环境突发事件或公共环境问题，共同策划、联合采访、联合报道、举办论坛、联合开展大型公益活动等，营造关注环境问题的媒体群效应，开创跨界协作的绿色新闻品牌，以便引发相关利益主体改变决策行为或行为模式。

4. 参与内容：从描述报道型向深度创作型转变

作为知识理念的传播者，能否把一个社会公共问题看透、说透，以理服人、以情感人，用有创新、有深度的报道留住受众，是考验一家媒体能否成功运作的关键所在。在环境保护参与中，这一点尤为重要。当面临复杂多样的环境问题或突发环境污染事件时，新闻媒体要从高度负责的态度出发，既要向公众全面、透彻地传达最真实、最权威的信息，最大程度地保障民众的环境知情权、表达权、参与权，更要从学理高度出发，结合自然地理、政治改革、经济发展、生态发展等综合因素，对相关事件的原因、过程、结果、趋势等问题进行深度策划，做出科学、理性、系统的解释和研判，进行有高度、有新意、有吸引力的专题分析和深度报道，全方位说明生态问题背后的执政理念、经济发展模式、人类行为模式、公众参与等方面存在的根源问题，以此唤醒民众的环境责任，呼吁人类重新审视自己的发展路径与发展模式，引导社会不断走向人地关系和谐的生态文明之路。

（二）战略选择

1. 民生民意战略

所谓民生民意战略，是指媒体作为环境信息的披露者、环境保护的行动者、环境文明的倡导者，必须在环境保护过程和行动体系中，从创造良好生态是民生问题的高度出发，进一步强调自己所承担的环境宣传教育、环境执法监督等神圣职责，始终站在公众立场，主动选择公众高度关注、与公众生活直接相关的环境话题，进行积极、主动、深入参与的战略思维和行动方略。这一战略要求做好以下几点：一是结合国家和城市经济转型发展的实际，重点关注公众高度关注的环境议题，对具有普遍性的环境问题或环境污

染现象，进行理性、客观、深度的分析解读，呼吁和寻求解决问题的有效策略，维护广大民众的环境权益。二是要主动了解公众的环境诉求，开展环境民意调查，发挥环境民生指数，发挥好公众诉求与政府环境政策之间的沟通桥梁作用。

2. 跨界合作战略

公众参与环境保护不仅是一个社会问题，更是一个复杂的政策和政治问题，媒体为了有效地参与环境保护，必须处理好与政府、公众、社会团体、企业等多元主体之间的关系，这就需要实施跨界合作战略。一方面，要加强媒体与政府之间的合作，把政府制定的环保政策、环境执法情况以及重大环境事件的处置过程与结果等，全面、及时、准确、理性地传达给公众，在做好环境执法监督者的同时，努力成为政府推动环境保护的得力助手。另一方面，媒体要加强与绿色非政府组织、企业之间的合作，借助绿色社会组织开展的重要环境保护行动、企业开展的绿色公益活动等，形成良好的互动合作机制，努力放大环境保护宣传报道的综合效应。更重要的是，通过与市场的合作，寻求绿色宣传品牌发展壮大的资金支持，获取更大的受众面和影响面。

3. 创新创意战略

来自法律、资金、人才、运作等方面的限制，往往成为新闻媒体深入参与环境保护的主要障碍，在现有发展阶段和体制框架下难以取得立竿见影式突破的情况下，媒体参与环保行动上如何提升创新创意能力，就显得十分重要。这主要包括以下几个方面的创新。一是整个参与战略设计的创新。要打破传统的简单式参与思维，跳出媒体固有的领域和资源格局，最大程度地开辟、吸收、利用有利于环境保护宣传的社会资源，提升新闻媒体在环境保护中的话语权、震慑力和权威性。二是参与形式的创新创意。既要开展针对环境问题的传统式采访报道，又要采取主办环境论坛、举办重大公益活动、环境大讨论、征文比赛、人物评选、案例征集、专家采访、政府官员对话等多种形式，进一步丰富参与方式，扩大影响。三是绿色新闻内容的创新创意。即从系统、独特的视角出发，在环境问题的宣传报道上求新、求深、求宽，增强新闻报道的市场吸引力、社会共鸣度和关注度。

4. 人才团队战略

人才团队的阵容和素质，决定着一个媒体参与环境保护的范围、高度和厚度。因此，重视专业环保记者人才团队的打造，是媒体将边缘化的绿色版面变成核心业务和市场新增长点的关键所在。一方面，要积极引进和培养一批有社会责任意识、专业能力过硬、富有合作精神的高级记者人才队伍，为提升媒体绿色竞争力提供人力保障；另一方面，要建立健全内部团队培训和激励机制，鼓励创作有质量、有深度、有高度、有信度的绿色新闻作品，在实现自身价值的同时促进人类生态文明程度的不断提高。

案 例 篇

Case Studies

B.14 国外公众参与环保案例

李立峰　周晟吕*

摘　要：

国外一些发达国家的公众参与环境保护已逐渐形成了相对完善的保障体系，如圆桌会议的对话形式、充分保障环保非政府组织权利等。对六个具有一定代表性的国外案例进行介绍，从案例的经验和教训中思考其制度内涵，在此基础上总结出三点制度性的启示，以供上海和国内其他省市借鉴，即：充分尊重和依法保障公众环境知情权、对话权、申诉权等环境权利；提升制度包容性，鼓励支持专业、负责、独立的环保组织或机构；环保公众参与制度与其他制度环环相扣，相辅相成。

关键词：

国外　环境保护　公众参与　环保案例

---

* 李立峰，工程师；周晟吕，工程师。

公众参与环境保护是任何单位和个人通过各种形式获得环境信息，对环境决策提出意见和建议，对环境管理和环境开发利用行为进行监督，以及自觉参与环境保护实践的总称。国外公众参与环境保护已有一定的历史，一般可采取多种不同形式，如捐钱给环保组织，参与环保组织，参加环保义工活动，参加环保对话、抗议、诉讼等。很多国家都逐渐形成了比较完善的法律、政策、规章，支持环保公众参与。比如通过“圆桌会议”的形式开展组织公众与政府官员针对政府行为和程序之间的讨论，通过简单的操作方式实现充分参与和发表意见的目的①，尤其注重保障环保非政府组织（NGO）在开展公众环境宣传、协助公众与政府对话、组织抗议、提起诉讼等方面的权利。

关于公众参与环境保护尤其是环境决策，尽管曾有过一些争论，如有人认为公众参与会增加社会成本、不如直接决策更有效等，但公众的环境权（包括环境舒适权、知情权、参与权、监督权、申诉权等）还是逐渐获得了许多国家的认可和保障，公众参与环境保护也最终成为全球的一大共识，这方面已有不少经验和教训可为佐证。

一　案例剖析

本报告侧重介绍几个具有典型性和借鉴意义的案例，从案例的经验和教训中思考其制度内涵，并为上海及国内其他省市环保公众参与提供借鉴。

（一）美国纽约州哈德逊河水电站案例——公众环保运动的开山之作

哈德逊河是美国纽约州的重要河流，其出产的带状鲈鱼占据了美国带状鲈鱼市场60% ~80%的市场份额。同时，哈德逊河风景秀丽，曾有一批以哈德逊河沿岸风光为题材的风景画家被称为“哈德逊河画派”，在美国流

① Bing Ran. Evaluating Public Participation in Environmental Policy-Making. Journal of US-China Public Administration，ISSN 1548 -6591，April 2012，Vol. 9，No. 4，407 -423.

行。20 世纪 60 年代，纽约州的联合爱迪生公司提出在哈德逊河金风暴山区修建水力发电站，以缓解纽约城电力使用高峰期的供电压力，这引起了旅行爱好者、画家、当地居民等许多公众的抗议。1963 年，在一位环境保护主义者史蒂芬·杜根（Stephen Duggan）提议下成立了“哈德逊优美环境保护协会”，联合当地各界人士，并在律师劳埃德·加里森的帮助下向电力公司提起诉讼。虽然当时美学价值的损失尚不足以让法院阻止水电站开工，但工程对渔业的巨大影响给案件带来了转机。双方最终签署了“哈德逊河和平条约”，法院要求电力公司必须将所有工程项目改造成公益娱乐设施，对公众开放。①

该案例体现了抗议、诉讼以及各领域人士相联合的力量，堪称公众环境保护运动的开山之作，同时也推动了环保非政府组织的大量涌现。

（二）美国环境影响评价相关系列诉讼案例——“胆大较真”的NGO 促成环评制度的完善

20 世纪后期，美国日益兴盛的环保组织依据《国家环境政策法》，多次向政府重要部门、官员，甚至军队提起一系列环境影响评价相关的诉讼，不仅成为代表公众与政府对话的著名案例，也在客观上推动了美国乃至世界环评制度的完善。

1971 年，环保组织卡尔弗特·克里夫协调委员会起诉美国原子能委员会，指其授权在马里兰州兴建的一个核电站虽然在形式上提供了环境影响报告，但并没有按照《国家环境政策法》在“最大可能的程度”上考虑活动可能产生的环境影响。最终法院认为，在决策制定过程中的每一个重要阶段都要考虑环境问题。

1976 年，环保组织塞拉俱乐部起诉美国内政部长克利比，起因是美国内政部想要在西北四个州发展采煤业。虽然内政部已经就全国范围内的煤炭租赁项目，以及影响采矿业的个别决定如许可证的发放等都作了环评报告，但塞拉

---

① 崔秀林：《美国河流保护第一案：电站变生态公园》，新浪环保，2012 年 12 月 4 日，http://green.sina.com.cn/2012-12-04/153825728496.shtml.

俱乐部认为西北四个州发展采煤业的计划也应及早开展环境影响评价。最终，最高法院认为不需要为“预期”的活动准备环评报告，未支持塞拉俱乐部的请求。但这一案例仍然提醒了政府及有关各方，应更认真考虑决策过程中环评及早介入的问题。

1983年，美国陆军工程兵团在筹备一项建设工程中，其环境影响报告书草案认定工程所涉及的区域为“生物荒地”，但是一些科学机构则认为这一区域是鱼类关键的栖息地，所以环保组织塞拉俱乐部起诉陆军工程兵团，要求停止这一项目，理由是环境影响报告做得不充分，内容不正确。审判法院认为环境影响报告中没有充分的关于对鱼类影响的信息，所以支持了塞拉俱乐部的起诉，并发布了禁止令。陆军工程兵团提起上诉，但上诉法院依然认为陆军工程兵团未充分考虑所有资料，犯了程序错误。[①]

（三）美国加利福尼亚州欣克利水污染诉讼案例——“永不妥协”的较量

2000年上映的、由朱莉娅·罗伯茨主演的好莱坞电影《永不妥协》，使故事原型——美国加州欣克利发生的水污染民事诉讼案可能成为传播最广的环境诉讼案例。该案例反映了律师和普通民众在美国环境诉讼中发挥的重要作用。由于律师马斯里和助手埃琳·布洛科维奇的不懈努力，太平洋天然气和电气公司因排放致癌物污染地下水，危害居民饮水安全和身体健康，最终不得不向600位当地居民赔偿3.33亿美元，人均赔偿金额高达56万美元。

（四）美国环保协会案例——多方合作、争取共赢

美国环保协会（EDF），从1967年成立时的10个人发展到现在的30万会员和150名全职员工，其中不乏大量的环保专家、律师、经济学家等专业人员。其呼吁反对使用DDT的行动，对于推动美国禁止使用DDT起到了很大的作用。他们除了促进立法和敦促地方政府执行法律，还参与制订和

① 赵绘宇、姜琴琴：《美国环境影响评价制度40年纵览及评介》，《当代法学》2010年第1期。

推广化学品和农药等的安全标准。与此同时，他们积极学习与企业合作，建立伙伴关系，共同探讨改善环境的方案。以麦当劳为例，通过双方共同研究，成功应用一种可保温、存储方便、减少漂白的薄纸替代传统的塑料包装袋。这一改进方案既有利于减少企业成本、改善企业形象，也有利于环境保护。①

（五）澳大利亚悉尼海滩污染案例——公众感受至上

政策咨询的公众参与除了要考虑专家研究和科学论证的结论，还应当注重受影响群体的直接感官体验。以澳大利亚悉尼为例，冲浪者和海滩游客意识到悉尼海滩受到了污染，但是并没有一个科学的报告和相关的政府文件提及这一污染。在20世纪80年代中期，赞成新建排污口的政府相关部门试图重新界定水污染与人体健康的关系，称海滩的水污染只是对冲浪者和海滩游客视觉上的影响，但是政府的这一声称遭到了强烈反对，海滩游客根据自身的认识和经验认为这一污染会给他们的身体健康带来危害，最终该案例以尊重公众感受、放弃排污口告终。②

（六）马来西亚生物安全案例——公众意见征询不足的教训

马来西亚生物安全政策制定过程的公众参与已经写进了法律条文，《马来西亚生物安全法（2007）》提出国家生物安全委员会在对待转基因生物的问题上必须要广泛听取公众的意见，并且使最终的结果令公众接受。但由于一些具体规定相对模糊，造成部分案例公众意见征询不足，并引发公众不满。以放飞转基因蚊子（OX513A）为例，该国为研究转基因蚊子在自然条件下的生存能力，国家生物安全委员会在基于转基因顾问委员会对实验的风险因素进行分析后，同意将雄性转基因蚊子放飞在医学研究所的实验基地。该议题经过了公众咨询环节，委员会声称收到了很多有价值的反馈意见，并于2011年1月在马来西亚的文东县放飞了第一批转基因蚊子。但是，由于这项议题的公众咨询仅

---

① 向佐群：《西方国家环境保护中的公众参与》，《林业经济问题》2006年第26（1）期。

② Sally Eden. Public participation in environmental policy：considering scientific，counter-scientific and non-scientific contributions. Public Understand. Sci. 5（1996）183－204.

在生物安全网站进行了发布，以及在当地的两份主要报纸上花很小的篇幅报道了两次，甚至连文东县当地的相关团体都没有成为指定的咨询方，因此事隔一年后仍有很多相关组织和机构对此事保持强烈关注和质疑，令国家生物安全委员会饱受争议。①

二 启示借鉴

上述几个环保公众参与案例的经验教训，尤其是其背后的制度内涵，对上海及国内其他省市的环保公众参与至少可提供以下三方面启示。

（一）充分尊重和依法保障公众环境知情权、对话权、申诉权等环境权利

公众的环境权利得到法律保障和事实尊重是参与环境保护尤其是环境决策的前提条件。公众不仅可以被动接收政府公布的信息，还能主动申请获取社会普遍关注的大部分环境信息。发生疑惑、争议时，应当有畅通的对话渠道。感到自身环境权益受到侵害时，应当有公正独立的申诉途径。

（二）提升制度包容性，鼓励支持专业、负责、独立的环保组织或机构

环保非政府组织、其他社会机构、专业委员会等可以在政府、企业、公众之间建立桥梁，起到揭露问题、协助对话、争取权益等作用。只要行为合法，就应充分认可其对环境保护和社会发展的积极正面作用，予以扶持。推动制度内公众参与的完善，提升制度包容性，从而尽量避免制度外公众参与的极端性事件。

---

① Siti Hafsyah Idris, Abu Bakar Abdul Majeed, Zaiton Hamin. Public Engagement in Biosafety Decision-Making Process: Appraising the Law in Malaysia. 2012 International Conference on Innovation, Management and Technology Research (ICIMTR2012), Malacca, Malaysia: 21 – 22 May, 2012.

（三）环保公众参与制度与其他制度环环相扣，相辅相成

从国外尤其是发达国家经验来看，其环境保护制度体系的整体性和协调性相对较完善，可见，环保公众参与制度与环境影响评价制度、环境诉讼制度等紧密联系，不可厚此薄彼。同时，环境领域与司法、规划、教育、卫生等其他领域的制度配合也值得借鉴，可从系统角度确保公众参与环保的相关权益得到保障，对相关部门失职行为予以惩罚。

（复旦大学郭俊斐对本文亦有贡献）

B.15

资源环境发展报告年度指标

本报告利用图表的形式对2012年度上海能源、环境指标进行简要直观地展示，反映近5年来上海能源效率、环境质量所发生的变化，并结合上海“十二五”规划，评价和判断上海在资源环境方面取得的成绩、不足和未来的发展趋势。本报告选取的资源环境指标包括大气环境、水环境、固体废弃物、噪声、绿化、环保投入、水资源和能源等。

环保概况

2012年是上海第五轮环保三年行动计划的起始年。第五轮环保三年行动计划围绕“创新驱动、转型发展”主线，工作思路上强调了“四个转变”：一是发展战略由末端治理为主向源头预防、优化发展转变；二是控制方法从单项、常规控制向全面、协同控制转变；三是工作重点从重基础设施建设向管建并举、长效管理转变；四是区域重点从中心城区为主向城乡一体转变。表1反映了上海“十二五”环境规划中主要环境指标的完成情况。

表1　2012年上海主要环境指标的完成情况

类　别	具体指标	2012年	上海“十二五”环境规划目标
环境质量	环境空气质量优良率	93.7%	90%以上
污染减排	化学需氧量排放量	比2010年下降8.66%	比2010年下降10%
	二氧化硫排放量	比2010年下降36.3%	比2010年下降13.7%
	氨氮排放量	比2010年下降9.02%	比2010年下降12.9%
	氮氧化物排放量	比2010年下降9.3%	比2010年下降17.5%
环境安全	城镇污水处理率	85%	85%以上
	生活垃圾无害化处理率	91.4%	95%以上

续表

类　别	具体指标	2012 年	上海“十二五”环境规划目标
环境安全	工业固体废物综合利用率	97.34%	95%以上
	建成区绿化覆盖率	38.3%	38.5%
	森林覆盖率	12.58%	15%
环保优化	环保投入相当于全市生产总值比值	2.83%	3%左右

（一）环保投入

2012 年，上海市环境投入 570.46 亿元，比上一年略有增加，占当年 GDP 的 2.83%（见图 1）。其中，环境基础设施投资 286.26 亿元，污染源治理投资 138.41 亿元，生态保护和建设投资 1.69 亿元，农村环境保护投资 36.04 亿元，环境管理能力建设投资 2.37 亿元，环保设施运转费 73.25 亿元，循环经济及其他投资 32.46 亿元，占比分别为 50.2%、24.3%、0.3%、6.3%、0.4%、12.8% 与 5.7%（见图 2）。从环保投资的结构看，环保基础设施投资所占比重进一步下降，也体现了第五轮环保三年行动计划要求的“从重基础设施建设向管建并举、长效管理转变”。值得一提的是，2012 年上海加大了对农村环境保护的投资，反映了上海环保由中心城区向城乡一体发展的趋势。

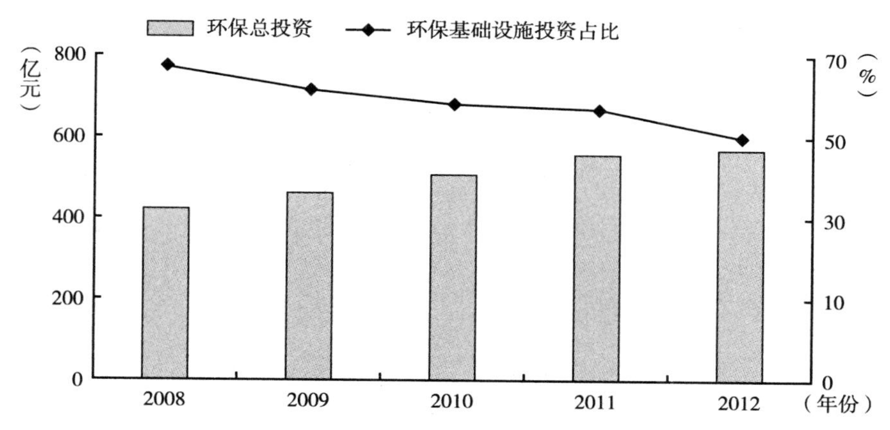

图 1　2008～2012 年上海环保投入及基础设施投资所占比重

资料来源：上海市统计局：《上海统计年鉴（2013）》，中国统计出版社，2013；上海环境保护局：《2012 年上海环境状况公报》。

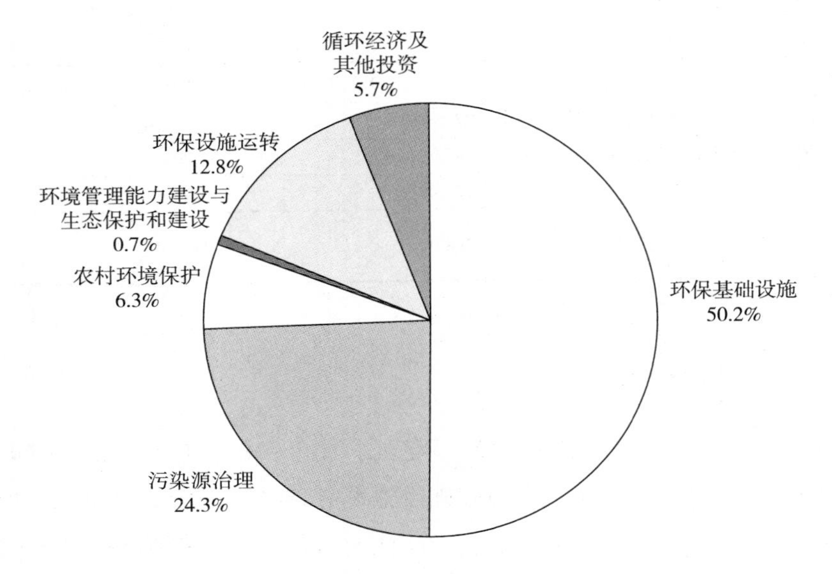

图2　2012年上海市环保投入结构

资料来源：上海环境保护局：《2012年上海环境状况公报》。

（二）环境空气质量

2012年，上海的环境空气质量优良天数为343天，空气污染指数优良率为93.7%，比2011年上升1.4个百分点〔为了便于与往年比较，这里仍采用原国家环境空气质量标准（GB 3095－1996）〕（见图3）。而分项目可吸入颗粒、二氧化氮与细颗粒物的日均值虽然达到原国家环境空气质量标准（GB 3095－1996），但均未达到新国家环境空气质量标准（GB 3095－2012）。这也说明，上海未来需在大气环境治理方面付出更大的努力。

2012年，上海市二氧化硫排放总量为22.82万吨（见图4），比2010年下降了36.3%，其中工业领域与生活及其他分别下降了26.5%与63.3%。

2012年，上海的氮氧化物排放总量为40.16万吨，比2010年下降了9.3%。

2012年，上海市烟尘排放总量为8.71万吨，比2010年下降了14.7%。其中，工业领域烟尘较上一年有所下降，生活领域的烟尘较上一年基本保持不变（见图5）。

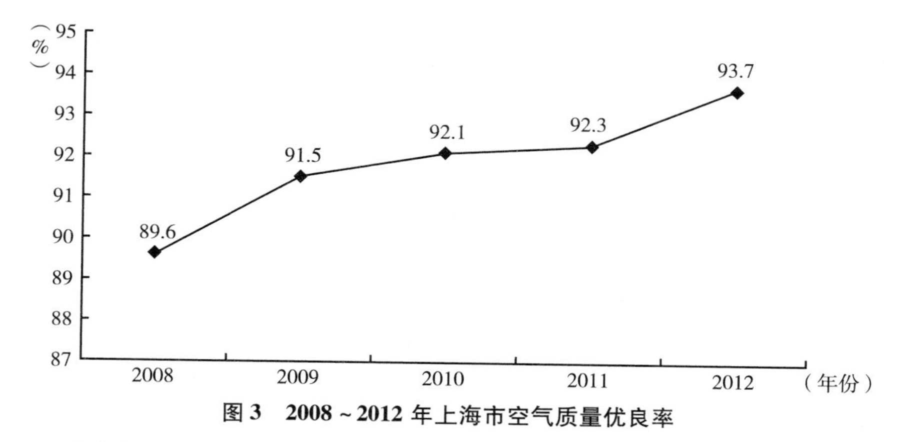

图 3　2008～2012 年上海市空气质量优良率

资料来源：上海市统计局：《上海统计年鉴（2013）》，中国统计出版社，2013。

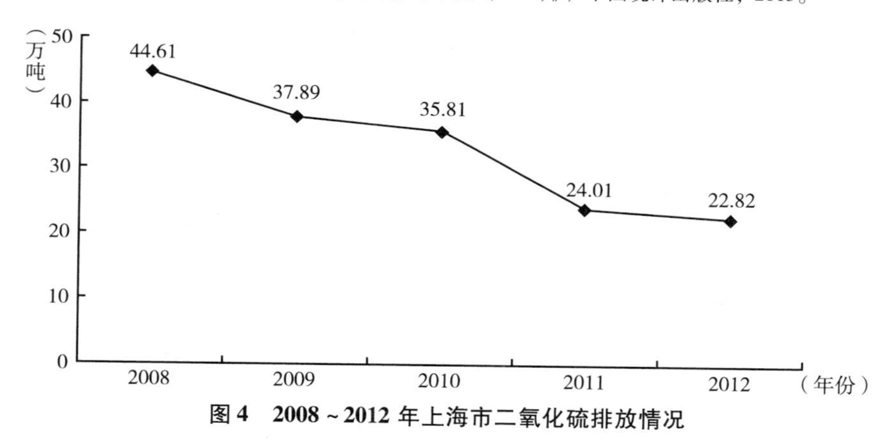

图 4　2008～2012 年上海市二氧化硫排放情况

资料来源：上海市统计局：《上海统计年鉴（2013）》，中国统计出版社，2013。

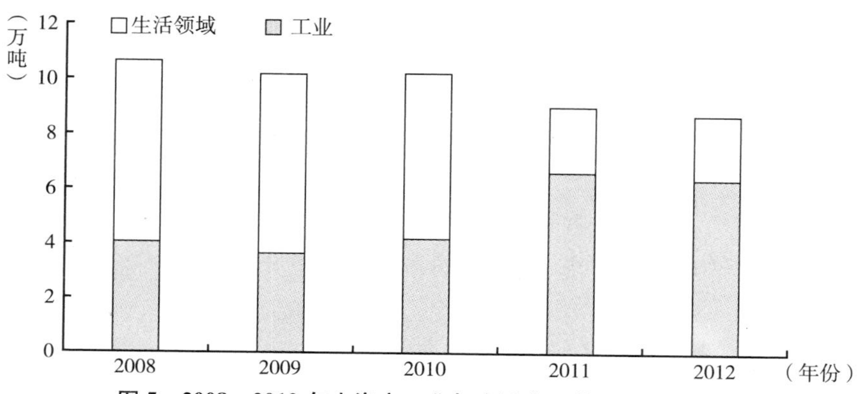

图 5　2008～2012 年上海市工业与生活方面的烟尘排放总量

资料来源：上海市统计局：《上海统计年鉴（2013）》，中国统计出版社，2013。

2012 年，上海市工业废气排放总量为 13361 万吨，比 2010 年增长了 3%（见图 6）。

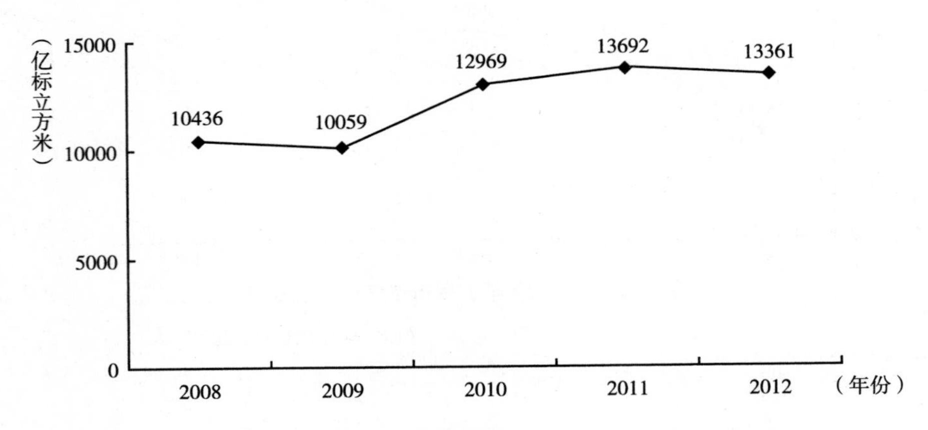

图 6　2008～2012 年上海市工业废气排放总量

资料来源：上海市统计局：《上海统计年鉴（2013）》，中国统计出版社，2013。

2012 年，上海市酸雨频率为 80%，比上一年上升了 12.2%（见图 7）。

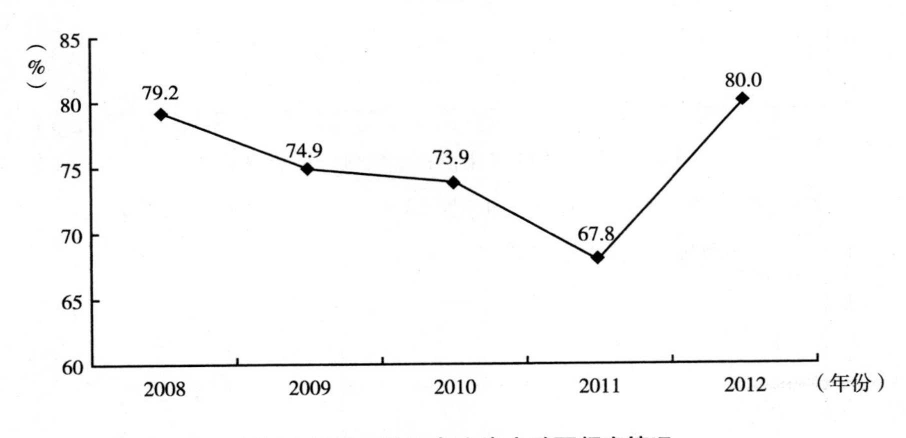

图 7　2008～2012 年上海市酸雨频率情况

资料来源：上海环境保护局：《2008～2012 年上海环境状况公报》。

（三）水环境

2012 年，上海市共有污水处理厂 53 座，共处理污水 20.06 亿吨。2012

年，上海市城镇污水处理率为85%（见图8），已完成上海“十二五”环境规划提出的目标。

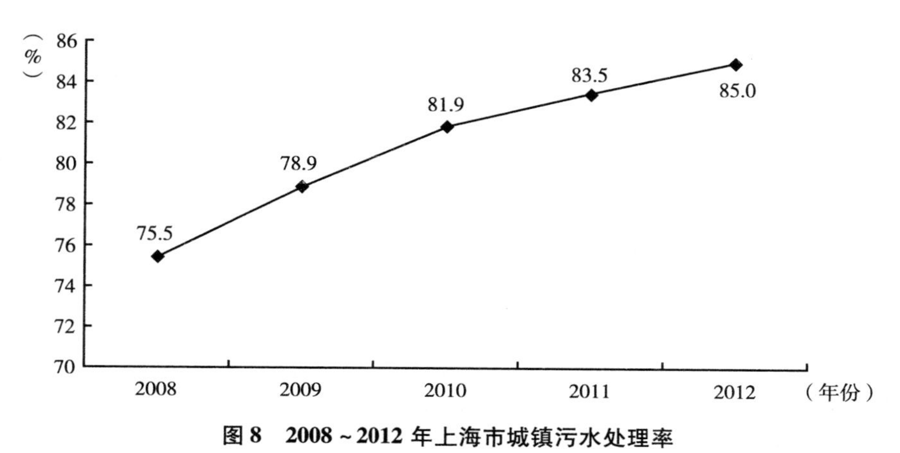

图8　2008～2012年上海市城镇污水处理率

资料来源：上海市水务局：《2008～2012年上海市水资源公报》。

2012年，上海市化学需氧量排放总量24.26万吨（见图9），比上一年下降了2.57%。

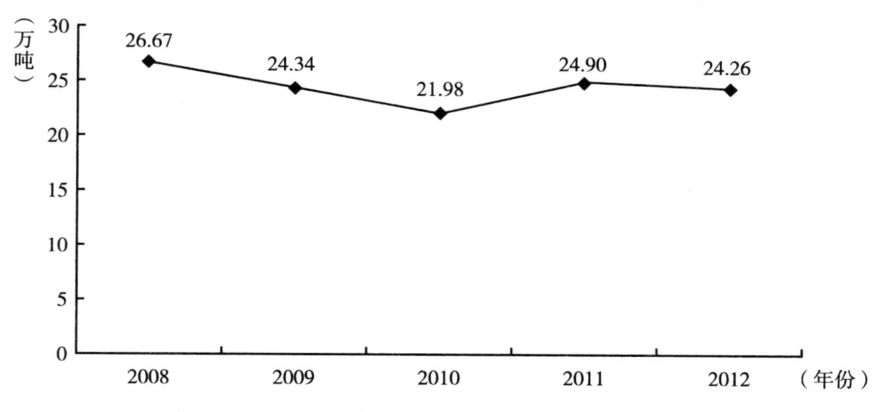

图9　2008～2012年上海市废水化学需氧量排放情况

资料来源：上海市统计局：《上海统计年鉴（2013）》，中国统计出版社，2013。

2012年，上海市氨氮排放量为4.74万吨，比2010年下降了9.02%。

2012年，上海市废水排放总量为22.05万吨，比上一年增长了11.02%，其中工业排放废水4.77亿吨，生活及其他行业废水排放17.28亿吨（见图10）。

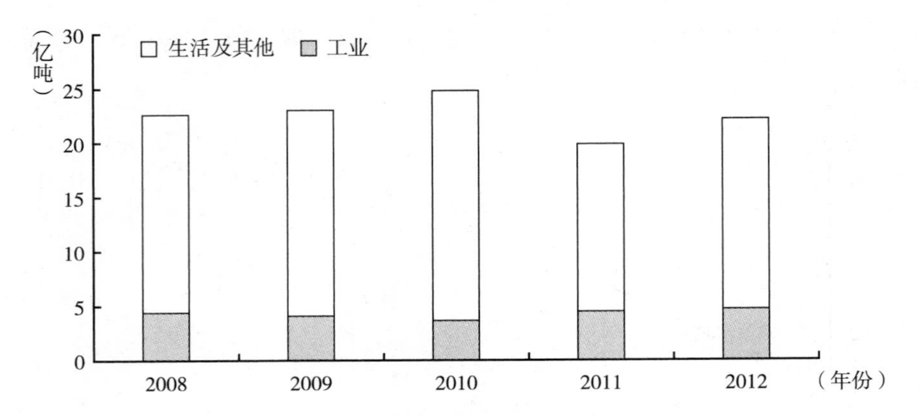

图 10　2008～2012 年上海市工业与生活及其他行业废水排放情况

资料来源：上海市统计局：《上海统计年鉴（2013）》，中国统计出版社，2013。

（四）固体废弃物

2012 年，上海市生活垃圾产生 716 万吨，生活垃圾无害化处理率达到 91.4%，比上一年提高了 3.8%（见图 11）。

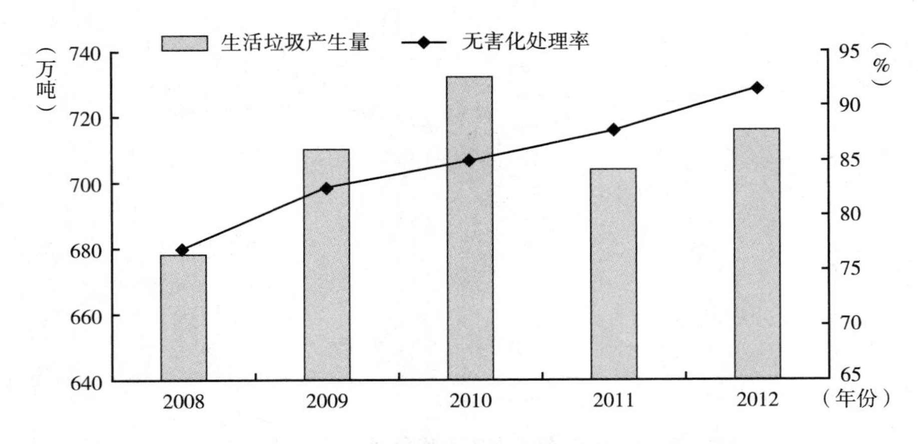

图 11　2008～2012 年上海市生活垃圾产生量与无害化处理率情况

资料来源：上海市统计局：《上海统计年鉴（2013）》，中国统计出版社，2013；上海统计局：《2008～2012 年上海市国民经济和社会发展统计公报》。

2012 年，上海市工业固体废弃物产生量为 2198.81 万吨，比上一年减少近 10%，综合利用率为 97.34%（见图 12）。

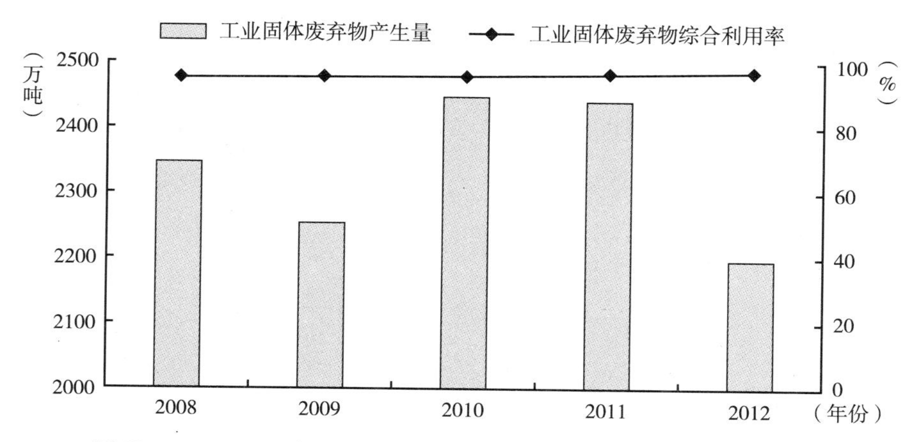

图12　2008~2012年上海市工业固体废弃物产生量及综合利用率情况

资料来源：上海市统计局：《上海统计年鉴（2013）》，中国统计出版社，2013。

（五）声环境

2012年，上海市出台了《上海市社会生活噪声污染防治办法》，对公园等公共场所健身娱乐活动噪声、住宅小区公用设施噪声、装修噪声、车辆防盗报警装置噪声等做了较全面的规范。近五年来，上海市区域环境噪声在55dB（A）左右，均达到相应功能的标准要求，总体保持稳定。2012年，上海市区域环境噪声昼间时段的平均等级为54.7dB（A），夜间时段的平均等级为48.2dB（A）（见图13）。

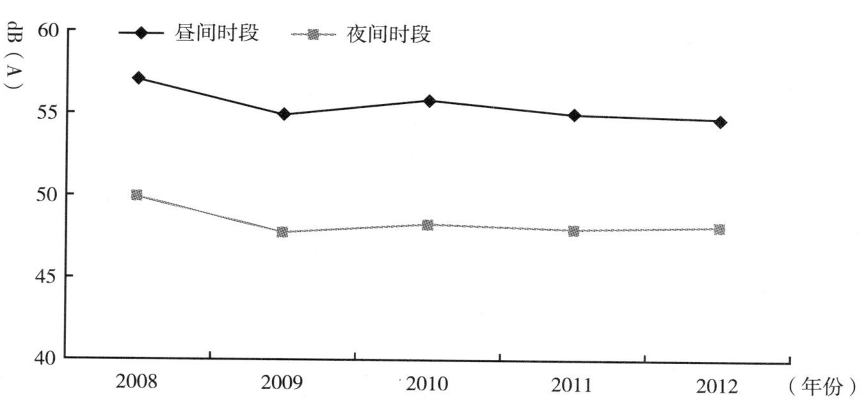

图13　2008~2012年上海市区域环境噪声平均等级

资料来源：上海市统计局：《上海统计年鉴（2013）》，中国统计出版社，2013。

（六）绿化

2012年，上海市建成区绿化覆盖率达到38.3%（见图14），森林覆盖率达到12.58%。

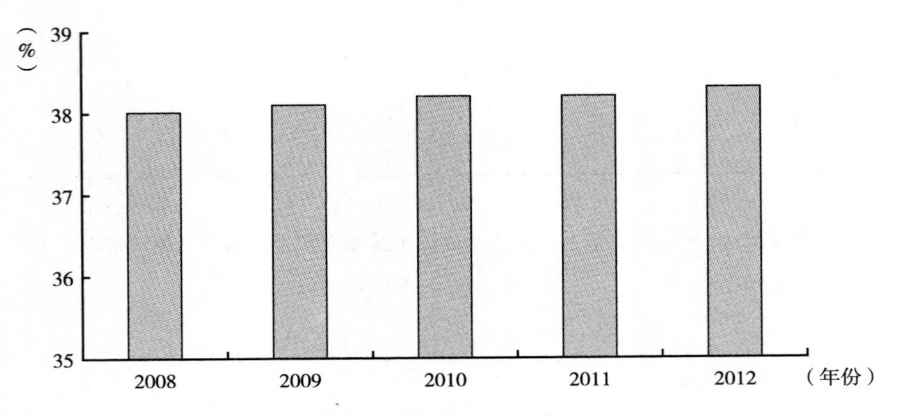

图14　2008~2012年上海市绿化覆盖率

资料来源：上海市统计局：《上海统计年鉴（2013）》，中国统计出版社，2013。

资　源

（一）水资源

2012年，上海市节水工作取得了较为显著的成效，万元国内生产总值的用水量为44立方米，比2012年下降了13.7%；万元工业增加值用水量为63立方米，比2011年下降了18.2%；工业用水重复率为82.8%，比上一年提高了0.2%（见图15）。

（二）能源

2012年，上海市能源消费总量为11362万吨标准煤（见图16），万元生产总值能耗为0.57吨标准煤，同比下降7.77%，万元工业增加值的能耗为0.849吨标准煤，同比下降了4.50%。

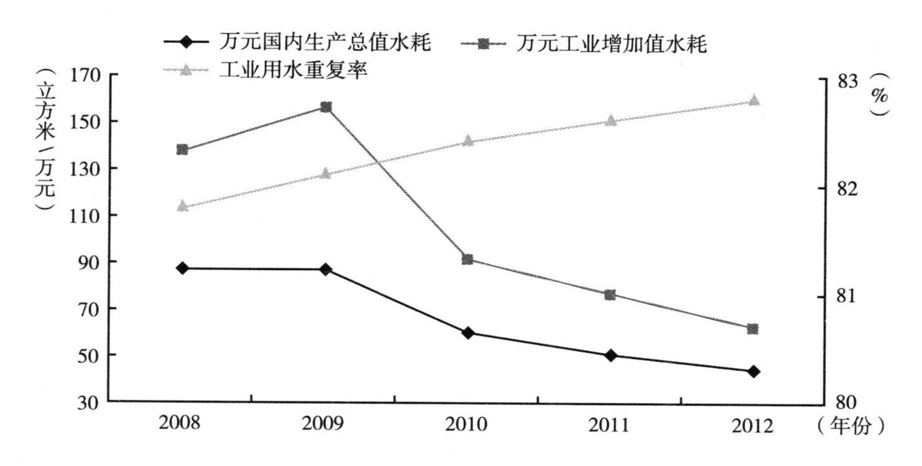

图 15　2008～2012 年上海市万元 GDP 水耗、万元工业增加值水耗与工业用水重复率情况

资料来源：上海水务局：《2008～2012 年上海水资源公报》。

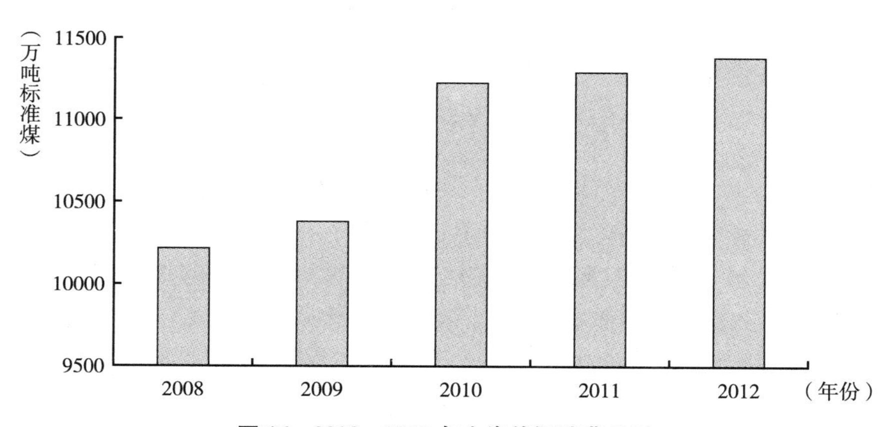

图 16　2008～2012 年上海能源消费总量

资料来源：上海市统计局：《上海统计年鉴（2013）》，中国统计出版社，2013。

B.16

大事记（2013年2月~2013年11月）

2013年2月　《上海市商品包装物减量若干规定》正式实施。法规明确，销售“过度包装”商品拒不改正，商家最高面临5万元罚款。

2013年3月　黄浦江及上游水域漂浮死猪事件。上海市水务、卫生、环保等部门在事件期间共对相关区域的6个取水口、9个水厂的水质进行监测。

2013年3月　《上海市重点产业园区空气污染自动监控系统管理若干规定》发布。

2013年4月　《上海市环境空气质量重污染应急方案（暂行）》正式发布，当重度污染或严重污染出现并可能持续一段时间时，本市将启动多种措施限制本地的污染排放。

2013年4月　上海市环境科学研究院城市土壤污染控制与修复工程技术中心开始组建。该中心是目前我国唯一以土壤污染控制与修复为目标、面向国家环境管理服务的工程技术中心。

2013年5月　针对上海松江区引进“新能源项目”引起市民强烈反应事件，企业做出承诺，政府邀请市民到企业进行实地参观和交流。该事件有助于提高环境决策中的公众参与。

2013年5月　2013首届上海365绿色家居公益检测文化节举行，组委会推出千户家庭（10万平方米）空气净化抑菌免费计划，旨在防范$PM_{2.5}$对室内环境造成危害，预警$PM_{2.5}$细微颗粒物等室内有害污染物与春季病毒性流感导致疾病发生。

2013年5月　《上海市用水计划指标核定管理规定》修订，并于2013年7月1日起施行。此次修订解决了用水计划指标核定管理工作中一些无法可依的问题，进一步提高了本市节约用水管理工作的科学性和规范性。

2013年6月　“2013年上海市节能宣传周”在虹口区花园坊节能环保产

业园开幕。今年的主题是“践行节能低碳，建设美丽家园”。

2013 年 7 月 《上海市地面沉降防治管理条例》正式实施。《条例》将对地下水开采实行总量控制，对高楼建筑群和建筑工程加强规划和管理，以控制持续发生的地面沉降。

2013 年 7 月 上海市启动排摸受污染土地，并通过建立不同行业、不同污染类别的土壤数据库，逐步实现动态跟踪管理和信息共享。

2013 年 7 月 上海正式发布调整市属供排水服务区域的居民用户水价，并同步实行阶梯水价制度。

2013 年 8 月 上海市第一次水利普查暨第二次水资源普查结果正式发布。普查结果显示，纳入此次普查的河湖断面水质中，超过半数的河湖断面为劣Ⅴ类水质。

2013 年 9 月 上海市环保部门与气象部门联合发布空气质量预报。

2013 年 9 月 上海市环保局和区县部门建立预报会商机制，联合发布空气质量指数（AQI），预报范围主要为未来 24 小时，并将其划分为三个时段进行预报：当日夜间（20：00 ~6：00）、明日上午（6：00 ~12：00）、明日下午（12：00 ~20：00），分别预测每个时段的 AQI 指数范围、污染等级和首要污染物。

2013 年 9 月 上海市开始实施“沪Ⅴ”标准汽油，12 月 1 日起将全面实行。权威机构测试表明，车辆使用“沪Ⅴ”标准油品可减排 15%，尤其是氮氧化物、一氧化碳、碳氢化合物减排效果明显，$PM_{2.5}$也会同步削减。

2013 年 9 月 国务院《大气污染防治行动计划》正式公布。行动计划不仅提出了大气污染防治的具体指标，还推出十个方面具体措施，并要求到 2017 年，京津冀、长三角、珠三角等区域细颗粒物浓度分别下降 25%、20%、15%左右。

2013 年 9 月 上海市环保局与浙江省平湖市建立两地环境监测信息交流机制。今后，两地监测信息将实现互通互换，有效提高两地环境监测设施的使用效益，提高突发应急事件分析的有效性和针对性。

2013 年 10 月 《上海市清洁空气行动计划》（2013 ~2017）获得上海市政府批准。

2013 年 10 月 《上海市供水水质管理细则》修订。本次修订主要包括：明确了本市供水水质实行“两级政府、两级管理”的原则；根据事业单位职责梳理情况，明确市供水处负责对本市供水水质的监督考核工作；市供水调度监测中心负责日常管理工作；明确政府和企业对供水水质信息公开工作均负有责任；根据生活饮用水卫生标准和本市供水实际情况，调整了部分政府监测和企业自检的指标和频率。

2013 年 11 月 上海正式开展空气污染气象条件预报业务。对于可能造成空气污染的气象条件，上海市气象部门制定了对应的等级预报制度，共分为六个等级。当空气污染气象条件达四级及以上时，气象部门将发布提示性预报，有利于市民及时应对空气污染。

2013 年 11 月 《黄浦江上游水源地规划》获上海市政府批复同意。根据规划，将归并上海西南五区现有取水口，并在太浦河北岸金泽湖荡地区建设小型生态调蓄水库，形成“一线、二点、三站”的黄浦江上游原水连通工程布局，进一步提高黄浦江上游水源地应对突发性水污染事故的能力。

2013 年 11 月 《上海市建成区直排污染源截污纳管攻坚战实施方案》在市政府常务会议上原则通过。

2013 年 11 月 《上海市建设项目海域使用许可管理办法》正式发布。该办法确立了本市建设项目用海预审制度，对用海预审与海域使用许可程序进行了有效衔接。

2013 年 11 月 上海市碳排放交易正式启动，并在全国率先出台碳排放核算指南及各试点行业核算方法。

2013 年 11 月 《上海市实施〈中华人民共和国大气污染防治法〉办法（修订草案）》提交市十四届人大常委会第九次会议审议。

Abstract

Since environmental protection is the responsibility of the whole society, every single entity, person or organization, is obligated to do something. Public participation in environmental protection should be more than "Not In My Backyard" campaign full of complaints and conflicts, and everyone should "take his or her own initiative" to join environmental protection efforts in addition to expressing their ideas through different channels. Different entities in the society have different obligations, different ways to fulfill their obligations and different roles to play in environmental protection. Public participation is indispensable in many respects for environmental governance because it can overcome the defects both of the market and of the government. Some kinds of public participation are within the existing institfutions, and others are outside the existing institutions. In most cases, the extra-institutional participation refers to protests, the intra-institutional participation is accommodated and supported by current (formal) institutions, and the latter has become the mainstream. It is worth the efforts to gain deeper insights on how to guide the public to participate in environmental protection from within the existing institutions.

Although public participation in environmental protection has achieved great success abroad, no universally-acknowledged methodology has been developed to assess the performance of a certain participation procedure or channel, one of the main causes of which being that no consensus has been reached on what kind of participation is comprehensive and effective. Does the public participate in one environmental program to protect their own interests or to help the government to carry out the program? Does the success of public participation depend on the number of participants or better decisions resulting from such participation? Because the concept of public participation is complicated and normatively loaded, no universally-acknowledged standard and methodology have been developed in the academic circle to judge whether it succeeds or fails, and therefore few reliable measuring instruments are available.

Assessment of public participation in environmental protection should begin with an analysis of its aims, i. e. what problems are to be solved through such participation. One major assumption of public participation in environmental protection is that there are many defects in the existing environmental institutions, which can be at least partly overcome through such participation. It is agreed by most people that there are such defects in current environmental institutions as follows: the public lacks basic knowledge about environmental issues, decision makers fail to take into account the interests and preferences of the public, there are no adequate mechanisms for correcting mistakes or creating innovative solutions, the citizens are not confident in the government's determination to protect health and environment, and the culture of confronting and conflicting with the government prevails. Hence, public participation in environmental protection should at least attain these aims: to disseminate knowledge about the environment through public environmental education, to reflect the common people's will to choose in the decision-making process, to improve the quality of decisions, to enhance mutual trust between the government and citizens, and to reduce environment-related tension and conflicts.

Public participation mechanisms in environmental protection involves different tasks: the government should adopt relevant plans and rules to support such participation, measures including public education and information disclosure are also needed, meanwhile, more channels and confidence between the government and citizens are necessary to enrich, extend and deepen public participation. Although the existing performance assessment methodologies can quantitatively reflect the effects of public participation in environmental protection to some extent, they are hardly able to guide and enhance such participation. Public participation in environmental protection having just started in China, Shanghai is also merely exploring on a road although it is a pioneer among the provinces and municipalities. Therefore, the performance assessment methodology for public participation in environmental protection should focus on such issues as supporting institutions, promoting measures, and scope and impact of participation, which are more meaningful than just examining the effects of such participation.

This report develops a performance assessment system for public participation in environmental protection involving 5 topics, 12 elements and 24 indicators covering support institutions, promoting measures, mutual trust between the government and citizens, and scope and effects of public participation, and assesses the Shanghai case with this system. Shanghai only gets a score of 60, which is about average; the city does well in governmental information disclosure and promoting measures, but needs to make improvements in related planning and laws, mutual trust between the government and citizens, the citizens' capabilities to participate, and the scope and channels of participation.

From the perspective of eco-civilization construction, in order to advance and deepen Shanghai's public participation in environmental protection, it is necessary for officials to have a new notion of environmental governance and to establish and improve legal procedures for citizen participants so that the participation process can be accommodated by and undertaken within formal and legal institutions, which is more important than just educating the public and raising their environmental awareness. Meanwhile, from the point of view of productive interaction between citizens and the government, their mutual trust needs to be enhanced to bring about more and better cooperative efforts in environmental protection.

I. Develop a New Notion to Transit to Environmental Governance of Multi-player Participation

As urban environmental governance is the key to sustainable development, Shanghai is facing the challenge of transitioning from the traditional environmental governance model to a new model of multi-player participation under deepening globalization and China's market-oriented reforms. Under the traditional environmental governance model, the government is the only one to be responsible, adopting command-and-control methods and failing to mobilize the efforts of other players in the society. The environmental governance of multi-player participation can accommodate and reflect the ideas and concerns of the government, intergovernmental organizations, the private sector, the academic circle and NGOs, so that the environment-related tension and conflicts can be relieved through policy debates, negotiations and coordination. Thus, it is necessary for governmental agencies to develop the new notion of environmental governance of multi-player participation by nurturing multiple players such as environmental NGOs and encouraging them to play roles in environmental education, expert support, environmental monitoring, environmental decision-making, etc.

II. Make Laws and Rules to Support Public Participation in Environmental Protection

In order to deepen public participation in environmental protection, related laws, rules and institutions requires establishing, improving and enforcing rigidly by the very responsible agents. At present, such laws, rules and institutions are under-developed in Shanghai, with only "Guidance for Public Participation in Environmental Impact Assessment" adopted in 2013, which provides detailed rules concerning information disclosure, agencies responsible for public participation, eligible citizen participants, ways of participation, analysis on and reply to public comments on EIA. Other relevant local laws and rules merely repeat the corresponding provisions in national laws, which are abstract, failing to regulate the participation ways and procedures in detail. Hence, it is necessary to establish detailed rules and procedures concerning public participation in environmental protection so that the supporting institutions will be more effective.

III. Regulate Citizen Participants' Conduct and Guide Them to Participate in Environmental Protection in Legitimate Ways

In general, there are two kinds of public participation in environmental protection, one legitimate and orderly and the other spontaneous and disorderly. If no legitimate participation channels are open to the public, some citizens are apt to protect their interests in ways not accepted by the law, and such spontaneous and disorderly participation will intensify environment-related conflicts, raise transaction costs among stakeholders, and fail to protect the environment effectively. In an era of ruled by law, only by improving laws, institutions and channels to regulate the citizen participants' behaviors in a legitimate and institutional way can the order and effectiveness of Public participation in environmental protection be ensured and societal harmony and stability be safeguarded, which is the prime and essential strategy to extend such participation. Legal and institutional improvement for Shanghai's public participation in environmental protection needs to be carried out in two aspects: on one hand, citizens should be guided onto a legitimate participation way; on the other hand, the government should protect their participation rights according to the law.

IV. Enhance Mutual Trust between Government and Citizens to Improve Efficiency of Public Participation in Environmental Protection

Mutual trust between the government and citizens is the premise and basis of public participation in environmental protection, calling for environmental awareness, legal awareness and public interests awareness from both sides. Facing public participation, concerned governmental agencies need to renew their notion of environmental governance to encourage and support citizens to participate in environmental decision-making and monitoring, and citizens need to participate in environmental affairs in a legitimate, orderly, specialized and organized way so as to win trust and support from the government, which is the only way to accumulate mutual trust between citizens and related administrative agencies and to achieve cooperative governance based on mutual trust, realizing the value of public participation.

V. Put Citizens in the Right Place to Extend Scope of Public Participation in Environmental Protection

Generally speaking, from the point of view of participation process, public participation in environmental protection has two parts: participation in decision making before the event and participation in monitoring after the event. Before-event participation in decision making is a kind of preventive participation. The veto power of citizens in decision-making process is the premise of effective public participation in environmental protection . After-event participation in monitoring includes monitoring the process and safeguarding harmed environment and rights, the former referring to monitoring whether there is some entity or project violating environmental laws, policies and planning and the latter meaning filing a lawsuit against the polluter. In general, citizen participants can play the role of decision-makers, sponsors, monitors and environmental rights defenders in environmental protection.

At present, it can be seen from the environment-related rules and practices in Shanghai that most public participation in environmental protection efforts are after the event. Although after-event monitoring is important, taking into account the severity of pollution and the great difficulty of environmental restoration, before-event participation in decision-making and preventive measure is even more important.

Besides the general report, this book has other four parts. "Comprehensive Reports" study the institutions of public participation in environmental protection under such topics as public participation in EIA, environmental information disclosure, environmental education, public interest litigation in environmental protection and the related legal system support. "Special Topics" studies public participation in air pollution abatement, water environment protection, soil pollution abatement, bio-diversity protection and the related laws, rules and institutions. In the three essays on multi-player environmental governance, the role of NGOs and the role of media, "Management Practices" explores ways to transition to multi-player environmental governance and to nurture the multiple players. "Case Studies" offers deep insights into the public participation in environmental protection cases in the USA, Australia and Malaysia, trying to learn some lessons about improving the relevant laws, rules and institutions and about guiding Shanghai citizens to participation a legitimate way.

Contents

Abstract: By advancing institutional capacity building in basic environmental management, Shanghai has further optimized its environmental governance structure, been improving its ecological and environmental security over the previous years. But, it shouldn't be ignored that still under great pressures of pollution, the government-dominated environmental management model constitutes a bottleneck to further improvement of environmental quality. It is worth the efforts to gain deeper insights on how to guide the public to participate in environmental protection from within the existing institutions and transition to multiplayer governance. This report develops a performance assessment system and assesses the Shanghai case with this system. Shanghai only gets a score of 60, which is about average; In order to advance and deepen Shanghai's public participation in environmental protection, it is necessary for officials to have a new notion of environmental governance and to establish and improve legal procedures for citizen participants so that the participation process can be accommodated by and undertaken within formal and legal institutions, which is more important than just educating the public and raising their environmental awareness. Meanwhile, from the point of view of good interaction between citizens and the government, the mutual trust needs to be enhanced to bring about more and better cooperative efforts in environmental protection.

Keywords: Ecological Environment Safety; Public Participation in Environmental Protecion Performance Evaluation; Environmental Governance of Multi-player Participation; Innovation

B. 2 Public Participation in Environmental Impact Assessment

Tang Qinghe, Li Lifeng / 033

Abstract: It is highly important for the public to have a substantial degree of confidence in the processes of Environmental Impact Assessment (EIA) and related decision making. Without wide participation, the public tends to lose confidence in governmental decision-making process. This article seeks to discuss the status and possible solutions of public participation in EIA in Shanghai. To enhance public participation in EIA, questionnaires, workshops, public meetings and public hearings are applied in addition to public notification, with questionnaires being the most popular method. Each year, there're about 50000 – 100000 respondents involved in the EIA process by taking questionnaires. After years of development, public participation in Shanghai has been much more standardized, open and just. Positive changes have also taken place in the role of government in policy making. However, a number of problems still exist and are common nationwide, which are partly because of incomplete regulation, administrative interference, economic interests, etc. For instance, inadequate communication of information during the process might cause out-of-control public opposition. The public are passive to participate due to lack of environmental awareness. The public doesn't understand how to get engaged and are in need of professional assistance. Public concerns and input are not fully considered. Based on the experiences of different countries, this article proposes a variety of approaches to promote public participation in EIA process. These include extending the duration of public notification and public involvement, developing more public participation tools and inviting all interested parties, improving the scientificity and transparency of procedures, emphasizing the importance of public participation in EIA and promoting the concepts and knowledge, providing sound regulatory framework for professional individuals and organizations, enhancing judicial protection system to facilitate public participation, and determining the feasibility of public participation in post-EIA era.

Keywords: Shanghai; Environmental Impact Assessment; Public Participation

Abstract: Environmental information disclosure (EID) is a crucial precondition to public participation in environmental protection. In recent years, Shanghai has been one of the EID leaders in China. It was within the first group of cities with real-time publication and daily prediction of $PM_{2.5}$ concentration; published companies' records of violation of environmental laws; improved two authoritative websites; published "Shanghai Environment" micro-blog and "Shanghai Air Quality" smart-phone application; etc. However, problems still remained, such as inadequate integration of information, relatively passive acceptance for the public, lack of supervision for EID standardization, and insufficient connection between EID and public participation. Based on analyzing Shanghai's situation and international experience, several suggestions were given: improve EID in "Shanghai Environment" website; strengthen broadcasting for EID in Shanghai; utilize new media more extensively; push forward multi-channel EID of companies; expand governmental EID bodies, rather than environmental sector alone; strengthen democracy and standardization of governmental EID; use both motivation and restriction to stimulate companies' EID.

Keywords: Shanghai; Environment Information Disclosure; Public Participation

Abstract: Environmental education is not only an important tool for improving the awareness and ability of the public in participating environmental protection, but also a support to other environmental word of the government. Shanghai made big efforts and achievements in recent years in environmental education through government, school, community, media, and "environmental education bases", while improvements can still be made in several ways. Based on analyzing Shanghai's situation and outside experience, several suggestions were given: strengthen the connection between environmental education and education in other scales, in order to improve the emotional and spiritual influence to trainees; increase funding and human resource inputs, and encourage supports from different fields; extend outdoor environmental education facilities and encourage innovative education modes; broaden cross-media cooperation to expand influence to more people.

Keywords: Shanghai; Environmental Education; Public Participation

Abstract: Environmental public interest litigation can provide a legalization way for the public to participate in environmental protection. It has an important role in making up for the limitation of the government environmental regulation, deterring illegal behavior and preventing environmental pollution. The development history of foreign main environmental public interest litigation model showed that perfection of environmental public interest litigation is a gradual process. There are some shortcomings in environmental public interest litigation of Shanghai in recent years, main types of environmental pollution cases in criminal cases are criminal cases, and environment civil mainly are the urging of civil prosecution. The Controversy of plaintiff qualification and the lack of environmental courts both restricted the development of Environmental Public Interest Litigation of Shanghai. To promote environmental public interest litigation in Shanghai, on the one hand, environmental public interest litigation system should be gradually improved from the national level, including gradually expanding the scope of environmental public interest litigation subject, establishing prepositional procedure of environmental public interest litigation to avoid excessive litigation and a reasonable allocation of the burden of proof. On the other

the subject, scope, basic principles, rights and obligations, and the specific implementation procedures. With the continuously improvement and optimization in the implementation, the Measures will rise to the local laws.

Keywords: Public Participation; Environmental Protection; Legal System; Shanghai

B.7 Public Participation in Shanghai's Air Pollution Abatement *Liu Xinyu* / 136

Abstract: As to the air environment issue, citizens are not only victims but also polluters; so citizens should take up their own responsibilities instead of just criticizing others and claiming rights, and the government needs to provide adequate conditions for public participation. Different actors in the society play positive roles in Shanghai's air environment protection: single citizens say something to express ideas and do something to practice low-carbon life; in the air environmental affairs, enterprises shoulder their social responsibilities and positively interact with the government, appealing for something in policy-making and helping the government to enforce the policies; social organizations provide expertise support to ordinary citizens to guide them to the rational way to protect rights, and educate them to take up their own environmental responsibilities; the media have function to educate citizens as well as the obligation to monitor related enterprises and governmental agencies; the government also attaches great importance to creating good conditions for public participation, such as disclosing information, opening channels for complaints, involving citizens in environmental impact assessment and listening to citizens' ideas in legislation. However, in Shanghai's air environment protection, public participation does not do good in terms of representativeness, independence, influence on final decision, resource accessibility and responsibility awareness of citizens; hence, this report suggests to assure representativeness, independence and influence on final decision by setting up more concrete rules, to provide adequate resources to citizens by cooperating with social organizations, and to encourage citizens to take up responsibilities by adopting related policies instead of just depending on propaganda.

Keywords: Shanghai; Air Environment Protection; Public Participation

Abstract: Public participation in water protection is not only inescapable responsibilities and obligations of citizens, but also is an effective measure to promote water protection in a low-cost way. At present, public participation in water protection is urgently needed, and even is becoming a trend. The main ways of public participation in water environment protection are as follows: to actively access water environment information disclosed by the government and corporations; to take part in the government's decision making process for water environment; to fulfill legally-binding duties in water protection and to participate in various water protection activities. In Shanghai, the scope and timeliness of real-time monitoring data disclosure in water environment is inadequate, the legal channels are quite limited for the public to fully express their opinions, and such opinions have no sufficient impact on the government's water environment decisions. So it is suggested to improve public participation in Shanghai's water protection in the ways as follows: to research on and disclose the source water quality index and to promote disclosure of real-time monitoring data of water pollution; to improve the mechanisms of environmental impact assessment so as to let public opinions and feedbacks have sufficient impact on related decision-making; to make environmental decisions better reflect citizens' will by optimizing the hearing procedure.

Keywords: Public Participation; Water Environment Protection; Water Source Protection; Public Opinions; Shanghai

Abstract: In recent years, public becomes increasing interesting in participating in the soil protection , as the result of the bad effects of soil pollution events. The examples from the domestic and the aboard show that public participant in soil protection will make this work in more effective, standardized and scientific way, and achieved stakeholders' all-win. Although government makes enormous efforts in guiding public participant, there are some problems in fact, such as , the soil protection's information disclose is not enough; public awareness in soil protection is adequate. Shanghai has set up the framework of public participant in soil protection. From the status of public participant in soil protection, we will find four problems: the limited soil pollution's information disclose lead to public participant in mere formality, environment safeguard is difficult, people awareness in soil protection is weak, the law of environment public participant is incomplete. So this article provides four suggestions to solve the problems above: information disclosed morderately in extent and range, build environment public participant legal framework, enhance the promotion and expand the ways to ensure the right of participation and supervision.

Keywords: Soil Protection; Public Participation; Shanghai

B. 10 Public Participation in Shanghai's Bio-diversity Protection

Cheng Jin / 211

Abstract: The distribution of biodiversity in Shanghai showed a zonation pattern with low in the middle and high in the west and east. As a mega-city with fast growing economy, human activities have severe interference on the ecological environment in Shanghai, the evolutionary trend of biodiversity mainly manifested as native plants decreased and inbreak of exotic biology. In the process of biodiversity conservation, government played a guiding role, the public is the real participants, implementers and beneficiaries, a perfect public participation mechanism in biodiversity conservation should include three links: propaganda participation, practical participation and supervision participation. Public participation in biodiversity conservation in Shanghai has gone through three development stages: the single participation forms (1981 -1991), diversiform participation forms (1992 -2009) and system guarantee (since 2010). The characteristics of public participation were revealed: more propaganda participation and practical participation, and less supervision participation; more species diversity conservation, and less ecological holism maintenance; more group concentrated participation, and less individuals dispersed participation; scope of public participation in Biodiversity Conservation has been limited and traditional forms of public participation are facing new challenges. The improvement of public participation in biodiversity conservation of Shanghai should give prominence to subject of biodiversity in education activities, enhance focalization of public participation, innovate forms and content of public participation and encourage public participate in supervision and management.

Keywords: Biodiversity Conservation; Environmental Protection; Public Participation; Shanghai

B. 11 Environmental Governance of Multi-players Participation

Abstract: With the deepening of globalization, the cooperation between national governments, regional governments, NGOs and multi-national corporations is crucial to tackle environmental problems. Adopting the perspective of multi-governance, the article examines the environment governance model of Shanghai. It finds that, like other cities in China, the environment governance in Shanghai is led by the national and municipal government and lacks of public participation. The government should establish overall cooperative mechanisms that allow the public to participate in environment governance, and integrate the interests of different stakeholders in order to deliver high quality environment policies, as well as improve implementation and compliance.

Keywords: Environment Governance; Multi-governance; NGO; Stakeholders

B. 12 NGOs in Shanghai's Environmental Protection

Liu Xinyu, Ren Wenwei and Wang Qian / 262

Abstract: Environmental NGOs is the important middle layer between the government and the public and between the enterprise and the public, leading the environment-related conflicts to a peaceful and rational solution. Using materials from such sources as Shanghai NGOs Administration, this report analyzes the growth trend, spatial distribution, categories distribution, focus fields and etc of the existing 96 environmental NGOs in Shanghai, displaying its positive roles in creating exchange and cooperation platforms, providing specialized technical support, raising social fund, and leading citizens to rational participation and responsibility awareness. Besides, this report suggests the government to promote development of environmental NGOs by optimizing rules, launching pilot programs, purchasing services, and incubating new organizations.

Keywords: Shanghai; Environmental NGOs; Environment Protection

B. 13 Media in Shanghai's Environmental Protection

Tao Xidong / 282

Abstract: The media as the human social activities of the "fourth sector", plays multiple roles actors, participants, guide and supervisor in environmental protection. This section analysis the media mode, experience, participation in environmental protection, on the basis of specific event in the media to participate in environmental protection in recent years, put forward basic idea and strategic choice of participate in environmental protection. The core idea is: participate in the environmental protection is an important social responsibility in the new period of modern media; the media participation mainly focused on environmental emergencies in public opinion, promoting government administrative participation, public advocacy of ecological civilization construction of participation and participation in social dialogue platform; from engaged in participating to the whole process of participation, from centralized to continuous participation, from the act of one's own free will of independent participation to cross-border cooperation, from the description reported to produce change. the media to participate in environmental protection requires the implementation of livelihood strategy, cross-border cooperation strategy, innovation strategy and talent team strategy.

Keywords: Media Participation; Environmental Protection

Abstract: In some developed countries, relatively mature systems have been established to facilitate public participation in environmental protection, such as round-table discussion mechanism, sufficient legal rights for NGOs, etc. In this paper, six cases were introduced and three institutional lessons were listed as a result of reflection: complete respect and protection of the public's environmental rights, such as rights of knowing, dialogue, petition, etc. Improve the institutional containment and give sufficient support to professional, responsible and independent NGOs; public environmental participation mechanism should be linked to other mechanisms as a whole.

Keywords: Oversea; Environmental Protection; Public Participation; Case Study

社会科学文献出版社

皮书系列

“皮书”起源于十七、十八世纪的英国，主要指官方或社会组织正式发表的重要文件或报告，多以“白皮书”命名。在中国，“皮书”这一概念被社会广泛接受，并被成功运作、发展成为一种全新的出版形态，则源于中国社会科学院社会科学文献出版社。

皮书是对中国与世界发展状况和热点问题进行年度监测，以专业的角度、专家的视野和实证研究方法，针对某一领域或区域现状与发展态势展开分析和预测，具备权威性、前沿性、原创性、实证性、时效性等特点的连续性公开出版物，由一系列权威研究报告组成。皮书系列是社会科学文献出版社编辑出版的蓝皮书、绿皮书、黄皮书等的统称。

皮书系列的作者以中国社会科学院、著名高校、地方社会科学院的研究人员为主，多为国内一流研究机构的权威专家学者，他们的看法和观点代表了学界对中国与世界的现实和未来最高水平的解读与分析。

自 20 世纪 90 年代末推出以《经济蓝皮书》为开端的皮书系列以来，社会科学文献出版社至今已累计出版皮书千余部，内容涵盖经济、社会、政法、文化传媒、行业、地方发展、国际形势等领域。皮书系列已成为社会科学文献出版社的著名图书品牌和中国社会科学院的知名学术品牌。

皮书系列在数字出版和国际出版方面成就斐然。皮书数据库被评为“2008~2009 年度数字出版知名品牌”;《经济蓝皮书》《社会蓝皮书》等十几种皮书每年还由国外知名学术出版机构出版英文版、俄文版、韩文版和日文版，面向全球发行。

2011 年，皮书系列正式列入“十二五”国家重点出版规划项目；2012 年，部分重点皮书列入中国社会科学院承担的国家哲学社会科学创新工程项目；2014 年，35 种院外皮书使用“中国社会科学院创新工程学术出版项目”标识。

法律声明